浮光掠影看平生

启功 著

陕西师范大学
出版总社有限公司

图书代号： SK8N0053

图书在版编目（CIP）数据

浮光掠影看平生/启功著. —西安：陕西师范大学出版总社有限公司，2008.2（2013.7 重印）

ISBN 978-7-5613-4204-6

Ⅰ. ①浮… Ⅱ. ①启… Ⅲ. ①人生哲学—文集 Ⅳ. ①B821-53

中国版本图书馆CIP数据核字(2008)第017237号

浮光掠影看平生

启 功 著

责任编辑：秦 岭
封面设计：朱 雨
版型设计：祝志霞
出版发行：陕西师范大学出版总社有限公司
　　　　　　（西安市长安南路199号　邮编 710062）
网　址：http//www.snupg.com
经　销：新华书店
印　刷：北京雁林吉兆印刷有限公司
开　本：787mm×1092mm　1/16
印　张：17
字　数：245千字
版　次：2008年2月第1版
印　次：2013年7月第2次印刷
书　号：ISBN 978-7-5613-4204-6
定　价：39.80元

读者购书、书店添货或发现印装问题，请与营销部联系、调换。

电话：（029）85307864　85303629　传真：（029）85303879

代 序 笑对风雨人生

张中行

　　近一两年,我旧习不改,仍写些事过或事微而未能忘情的,积稿渐多,编排体例,都是反三才之道,人为先;人不只一位,也要排个次序,我未能免势利眼之俗,也为了广告效应,列队,排头,要是个大块头的。于是第一本拉来章太炎,第二本拉来辜鸿铭,说来也巧,不只都有大名,而且为人都有些怪,或说不同于常的特点。现在该第三本了,既然同样收健在的,那就得来全不费工夫,最好是启功先生,因为他也是既有大名,又有不同于常的特点。且说有如扛物,大块头的必多费力,我畏难,从设想凑这本再而三的书之日起,就决定最后写这篇标题为《启功》的。现在,看看草目,六十余名都已排列整齐,只欠排头未到,畏,也只好壮壮胆,拿笔。拿笔之前,听说继《启功韵语》之后,又将有“絮语”问世,夫絮,细碎而剪不断、理还乱之谓也,姑且承认启功先生谦称自己的韵语为打油,推想这絮语的油必是纯芝麻,出于我们家乡的古法小磨的,所以我必须先鼻嗅口尝,然后着笔。以上这些意思,也当面上报启功先生。他客气几句,我听而不闻,于是就拿到

《启功絮语》的复印本。回来看了，自然又会得到几次人生难得的开口笑。其时正临近癸酉年中秋，我忙里偷闲，往家乡望了"月是故乡明"之月，吃了尚未新潮的月饼，由絮语引发的欢笑渐淡，难得再拖，只好动真格的，拿笔。

拖，至少一部分是来于畏，畏什么？正如我多次面对启功先生时所说："您这块大石头太重，我苦于扛不动。"重，化概括为具体，是：所能，恕我连述说也要请庄子来帮忙，是"两涘渚崖之间，不辩牛马"；为人，是"东面而视，不见水端严"。——既已向古人求援，干脆再抄一处，包括所能和为人，是《后汉书·黄宪传》所说："汪汪若千顷陂，澄之不清，淆之不浊，不可量也。"说到澄之不清，淆之不浊，想大动干戈之前，先来个由芥子见须弥的小注。比如你闯入他的小乘道场(曾住西直门内小乘巷)，恭而敬之地同他谈论，或向他请教，诗文之事，他会一扯就扯到"我腿何如驴腿"，此即所谓澄之不清。又比如七十年代早期，他的尊夫人章佳氏往生净土，于是一如浮世所常见，无事生事，有事就更多好事者，手持红丝，心怀胜造七级浮屠之热诚，入门三言两语，就抽出红丝往脚脖子上系，他却一贯缩腿敬谢，好事者遗憾，甚且不解，而去，可是喜欢道听途说的人不就此罢休，于是喜结良缘的善意谣传还是不胫而走，对此，他有绝招，是我所亲见，撤去双人床，换为单人床，于今几二十年，不变，此即所谓淆之不浊。总之，这之后就只得来个杂以慨叹的总评：不可量也。

可是好事者走了，还有多事者，会反唇相讥："你不是也量过吗？那就不是不可量了。"我想，这是指我写过这样几篇文章：《〈论书绝句〉管窥》，《〈启功韵语〉读后》，《两序的因缘》，《书人书

2

事》。许还有别的，一时想不起来，也就不去查了。现在是要声辩，虽然所写不只一篇，对于启功先生的所能和为人，还无碍于我的评论，"不可量也"。理由不只一项。其一，我的所谈都是皮毛，自然不能见"宗庙之美，百官之富"。其二，有所见，或更进一步，有所评，都是瞎子摸象之类，对的可能性并不大。其三，限于所能中的见于书本的（如文物鉴定就不，或说难于见于书本），如主要讲鉴古的《启功丛稿》，我就不敢碰，因为过于专，过于精，我是除赞叹以外，不能置一辞。其四，关于为人，我见到面团团兼嬉笑，听到"我腿何如驴腿"，所有这些，是整体的千百分之一呢？还是连之一也不是呢，是直到现在我也说不清楚。说不清，还敢写，亦有说乎？曰有，是依据事理，了解自己尚且不易，况他人乎？可是自司马子长以下，还是有不少人，或自发，或领史馆之俸，为许多人，包括列女和僧道，写传记。太史公写项羽，写张良，没见过，专就这一点说，我写启功先生就有了优越性，是不只见过，而且来往四十年有余。就说只是皮毛吧，想来皮是真皮，毛也不假，写出来，给想看名人的人看看，也不无意义吧？所以还是放开笔，任其所之，写。

　　如果有什么光的探测器，对准他的肚皮（从旧而俗之习，不说心，更不说大脑），咔嚓一响，我想一定会有许多新发现。暂时还未照，也就只好等照见后再说。这里只说一些已经能够看到的。其中一种是一般人不很清楚甚至并未注意的，是书画等的鉴定。这方面，成为名家，也许比善书善画更难，至少是同样不容易，因为不只要有机会，见得多，还要有能深入分辨的慧心和慧眼。启功先生得天独厚，外有机会，公藏私藏，几乎所有名迹他都

3

见过，又内有慧心慧眼，还要加上他能书能画深知其中甘苦，所以成为这方面的有数的一流专家。他忙，也因为这方面的多能，比如前些年，由上方布置，他同另两三位专家，周游一国，看各大博物馆的收藏，看后要点头或摇头，回来，我庆幸他大饱眼福，他说也相当累。私就更多，他走出浮光掠影楼，常有人拿出一件甚且抱出一捆，请他看，不下楼，也会有不少人叩门而入，也是一件或几件，请他看，希望看到他点头。有的还希望他在上面写几句，以期变略有姿色为容华绝代。他宽厚，总会写几句。但有分寸：精品，他掏心窝子说；常品，说两句不疼不痒的；赝品，敬书"启功拜观"云云，盖曾拜曾观，并非假话也。说到这里，我应该感谢他对我的网开一面，因为，比如请他看尚未买的文徵明书《长恨歌》册，已买（知未必真，因价特廉而收）的祝枝山临《景龙观钟铭》卷，他都未说"拜观"，而说"假的"。到此，想说两句似题外而非题外的话，像这样的"广陵散"，不想法使之下传，而让这现代化的嵇叔夜今天东家去开会，明天西家去剪彩，以凑电视之热闹，总是太失策了吧？

　　说过一般人未注意的，要接着说一般人（包括不少海外的）都注意的，书法。这里要插说一项一般人也不很清楚的，是启功先生的浮世之名，本来是画家，近些年为能者多劳的形势所迫，画过于费时间，书可以急就章，才多书少画（或说几乎不画），在人的印象中就成为单纯的书法家，并上升为书法家协会主席。众志成城，又因为他本人执笔，多谈书而少谈画，吾从众，也就撇开画而专谈书法。可是这就碰到大难题，而且不只一个。只说两个。其一，出于他笔下的字，大到榜书，小到蝇头小楷，又无论是行还

4

是草，都好，或说美，可是如果有人有追求所以然之癖，问怎么个好法，为什么这种形态就好，我说句狂妄的话，恐怕连启功先生自己也答不上来。我想，这就有如看意中的佳人，因觉得美而动情，心理活动实有，却只能意会而不能言传。总之，无能为力，也就只好改说第二个难，不离文字的。这是指他的论书著作，主要是《论书绝句》和《论书札记》。有书问世，白纸黑字，如绝句，且有自注，何以还说难？是因为书道，上面说过的，微妙之处，可意会不可言传，启功先生老婆心切，欲以言传，也无法避精避深，于是读者，以我为例，看，字都认识，至于其中奥义，就有如参"狗子还有佛性也无"的"无"，蒲团坐碎，离悟还是十万八千里。单说《论书绝句》，一百首，由西京的石刻木简说到自己的学书经历，如生物之浑然一体，牵一发必动全身，没有寝馈于书苑若干年的苦功，想得个总体的了解，也太难了。

　　韩文公有句云，"馀事作诗人"，所以介绍启功先生，更要着重谈大节。大节为何？开门或下楼，待人诸事是也。这就更多，只想谈一些见闻。其一是对陈援庵（名垣，史学家，曾任辅仁大学校长，别署励耘书屋）先生，或口说，或笔写，他总是充满敬佩和感激之情，说他的"小"有成就，都是这位老先生之赐。这当然不是无中生有，但实事求是，我觉得，推想许多人也会这样想，说"都是"，就未免言过其实。可是多年以来，直到他的声名更多为世人所知的时候，他总是这样说，也总是这样想。是不实事求是吗？非也。是他的"德"使他铭记一饭之恩，把自己的所长都忘了。这种感情还有大发展，是近些年来，他的书画之价更飞涨，卖了不少钱，总有几十万美元吧，他不要，设立奖学金，名"启功奖学金"，合情合理,可是他坚持要称为"励耘奖学金"。这奖学金,陈援庵先生健在的时候无从知道,如果泉下有知,微笑之后,也当泣下沾襟吧?

其二,由楼名的"浮光掠影"说起,这也是谦逊,推测本意与"云烟过眼"不会差多少。云烟过眼,是见得多,也可以兼指多所有。与项子京之流相比,启功先生自然是小户,但因为眼力高,时间长,碰巧(据我所知,他不贪,也就不追)流人先则道场后则红楼的,精品或至精品也不少。我的见闻中有不少迷古董的,像他这样视珍奇为身外物的,说绝无也许太过,总是稀有吧。

其三,想到秀才书驴卷,字已满若干页,总当说点更切身的,以便终篇。这是想以我同他的多年交往为纸笔,为他画个肖像。我有幸,与曹家琪君在同一学校当孩子王,曹君原是启功先生的学生,不久就上升为可以相互笑骂的朋友,他爽快热情,与我合得来,本诸除室中人以外都可以与朋友共之义,他带着我去拜识启功先生。其时启功先生住鼓楼西前马厂,所以其后我的歪诗曾有句云:"马厂斋头拜六如(唐寅,亦兼精书画),声闻胜读十年书。"这后一句写的是实情,因为见一次面,他的博雅、精深和风趣就使我大吃一惊。不久他迁到鼓楼东黑芝麻胡同,我住鼓楼西,一街之隔,见面的机会更多。总是晚上在他的兰堂,路南小四合院的南房。靠东两明是工作室,有大的书画案;西一暗是卧室,闲坐闲谈多是在这一间。他的未嫁的姑母还健在,住西房,他的夫人不参与闲谈之会,或在外间,或往西房。夫人身量不高,(与我们)沉默寡言,朴实温顺,女性应有的美都集在性格或"德"字上,不育,所以启功先生在《自撰墓志铭》中说"并无后"也。还是谈晚间之会，我只是间或到，必到的有曹君家琪，因面长，启功先生呼之为驴，有马先生焕然，启功先生小学同学，也是寡言，可是屁股沉，入室即上床，坐靠内一角，不到近三更不走，有熊君尧，寄生虫学家。所以启功先生有一次说："到我这儿来的都是兽类，有驴，有马，有熊，有獐（明指其内弟章五）；您可不在内。"这显然是"此地无银三百两"的笔法，我一笑，说在内也好。现在回头理这些旧账干什么呢？ 其后又迁到西城他内弟的住处小乘巷，远了，想到北城兽类欢聚之事，不禁有"胜地不常，盛筵难再"之戚。

且说那时期我正编一种内容为佛学的月刊，启功先生曾以著文的实际行动支持，署名"长庆"，想是因为唐朝元白二人诗文结集都用这个名字。其时他不似现在之忙，正是揩油的好机会，记得曾送去真高丽纸一张，一分为二，画两个横幅，一仿米元晖，一仿曹云西，受天之佑，经过"文化大革命"，今尚存于箧中。说到揩油，这大概是揩油之始。其后，六十年代到七十年代，他在小乘巷，送走了夫人，美尼耳病常发作，八十年代迁往西北郊师范大学小红楼，更远了，可是我还是紧追不舍。为什么？ 主要是为揩油，连带的是还没有忘"声闻胜读十年书"。感谢他有宽厚待人的盛德，总是有求必应，如果所写之件不面交，有时还附个小札，说"如不合用，再写"。近几年来，揩油的范围还不断扩张，说个最大的，是求写序文。他仍是有求必应，送去书稿，有时间看，写，没时间看，也写。宽厚的表现还有"意表之外"的，太多，只说两件，算作举例。一件是我的拙作《负暄琐话》印成之后，托人送去，正心中忐忑待棒喝，却接到夸奖的信，其中并有妙语"摸老虎屁股如摸婴儿肌肤"，"解剖狮子如解剖虱子"云云。如果没有这老虎和狮子,我也许就没有勇气写"续话"和"三话"了吧?另一件是一次登上浮光掠影楼,见室内挂一王铎草书条幅,稀有之精,一面看一面赞叹。他说是日本影印台湾故宫的。说着,取来竹竿,挑下,卷,说:"您拿走。"我推辞不得,只好接受,谢。——应该更重谢的是他不得不答应,人在我这本拙作,站在六十七名之前,当排头。如此恩重如山,而我曾无一芹之献,如何解释?是他什么都有,而我是连一芹也没有。勉强搜罗,也只是祝他得老天爷另眼看待,心脏不健,健了,血压不低,低了,越活越结实。然后我就可以多受教益,多得几次开口笑,还有一多,更不可忘,是继续揩油。

目 录

目
录

不将世故系情怀

中学生副教授博不精专某透名难扬实不
够高不成低不就龃龉左派曾右面缴圆皮文学
妻已亡兰室凌衰稍愁病照旧六十六排不寿八
宾山渐相凌讨平生谧日陋身与名一蕾集

我心目中的郑板桥

《书法丛刊》要出一辑郑板桥的专号,编辑同志约我写一篇谈郑板桥的文章。不言而喻,《书法丛刊》里的文章,当然是要谈郑板桥的书法。但我的腔子里所装的郑板桥先生,却是一大堆敬佩、喜爱、惊叹、凄凉的情感。一个盛满各种调料的大水桶,钻一个小孔,水就不管人的要求,酸甜苦辣一齐往外流了。

我在十几岁时,刚刚懂得在书摊上买书,看见一小套影印的《郑板桥集》,底本是写刻的木板本,作者手写的部分,笔致生动,有如手迹,还有一些印章,也很像钤印上的,在我当时的眼光中,竟自是一套名家的字帖和印谱。回来细念,诗,不懂的不少;词,不懂句读,自然不懂的最多。读到《道情》,就觉得像作者亲口唱给我听似的,不论内容是什么,凭空就像有一种感情,从作者口中传入我的心中,十几岁的孩子,没经历过社会上的机谋变诈,但在祖父去世后,孤儿寡母的凄凉生活,也有许多体会。虽与《道情》所唱,并不密合,不知什么缘故,曲中的感情,竟自和我的幼小心灵融为一体。及至读到《家书》,真有几次偷偷地掉下泪来。我在祖父病中,家塾已经解散,只在邻巷亲戚的家塾中附学,祖父去世后,更只有在另一家家塾中附学。我深尝附学学生的滋味。《家书》中所写家塾主人对附学生童的体贴,如看到生童没钱买川连纸做仿字本,便买了在"无意中"给他们。这"无意中"三字,有多么精深巨大的意义啊!我稍稍长大些,又看了许多笔记书中所谈先生关心民间疾苦的事,和做县令时的许多政绩,但他最后还是为擅自放赈,被罢免了官职。前些年,有一位同志谈起郑板桥和曹雪芹,他都用四个字概括他们的人格和作品,就是"人道主义",在当时哪里敢公开地说,更无论涉及板桥的清官问题了。

及至我念书多些了,拿起《板桥集》再念,仍然是那么新鲜有味。有人问我:"你那样爱读这个集子,它的好处在哪里?"我的回答是"我懂得",这时的懂得,就不只是断句和典故的问题了。对这位不值得多谈的朋友,这三个字也就够了,他若有脑子,就自己想去吧!又有朋友评论板桥的诗词,多说"未免俗气",我也用"我懂得"一句说明我的看法。

板桥的书法,我幼年时在一位叔祖房中见一副墨拓小对联,问叔祖"好在哪里",得到的解说有些听不懂,只有一句至今记得是"只是俗些"。大约板桥的字,在正统的书家眼里,这个"俗"字的批评,当然免除不了,由于正统书家评论的影响,在社会上非书家的人,自然也会"道听途说"。于是板桥书法与那个"俗"字便牢不可分了。

平心而论,板桥的中年精楷,笔力坚卓,章法连贯,在毫不吃力之中,自然地、轻松地收到清新而严肃的效果。拿来和当时张照以下诸名家相比,不但毫无逊色,还让观者看到处处是出自碑帖的,但谁也指不出哪笔是出于哪种碑帖。乾隆时的书家,世称"成刘翁铁",成王的刀斩斧齐,不像写楷书,而像笔笔向观者"示威";刘墉的疲惫骄蹇,专摹翻板阁帖,像患风瘫的病人,至少需要两人搀扶走路,如一撒手,便会瘫坐在地上。翁方纲专摹翻板

3

《化度寺碑》，他把真唐石本鉴定为宋翻本，把宋翻本认为才是真唐石。这还不算，他有论书法的有名诗句说"浑朴常居用笔先"，真不知笔没落纸，怎样已经事先就浑朴了呢？所以翁的楷书，每一笔都不见毫锋，浑头浑脑，直接看去，都像用腊纸描摹的宋翻《化度寺碑》，如以这些位书家为标准，板桥当然不及格了。

板桥的行书，处处像是信手拈来的，而笔力流畅中处处有法度，特别是纯连绵的大草书，有点画，见使转，在他的各体中最见极深、极高的造诣，可惜这种字体的作品留传不多。特别值得一提的是他批县民的诉状时，无论是处理什么问题，甚至有时发怒驳斥上诉人时，写的批字，也毫不含糊潦草，真可见这位县太爷负责到底的精神。史载乾隆有一次问刘墉对某一事的意见，刘墉答以"也好"二字，受到皇帝的申斥，设想这位惯说"也好"的"协办大学士"（相当今天的副总理），若当知县，他的批语会这样去写吗？

我曾作过一些《论书绝句》，曾说："刻舟求剑翁北平，我所不解刘诸城。"又说，"坦白胸襟品最高，神寒骨重墨萧寥。朱文印小人千古，二十年前旧板桥。"任何人对任何事物的评论，都不可能毫无主观的爱憎在内。但客观情况究竟摆在那里，所评的恰当与否，尽管对半开、四六开、三七开、二八开、一九开，究竟还有评论者的正确部分在。我的《论书绝句》被一位老朋友看到，写信说我的议论"可以惊四筵而不可以适独坐"，话很委婉，实际是说我有些哗众取宠，也就是说板桥的书法不宜压过翁刘，我当然敬领教言。今天又提出来，只是述说有过那么几句拙诗罢了！

板桥的名声，到了今天已经跨出国界。随着中国的历代书画艺术受到世界各国艺术家和研究者的重视，一位某代的书画家，

4

甚至某家一件名作，都会有人拿来作为专题加以研究，写出论文，传播于世界，板桥先生和他的作品当然也在其中。我曾在拙作《论书绝句》中赞颂板桥先生的那首诗后，写过一段小注，这是我对板桥先生的认识和衷心的感受。现在不避读者赐以"炒冷饭"之讥，再次抄在下边，敬请读者评量印可：

二百数十年来，人无论男女，年无论老幼，地无论南北，今更推而广之，国无论东西，而不知郑板桥先生之名者，未之有也。先生之书，结体精严，笔力凝重，而运用出之自然，点画不取矫饰，平视其并时名家，盖未见骨重神寒如先生者焉。

当其休官卖画，以游戏笔墨博醵贾之黄金时，于是杂以篆隶，甚至谐称为六分半书，正其嬉笑玩世之所为，世人或欲考其余三分半书落于何处，此甘为古人侮弄而不自知者，宁不深堪悯笑乎？

先生之名高，或谓以书画！或谓以诗文，或谓以循绩，吾窃以为俱是而俱非也。盖其人秉刚正之性，而出以柔逊之行，胸中无不可官之事，笔下无不易解之辞，此其所以独绝今古者。

先生尝取刘宾客诗句刻为小印，文曰："二十年前旧板桥。"觉韩信之赏淮阴少年，李广之诛灞陵醉尉，甚至项羽之喻衣锦昼行，俱不及钤此小印时之躁释矜平者也。

板桥先生达观通脱，人所共知，自己在诗集之前有一段小叙云："板桥诗文，最不喜求人作叙。求之王公大人，既以借光为可耻；求之湖海名流，必至含讥带讪，遭其荼毒而无可如何，总不如不叙为得也。"多么自重自爱！但还免不了有些投赠之作。但观集中所投赠的人,所称赞的话,都是有真值得他称赞的地方,绝没有泛泛应酬的诗篇。即如他对袁子才,更是真挚地爱其才华,见于当时的一些记录。出于衷心的佩服,自然不免有所称赞,也就才有投赠的诗篇。但诗集末尾,只存两句:"室藏美妇邻夸艳,君有奇才我不贫。"这又是什么缘故?袁氏《随园诗话》(卷九)有一条云:"兴化郑板桥作宰山东,与余从未识面。有误传余死者,板桥大哭,以足蹋地,余闻而感焉。……板桥深于时文,工画,诗非所长。佳句云:'月来满地水,云起一天山。'……"佳句举了三联,却说诗非所长,这矛盾又增加了我的好奇心。一九六三年在成都四川省博物馆见到一件板桥写的堂幅,是七律一首,云:

　　晨兴断雁几文人,错落江河湖海滨。抹去春秋自花实,逼来霜雪更枯筇。女称绝色邻夸艳,君有奇才我不贫。不买明珠买明镜,爱他光怪是先秦。(款称:"奉赠简齐老先生,板桥弟郑燮。")

　　按:"女称绝色"原是比喻,衬托"君有奇才"的。但那时候人家的闺阁中人是不许可品头论足的。"女称绝色",确易被人误解是说对方的女儿。再看此诗,也确有许多词不达意处,大约正是孔子所说"有所好乐则不得其正"的。"诗非所长"的评语大概即指这类作品,而不是指"月来满地水"那些佳句。可能作者也有所察觉,所以集中只收两句,上句还是改作的。当时妾媵可以赠给朋友,夸上几句,是与夸"女公子"有所不同的。科举时代,入翰林的人,无论年龄大小,都被称老先生,以年龄论,郑比袁还大着二十二岁,这在今日也须解释一下的。

　　还有一事,也是袁子才误传的。《随园诗话》卷六有一条云:

"郑板桥爱徐青藤诗,尝刻一印云'徐青藤门下走狗'",又云,"童二树亦重青滕,题青藤小像云:'尚有一灯传郑燮,甘心走狗列门墙。'"其后有几家的笔记都沿袭了这个说法。今天我们看到了若干板桥书画上的印章,只有"青藤门下牛马走"一印。"牛马走"是司马迁自己的谦称,他既承袭父亲的职业,做了太史令,仍自谦说只是太史衙门中的一名走卒,板桥自称是徐青藤门下的走卒,是活用典故,童钰诗句,因为这个七言句中,实在无法嵌入"牛马走"三字。而袁氏即据此诗句,说板桥刻了这样词句的印章,可说是未达一间。对于以上二事,我个人的看法是:板桥一向自爱,但这次由于爱才心切,主动地对"文学权威"、翰林出身的袁子才作了词不达意的一首诗,落得了"诗非所长",又被自负博学的袁子才误解"牛马走"为"走狗",这就不能不说板桥也有咎由自取之处了。袁子才的诗文,我们不能不钦佩,他的处世方法,也不能说"门槛不精"。他对两江总督尹继善,极尽巴结之能事,但尹氏诗中自注说"子才非请不到",两相比较,郑公就不免天真多于世故了。

记齐白石先生逸事

齐白石先生的名望,可以说是举世周知的,不但中国人都熟悉,在世界各国中,也不是陌生人。他的篆刻、绘画、书法、诗句,都各有特点,用不着在这里多加重复叙述。现在要写的,只是我个人接触到的几件逸事,也就是老先生生活中的几个侧面,从这里可以看到他的生活、风趣,对于从旁印证他的性格和艺术的特点,大概也不是没有点滴的帮助吧!

我有一位远房的叔祖,是个封建官僚,曾买了一批松柏木材,就开起棺材铺来。齐先生有一口"寿材",是他从家乡带到北京来的,摆在跨车胡同住宅正房西间窗户外的廊子上,棺上盖着些防雨的油布,来的客人常认为是个长案子或大箱子之类的东西。一天老先生与客人谈起棺材问题,说道"我这一个"如何如何,便领着客人到廊子上揭开油布来看,我才吃惊地知道了那是一口棺材。这时他已经委托我的这位叔祖另做好木料的新寿材,尚未做成,这旧的也还没有换掉。后来新的做成,也没放在廊上,廊上摆着的还是那个旧的。客人对于此事,有种种不同的评论,有人认为老先生好奇,有人认为是一种引人注意的"噱头",有人认为是"达观"的表现。后来我到过了湖南的农村,才知道这本是先生家乡的习惯,人家有老人,预制寿材,有的做出板来,有的做成棺材,往往放在户外窗下,并没什么稀奇。那时我是一个生长在北京城的青年,自然不会不"少见多怪"了。

我能认识齐先生,即是由我这位叔祖的介绍,当时我年龄只有十七八岁。我自幼喜爱画画,这时已向贾羲民先生学画,并由贾先生介绍向吴镜汀先生请教。对于齐先生的画,只听说是好,至于怎么好,应该怎么学,则是茫然无所知的。我那个叔祖因为看见齐先生的画大量卖钱,就以为只要画齐先生那样的画便能卖钱,他却没想,他自己做的棺材能卖钱,是因为它是木头做的,如果是纸糊的,即使样式丝毫不差,也不会有人买去做秘器。即使是用澄心堂、金粟山纸糊的也没什么好看,如果用金银铸造,也没人抬得动啊!

齐先生大于我整整五十岁，对我很优待，大约老年人没有不喜爱孩子的。我有较长一段时间没去看他，他向胡佩衡先生说："那个小孩怎么好久不来了？"我现在的年龄已经超过了齐先生初次接见我时的年龄，回顾我在艺术上无论应得多少分，从齐先生学了没有，即由于先生这一句殷勤的垂问，也使我永远不能不称他老先生是我的一位老师！

齐先生早年刻苦学习的事，大家已经传述很多，在这里我想谈两件重要的文物，也就是齐先生刻苦用功的两件"物证"：一件是用油竹纸描的《芥子园画谱》，一件是用油竹纸描的《二金蝶堂印谱》。那本画谱，没画上颜色，可见当时根据的底本并不是套版设色的善本。即那一种多次重翻的印本，先生描写得也一丝不苟，连那些枯笔破锋，都不"走样"。这本，可惜当时已残缺不全。尤其令人惊叹的是那本赵之谦的印谱，我那时虽没见过许多印谱，但常看蘸印泥打印出来的印章，它们与用笔描成的有显著的差异，而宋元人用的墨印，却完全没有见过。当我打开先生手描的那本印谱时，惊奇地、脱口而出地问了一句话："怎么？还有黑色印泥呀？"及至我得知是用笔描成的，再仔细去看，仍然看不出笔描的痕迹。惭愧嗬！我少年时学习的条件不算不苦，但我竟自有两部《芥子园画谱》，一部是巢勋重摹的石印本，一部是翻刻的木版本，我从来没有从头至尾临仿过一次。今天齐先生的艺术创作，保存在国内外各个博物馆中，而我在青年中年时也曾有些绘画作品，即使现在偶然有所存留，将来也必然与我的骨头同归腐朽。诸位青年朋友啊，这个客观的真理，无情的事例，是多么值得深思熟虑的啊！这里我也要附带说明，艺术的成就，绝不是单靠照猫画虎地描摹，我也不是在这里提倡描摹，我只是要说明齐老先生在青年时得到参考书的困难，偶然借到了，又是如何仔细地复制下来，以备随时翻阅借鉴，在艰难的条件下是如何刻苦用功的。他那种看去横涂竖抹的笔画，又是怎样走过精雕细琢的道路的。我也不是说这种精神只有齐先生在清代末年才有，即如在浩劫中，我们学校里有不少同学偷偷地借到几本参考书，没日没夜地抄成小册后，还订成硬皮包脊的精装小册，这岂能不说是那些罪人们减绝民族文化罪恶企图意外的相反后果呢！

齐先生送给过我一册影印手写的《借山吟馆诗草》，有樊山先生题签，还有樊氏手写的序。册中齐先生抄诗的字体扁扁的，点画肥肥的，和有正书局影印的金冬心自书诗稿的字迹风格完全一样。那时王壬秋先生已逝，齐先生正和樊山先生往来，诗草也是樊山选定的。齐先生说："我的画，樊山说像金冬心，还劝我也学冬心的字，这册即是我学冬心字体所写的。"其实先生学金冬心还不止抄诗稿的字体，金有许多别号，齐先生也曾一一仿效。金号"三百砚田富翁"，齐号"三百石印富翁"，金号"心出家庵粥饭僧"，齐号"心出家庵僧"，亦步亦趋，极见"相如慕蔺"之意。但微欠考虑的是：田多为富，印多为贵，兼官多的人，当然俸禄多，但自古官僚们却都讳言因官致富，大概是怕有贪污的嫌疑。如果称"三百石印贵人"，岂不更为恰当。又粥饭僧是寺院中的服务人员，熬粥做饭，在和尚中地位是最为卑下的。去了"粥饭"二字，地位立刻提高了。老先生自称木匠，而不甘做粥饭僧，似尚未达一间。金冬心又有"稽留山民"的别号，齐先生则有"杏子坞老民"之号，就无从知是模拟还是另起的了。金冬心别号中最怪的是"苏伐罗吉苏伐罗"，因冬心又名"金吉金"，"苏伐罗"是外来语"金"的音译，把两个译音字夹着一个汉字"吉"字来用，竟使得齐老先生束手无策。胆大如斗的齐先生,还没敢用"齐怀特斯动"("怀特斯动"是英语"白石"二字音译)。我还记得,当年我双手捧过先生面赐的那本《借山吟馆诗草》后,又听先生讲了如何学金冬心的画和字,我就问了一句:"先生的诗也必学金冬心了。"先生说:"金冬心的诗并不好,他的词好。"我当时只有一小套石印的《金冬心集》,里边没有词,我忙向先生请教到哪里去找冬心的词。先生回答说:"他是博学鸿词啊!"

　　齐先生对于写字,是不主张临帖的。他说字就那么写去,爱怎么写就怎么写。他又说碑帖里只有李邕的《云麾李思训碑》最好。他家里挂着一副宋代陈抟写的对联拓本:"开张天岸马,奇逸人中龙。抟(下有'图南'印章)。"这联的字体是北魏《石门铭》的样子,这十个字也见于《石门铭》里。但是扩大临写的,远看去,很似康南海写的。老先生每每对人夸奖这副对联写得怎么好,还说自己学过多次总是学不好,以说明这联上字的水平之高。我还看见过齐先生中年时用篆书写的一副联:"老树着花偏有态,春蚕食叶例抽丝。"笔画圆润饱满,转折处交代分明,一个个字,都像老先生中年时刻的印章,又很像吴让之刻的印章,也像吴昌硕中年学吴让之的印章。又曾见到他四十多岁时画的山水,题字完全是何子贞样。我才知道老先生曾用过什么功夫。他教人爱怎么写就怎么写的理论,是他老先生自己晚年想要融化从前所学的,也可以说是想摆脱从前所学的,是他内心对自己的希望。当他对学生说出时,漏掉了前半。好比一个人消化不佳时,服用药物,帮助消化。但吃的并不甚多,甚至还没吃饱的人,随便服用强烈的助消化剂,是会发生营养不良症的。

　　有一次我向老先生请教刻印的问题,先生到后边屋中拿出

11

一块寿山石章，印面已经磨平，放在画案上。又从案面下面的一层支架上掏出一本翻得很旧的《六书通》，查了一个"迟"字，然后拿起墨笔在印面上写起反的印文来，是"齐良迟"三个字。写成了，对着案上立着的一面小镜子照了一下，镜中的字都是正的，用笔修改了几处，即持刀刻起来。一边刻一边向我说："人家刻印，用刀这么一来，还那么一来，我只用刀这么一来。"讲说时，用刀在空中比画。即是每一笔画，只用刀在笔画的一侧刻下去，刀刃随着笔画的轨道走去就完了。刻成后的笔画，一侧是光光溜溜的，另一侧是剥剥落落的。即是所谓的"单刀法"。所说的"还那么一来"，是指每笔画下刀的对面一边也刻上一刀。这方印刻完了，又在镜中照了一下，修改几处，然后才蘸印泥打出来看，这时已不再作修改了。然后刻"边款"，是"长儿求宝"，下落自己的别号。我自幼听说过：刻印熟练的人，常把印面用墨涂满，就用刀在黑面上刻字，如同用笔写字一般。这个说法，流行很广，我却没有亲眼见过。我在未见齐先生刻印前，我想象中必应是幼年听到的那类刻法，又见齐先生所刻的那种大刀阔斧的作风，更使我预料将会看到那种"铁笔"在黑色石面上写字的奇迹。谁知看到了，结果却完全两样，他那种小心的态度，反而使我失望，遗憾没有看到那样铁笔写字的把戏。这是我青年时的幼稚想法，如今渐渐老了，才懂得：精心用意地做事，尚且未必都能成功；而鲁莽灭裂地做事，则绝对没有能够成功的。这又岂但刻印一艺是如此呢？

　　齐先生画的特点，人所共见，亲见过先生作画的，就不如只见到先生作品的那么多了。一次我看到先生正在作画，画一个渔翁，手提竹篮，肩荷钓竿，身披蓑衣，头戴箬笠，赤着脚，站在那里，原是先生常画的一幅稿本。那天先生铺开纸，拿起炭条，向纸上仔细端详。然后一一画去。我当时的感想正和初见先生刻印时一样，惊讶的是先生画笔那样毫无拘束，造形又那么不求形似，满以为临纸都是信手一挥，没想到起草时，却是如此精心！当用炭条画到膝下小腿到脚趾部分时，只见画了一条长勾短股的九十度的线条，又和这条线平行着另画一个勾股。这时忽然抬头问我："你知道什么是大家，什么是名家吗？"我当时只曾在《桐阴论画》上见到秦祖永评论明清画家时分过这两类，但不知怎么讲，以什么为标准。既然说不出具体答案来，只好回答："不知道。"先生说："大家画，画脚，不画踝骨，就这么一来，名家就要画出骨形了。"说罢，然后在这两道平行的勾股线勾的一端画上四个小短笔，果然是五个脚趾的一只脚。我从这时以后，二十多年，才从八股文的选本上见到大家名家的分类，见到八股选本上的眉批和夹批，了然《桐阴论画》中分大家名家是从八股选本中来的，即眉批夹批也是从那里学来的。齐先生虽然生在晚清，但没听说学做过八股，那么无疑也是看了《桐阴论画》的。

一次谈到画山水，我请教学哪一家好，还问老先生自己学哪一家。老先生说："山水只有大涤子（石涛）画得好。"我请教好在哪里，老先生说："大涤子画的树最直，我画不到他那样。"我听着有些不明白，就问："一点都没有弯曲处吗？"先生肯定地回答说："一点都没有的。"我又问当今还有谁画得好，先生说："有一个瑞光和尚，一个吴熙曾（吴镜汀先生名熙曾），这两个人我最怕。瑞光画的树比我画得直，吴熙曾学大涤子的画我买过一张。"后来我问起吴先生，先生说确有一张画，是仿石涛的，在展览会上为齐先生买去。从这里可见齐先生如何认为"后生可畏"而加以鼓励的。但我自那时以后，很长时间，看到石涛的画，无论在人家壁上的，还是在印本书册上的，我都怀疑是假的。旁人问我的理由，我即提出"树不直"。

齐先生最佩服吴昌硕先生，一次屋内墙上用图钉钉着一张吴昌硕的小幅，画的是紫藤花。齐先生跨车胡同住宅的正房南边有一道屏风门，门外是一个小院，院中有一架紫藤，那时正在开花。先生指着墙上的画说："你看，哪里是他画的像葡萄藤（先生称紫藤为葡萄藤，大约是先生家乡的话），分明是葡萄藤像它呀！"姑且不管葡萄藤与画谁像谁，但可见到齐先生对吴昌硕是如何的推重的。我们问起齐先生是否见过吴昌硕，齐先生说两次到上海，都没有见着。齐先生曾把石涛的"老夫也在皮毛类"一句诗刻成印章，还加跋说明，是吴昌硕有一次说当时学他自己的一些皮毛就能成名。当然吴所说的并不会是专指齐先生，而齐先生也未必因此便多疑是指自己，我们可以理解，大约也和郑板桥刻"青藤门下牛马走"印是同一自谦和服善吧！

齐先生在出处上是正义凛然的，抗日战争后，伪政权的"国立艺专"送给他聘书，请他继续当艺专的教授，他老先生即在信封上写了五个字"齐白石死了"，原封退回。又一次伪警察挨户要出人，要出钱，说是为了什么事。他和齐先生表白他没教齐家出人出钱，因此便提出要齐先生一幅画，先生大怒，对家里人说："找我的拐杖来，我去打他。"那人听到，也就跑了。

齐先生有时也有些旧文人自造"佳话"的兴趣。从前北京每到冬天有菜商推着手推独轮车，卖大白菜，用户选购，做过冬的储存菜，每一车菜最多值不到十元钱。一次菜车走过先生家门，先生向卖菜人说明自己的画能值多少钱，自己愿意给他画一幅白菜，换他一车白菜。不料这个"卖菜佣"并没有"六朝烟水气"，也不懂一幅画确可以抵一车菜而有余，他竟自说："这个老头儿真没道理，要拿他的假白菜换我的真白菜。"如果这次交易成功，于是"画换白菜"，"画代钞票"等佳话，即可不胫而走。没想到这方面的佳话并未留成，而卖菜商这两句杀风景的话，却被人传为谈资。从语言上看，这话真堪入《世说新语》；从哲理上看，画是假白菜，也足发人深思。明代收藏《清明上河图》的人如果参透这个道理，也就不致有那场祸患。可惜的是这次佳话，没能属于齐先生，却无意中为卖菜人所享有了。

记我的几位恩师

我在十岁以前，受家塾的教育，看到祖父案边墙上挂着一大幅山水，是先叔祖画的，又常见祖父拿过我的手头小扇，画上竹石花卉，几笔而成，感觉非常奇妙。从此就有"做一个画家"的愿望。十五岁时经一位长亲带领，拜贾羲民先生为师学画。贾先生一家都是老塾师，贾先生也做过北洋政府时期的部曹小官，但博通书史，对于书画鉴赏也极有素养。论作画的技术，虽不甚精，但见解却具有非常的卓识。常带着我去故宫博物院看陈列的古书画，有时和些朋友随看随加评论，我懂得一些鉴定知识，实受贾老师的启迪教诲。

我想进一步多学些画法技巧，先生看出我的意向，就把我介绍给吴镜汀先生。吴先生那时专学王石谷，贾先生则一向反对王石谷画法的那样琐碎刻露的风格，而二位先生的交谊却非常融洽。吴先生教画法，极为耐心，如果我们求教的人画了一幅有进步的作品，先生总是喜形于色地说："这回是真塌下心去画出的啊！"先生教人，绝不笼统空谈，而是专门把极关重要的窍门提出，使学生不但听了顿悟，而且一定行之有效。先生如说到某家某派的画法，随手表演一下，无不确切地表现出那一家、那一派的特点。我自悔恨的首先是先生盛年时精力过人，所画长卷巨幛，胜境不穷，但我只临习一鳞半爪，是由于不能勤恳；其次后来迫于工作的性质不同，教书要求"专业思想"，无力兼顾学画，青年时所学的，也成了半途而废。

我在高中读书时，由于基础不好，许多功课常不及格，因而厌倦学校所学，恰好一家老世交介绍我从戴绥之先生攻读经、史、文学，我大感兴趣，这中间的原因，是多方面的，这里不及详细解剖，只说我遇到戴先生，真可说顿开茅塞。那时我在十八岁左右，先生说："你已这么大年纪，不易再从头诵读基本的经书了，只好用这个途径。"什么办法呢？即拿没标点的木版古书，先从唐宋古文读起，自己点句。每天留的作业，厚厚的一沓，灯下点读，理解上既吃力，分量上又沉重。我又常想："这些句没经老师讲授，我怎能懂呢？"老师看我的点句，顺文念去，点错的地方才加以解释，这样"追赶"式地读了一部《古文辞类纂》，又读《文选》，返回来读《五经》。

至今对当时那种似懂非懂的味道，还有深刻的印象。但从此懂得几项道理：不懂的向哪里查；加读一遍有探一步的理解；先跑过几条街道，再逐门去认店铺，也就是先了解概貌，再逐步求细节。此后又买了一部《二十二子》，选读了《老子》、《列子》、《庄子》、

《韩非子》、《吕览》、《淮南子》等，老师最不喜《墨子》，只让我看《备城门》诸篇，实在难懂，也就罢了。老师喜《说文》、地理、音韵诸学，给我们选常用字若干，逐字讲它在"六书"中的性质和原理，真使我如获至宝。但至今还只有常识阶段的知识，并未深入研究。先生的地理、音韵之学，我根本没提出请教。先生谆谆嘱咐要常翻《四库简明目录》，又教我们用《历代帝王年表》作纲领，来了解古代历史的概貌，再逐事件去看《资治通鉴》。这粗略的回忆，可以得知戴老师是如何教一个青年掌握这方面知识的有效办法的。先生还出题令学作文，常教我们在行文上要先能"连"。听老师讲解连的道理，用现在的话说，首先就是要求语言的逻辑性；其次要求我们懂得"搭架子"，听讲它的道理，也就是要文章有主题有层次。旁及作诗填词，只要拿出习作，老师无不给予修改。

回忆自我二十二岁到中学教书以来直到今日，中间也卖过画（那只是"副业"），主要都在教古典文学，从一个字到一首诗、一篇文，哪个又不是从戴老师栽培的土坯中生出的幼芽呢？我这小小的一间房屋基础，又有哪一筐土不是经过戴老师用夯夯过的呢？

最后一位恩师是陈援庵先生，自从见到陈先生，对知识的面，才懂得有那么宽，学问的流派、门径，有那么多，初次看到学术界的"世面"是那么广。恩师对我的爱护，也就是许多老学者大都具有的一种高度的热情和期望，是多么至保且厚！陈老师千古了，许多细节中可见大节处，这里不及详写。也有只有老师知，我心知，而文字形容难尽的，我这拙笔又怎能表达出来呢？我作过一篇《夫子循循然善诱人》，写过陈老师的几点侧面，和我的仰止之私。这里的篇幅，也容不下再作重述了。

17

夫子循循然善诱人——陈垣先生
诞生百年纪念

　　陈垣先生是近百年的一位学者,这是人所共知的。他在史学上的贡献,更是国内国外久有定评的。我既没有能力一一叙述,事实上他的著作俱在,也不待这里多加介绍。现在当先生降诞百年,又是先生逝世第十年之际,我以亲受业者心丧之余,回忆一些当年受到的教导,谨追述一些侧面,对于今天教育工作者来说,仍会有所启发的。

　　我是一个中学生,同时从一位苏州的老学者戴姜福先生读书,学习"经史辞章"范围的东西,作古典诗文的基本训练。因为生活困难,等不得逐步升学,一九三三年由我祖父辈的老世交傅增湘先生拿着我的作业去介绍给陈垣先生,当然意在给我找一点谋生的机会。傅老先生回来告诉我说:"援庵说你写作俱佳。他的印象不错,可以去见他。无论能否得到工作安排,你总要勤向陈先生请教。学到做学问的门径,这比得到一个职业还重要,一生受用不尽的。"我谨记着这个嘱咐,去见陈先生。初见他眉棱眼角肃穆威严,未免有些害怕。但他开口说:"我的叔父陈简墀和你祖父是同年翰林,我们还是世交呢!"其实陈先生早就参加资产阶级革命,对于封建的科举关系焉能那样讲求?但从我听了这句话,我和先生之间,像先拆了一堵生疏的墙壁。此后随着漫长的岁月,每次见面,都给我换去旧思想,灌注新营养。在今天如果说予小子对文化教育事业有一滴贡献，那就是这位老园丁辛勤灌溉时的汗珠。

一　怎样教书

我见了陈老师之后不久，老师推荐我在辅仁大学附属中学教一班"国文"。在交派我工作时，详细问我教过学生没有，多大年龄的，教什么，怎么教。我把教过家馆的情形述说了，老师在点点头之后，说了几条"注意事项"。过了两年，有人认为我不够中学教员的资格，把我解聘。老师知道后便派我在大学教一年级的"国文"。老师一贯的教学理论，多少年从来未间断地对我提醒。今天回想，记忆犹新，现在综合写在这里。老师说：

一、教一班中学生与在私塾屋里教几个小孩不同，一个人站在讲台上要有一个样子。人脸是对立的，但感情不可对立。

二、万不可有偏爱、偏恶，万不许讥诮学生。

三、以鼓励夸奖为主。不好的学生，包括淘气的或成绩不好的，都要尽力找他们一小点好处，加以夸奖。

四、不要发脾气。你发一次，即使有效，以后再有更坏的事件发生，又怎么发更大的脾气？万一发了脾气之后无效，又怎么下场？你还年轻，但在讲台上即是师表，要取得学生的佩服。

五、教一课书要把这一课的各方面都预备到，设想学生会问什么。陈老师还多次说过，自己研究几个月的一项结果，有时并不够一堂时间讲的。

六、批改作文，不要多改，多改了不如你替他作一篇。改多了他们也不看。要改重要的关键处。

七、要有教课日记。自己和学生有某些优缺点，都记下来，包括作文中的问题，记下以备比较。

八、发作文时，要举例讲解。缺点尽力在堂下个别谈；缺点改好了，有所进步的，尽力在堂上表扬。

九、要疏通课堂空气，你总在台上坐着，学生总在台下听着，成了套子。学生打呵欠，或者在抄别人的作业，或看小说，你讲得多么用力也是白费。不但作文课要在学生座位行间走走。讲课时，写了板书之后，也可下台看看。既回头看看自己板书的效果如何，也看看学生会记不会记。有不会写的或写错了的字，在他们座位上给他们指点，对于被指点的人，会有较深的印象，旁边的人也会感兴趣，不怕来问了。

这些"上课须知"，老师不止一次地向我反复说明，唯恐听不明，记不住。

老师又在楼道挂了许多玻璃框子，里边随时装入一些各班学生的优秀作业。要求有顶批，有总批，有加圈的地方，有加点的地方，都是为了标注出优点所在。这固然是为了学生观摩的大检阅、大比赛，后来我才明白也是教师教学效果、批改水平的大检阅。

我知道老师并没搞过什么教学法、教育心理学，但他这些原则和方法，实在符合许多教育理论，这是从多年的实践经验中辛勤总结得出来的。

二　对后学的诱导

陈老师对后学因材施教，在课堂上对学生用种种方法提高他们的学习兴趣，在堂下对后学无论是否是自己教过的人，也都抱有一团热情去加以诱导。当然也有正面出题目、指范围、定期限、提要求的时候,但这是一般师长、前辈所常有的、共有的,不待详谈。这里要谈的是陈老师一些自身表率和"谈言微中"的诱导情况。

陈老师对各班"国文"课一向不但是亲自过问,每年总还自己教一班课。各班的课本是统一的,选哪些作品,哪篇是为何而选,哪篇中讲什么要点,通过这篇要使学生受到哪方面的教育,都经过仔细考虑,并向任课的人加以说明。学年末全校的一年级"国文"课总是"会考",由陈老师自己出题,统一评定分数。现在我才明白,这不但是学生的会考,也是教师们的会考。

我们这些教"国文"的教员,当然绝大多数是陈老师的学生或后辈,他经常要我们去见他。

如果时间隔久了不去,他遇到就问:"你忙什么呢?怎么好久没见?"见面后并不考察读什么书,写什么文等,总是在闲谈中抓住一两个小问题进行指点,指点的往往是因小见大。我们每见老师总有新鲜的收获,或发现自己的不足。

我很不用功,看书少,笔懒,发现不了问题,老师在谈话中遇到某些问题,也并不尽关史学方面的,总是细致地指出,这个问题可以从什么角度去研究探索,有什么题目可作,但不硬出题目,而是引导人发生兴趣。有时评论一篇作品或评论某一种书,说它有什么好处,但还有什么不足处,常说:"我们今天来作,会比它要好。"偏说到这里就止住。好处在哪里,不足处在哪里,怎样作就比它好?如果我们不问,并不往下说。我就错过了许多次往下请教的机会。因为绝大多数是我没读过的书,或者没有兴趣的问题。假如听了之后随时请教,或回去赶紧补读,下次接着上次的问题尾巴再请教,岂不收获更多?当然我也不是没有继续请教过,最可悔恨的是请教过的比放过去的少得多!

陈老师的客厅、书房以及住室内,总挂些名人字画,最多的是清代学者的字,有时也挂些古代学者字迹的拓片。客厅案头或沙发前的桌上,总有些字画卷册或书籍,这常是宾主谈话的资料,也是对后学的教材。他曾用三十元买了一开章学诚的手札,在二十世纪三十年代买清代学者手札墨迹,这是很高价钱了。但章学诚的字,写得非常拙劣,老师把它挂在那里,既备一家学者的笔迹,又常当做劣书的例子来警告我们。我们去了,老师常指着某件字画问:"这个人你知道吗?"如果知道,并且还说得出一些有关的问题,老师必大为高兴,连带地引出关于这位学者和他的学问、著述种种评价和介绍。如果不知道,则又指引一点头绪后就不往下多说,例如说:"他是一个史学家。"就完了。我们因自愧没趣,或者想知道个究竟,只好去查有关这个人的资料。明白了一些,下次再向老师表现一番,老师必很高兴。但又常在我们的棱缝中再点一下,如果还知道,必大笑点头,我们也像考了个满分,感觉自傲。如果词穷了,也必再告诉一点头绪,容回去再查。

老师最喜欢收学者的草稿,细细寻绎他们的修改过程。客厅桌上常摆着这类东西。当见我们看得发生兴趣时,便提出问题说:"你说他为什么改那个字?"

老师常把自己研究的问题向我们说,什么问题,怎么研究起的。在我们的疑问中,如果有老师还没有想到的,必高兴地肯定我们的提问,然后再进一步地发挥给我们听。老师常说,一篇论文或专著,做完了不要忙着发表。好比刚蒸出的馒头,须要把热气放完了,才能去吃。蒸得透不透,熟不熟,才能知道。还常说,作品要给三类人看：一是水平高于自己的人，二是和自己平行的人，三是不如自己的人。因为这可以从不同角度得到反映，以便修改。所以老师的著作稿，我们也常以第三类读者的关系，而得到先睹。我们提出的意见或问题，当然并非全无启发性的，但也有些是很可笑的。一次稿中引了两句诗，一位先生看了，误以为是长短二句散文，说稿上的断句有误。老师因而告诉我们要注意学诗，不可闹笑柄。但又郑重嘱咐我们，不要向那位先生说，并说将由自己劝他学诗。我们从老师受业的人很多，但许多并非同校、同班，以下只好借用"同门"这个旧词。那么那位先生也可称为"同门"的。

老师常常驳斥我们说"不是"，"不对"，听着不免扫兴。但这种驳斥都是有代价的，当驳斥之后，必然使我们知道什么是"是"的，什么是"对"的。后来我们又常恐怕听不到这样的驳斥。

三 对中华民族历史文化的一片丹诚

历史证明，中国几千年来各地方的各民族从矛盾到交融，最后团结成为一体，构成了伟大的中华民族和它的灿烂文化。陈老师曾从一部分历史时期来论证这个问题，即是他精心而且得意的著作之一《元西域人华化考》。

在抗战时期，老师身处沦陷区中，和革命抗敌的后方完全隔绝，手无寸铁的老学者，发奋以教导学生为职志。环境日渐恶劣，生活日渐艰难，老师和几位志同道合的老先生著书、教书越发勤奋。学校经费不足，《辅仁学志》将要停刊，几位老先生相约在《学志》上发表文章，不收稿费。这时期他们发表的文章比收稿费时还要多。老师曾语重心长地说:"从来敌人消灭一个民族,必从消灭它的民族历史文化着手。中华民族文化不被消灭,也是抗敌根本措施之一。"

辅仁大学是天主教的西洋教会所办的,当然是有传教的目的。陈老师的家庭是有基督教信仰的,他在二十世纪二十年代做教育部次长时,因为在孔庙行礼迹近拜偶像,对"祀孔"典礼,曾"辞不预也"。但他对教会,则不言而喻是愿"自立"的。二十年代有些基督教会也曾经提出过"自立自养",并曾进行过募捐。当时天主教会则未曾提过这个口号,这又岂是一位老学者所能独力实现的呢?于是老师不放过任何机会,大力向神甫们宣传中华民族文化,曾为他们讲佛教在中国之所以能传播的原因。看当时的记录,并未谈佛教的思想,而是列举中华民族的文化艺术对佛教存在有什么好处,可供天主教借鉴。吴历,号渔山,是清初时一位深通文学的大画家,他是第一个国产神甫,老师对他一再撰文表彰。又在旧恭王府花园建立"司铎书院",专对年轻的中国神甫进行历史文化基本知识的教育。这个花园中有几棵西府海棠,从前每年开花时旧主人必宴客赋诗,老师这时也在这里宴客赋诗,以"司铎书院海棠"为题,自己也作了许多首。还让那些年轻神甫参加观光,意在造成中国司铎团体的名声。

这种种往事,有人不尽理解,以为陈老师"为人谋"了。若干年后,想起老师常常口诵《论语》中两句:"施于有政,是亦为政。"才懂得他的"苦心孤诣"!还记得老师有一次和一位华籍大主教拍案争辩,成为全校震动的一个事情。辩的是什么,一直没有人知道。现在明白,辩的是什么,也就不问可知了。

一次我拿一卷友人收藏找我题跋的纳兰成德手札卷,去给老师看。说起成德的汉文化修养之高。我说:"您作《元西域人华化考》举了若干人,如果我作'清东域人华化考',成德应该列在前茅。"老师指着我的题跋说:"后边是启元伯。"相对大笑。中华民族的历史文化是民族的生命和灵魂,更是各兄弟民族团结融合的重要纽带,也是陈老师学术思想中的一个重要组成部分,甚至可以说是个中心。

四 竭泽而渔地搜集材料

老师研究某一个问题,特别是作历史考证,最重视占有材料。所谓占有材料,并不是指专门挖掘什么新奇的材料,更不是主张找人所未见的什么珍秘材料,而是说要了解这一问题各个方面有关的材料。尽量搜集,加以考察。在人所共见的平凡书中,发现问题,提出见解。他自己常说,在准备材料阶段,要"竭泽而渔";意思即是要不漏掉每一条材料。至于用几条,怎么用,那是第二步的事。

问题来了,材料到哪里找?这是我最苦恼的事。而老师常常指出范围,上哪方面去查。我曾向老师问起:"您能知道哪里有哪方面的材料,好比能知道某处陆地下面有伏流,刨开三尺,居然跳出鱼来,这是怎么回事?"后来逐渐知道老师有深广的知识面,不管多么大部头的书,他总要逐一过目。好比对于地理、地质、水道、动物等调查档案都曾过目的人,哪里有伏流,哪里有鱼,总会掌握线索的。

他曾藏有三部佛教的《大藏经》和一部道教的《道藏经》,曾说笑话:"唐三藏不稀奇,我有四藏。"这些"大块头文章"老师都曾阅览过吗?我脑中时常泛出这种疑问。一次老师在古物陈列所发现了一部嘉兴地方刻的《大藏经》,立刻知道里边有哪些种是别处没有的,并且有什么用处。即带着人去抄出许多本,摘录若干条。怎么比较而知哪些种是别处没有的呢?当然熟悉目录是首要的,但仅仅查目录,怎能知道哪些有什么用处呢?我这才"考证"出老师藏的"四藏"并不是陈列品,而是都曾一一过目,心中有数的。

老师自己曾说年轻时看清代的《十朝圣训》、《朱批谕旨》、《上谕内阁》等书,把各书按条剪开,分类归并,称它为《柱下备忘录》。整理出的问题,即是已发表的《宁远堂丛录》。可惜只发表了几条,仅是全份分类材料的几百分之一。又曾说年轻时为应科举考试,把许多八股文的书全都拆开,逐篇看去,分出优劣等级,重新分册装订,以备精读或略读。后来还能背诵许多八股文的名篇给我们听。这种干法,有谁肯干!又有几人能做得到?

解放前,老师对于马列主义的书还未曾接触过。解放初,才找到大量的小册子,即不舍昼夜地看。眼睛不好,册上的字又很小,用放大镜照着一册册看。那时已是七十岁的老人了,结果累得大病一场,医生制止看书,这才暂停下来。

老师还极注意工具书,二十世纪二十年代时《丛书子目索引》一类的书还没出版,老师带了一班学生,编了一套各种丛书的索引,这些册清稿,一直在自己书案旁边书架上,后来虽有出版的,自己还是习惯查这份稿本。

另外还有其他书籍,本身并非工具书,但由于善于利用,而收到工具书的效果。例如一次有人拿来一副王引之写的对联,是集唐人诗句。一句知道作者,一句不知道。老师走到藏书的房间,不久出来,说了作者是谁。大家都很惊奇地问怎么知道的,原来有一种小本子的书,叫《诗句题解汇编》,是把唐宋著名诗人的名作每句按韵分编,查者按某句末字所属的韵部去查即知。科举考试除了考八股文外,还考"试帖诗"。这种诗绝大多数是以一句古代诗为题,应考者要知道这句的作者和全诗的内容,然后才好着笔,这种小册子即是当时的"夹带",也就是今天所谓的"小抄"。现在试帖诗没有人再作了,而这种"小抄"到了陈老师手中,却成了查古人诗句的索引。这不过是一个例,其余不难类推。

胸中先有鱼类分布的地图,同时烂绳破布又都可拿来作网,何患不能竭泽而渔呢?

五 一指的批评和一字的考证

老师在谈话时,时常风趣地用手向人一指。这无言的一指,有时是肯定的,有时是否定的。使被指者自己领会,得出结论。一位"同门"满脸连鬓胡须,又常懒得刮,老师曾明白告诉他,不刮属于不礼貌。并且上课也要整齐严肃,"不修边幅"去上课,给学生的印象不好,但这位"同门"还常常忘了刮。当忘刮胡子见到老师时,老师总是看看他的脸,用手一指,他便踟蹰不安。有一次我们一同去见老师,快到门前了,他忽然发觉没有刮胡子,便跑到附近一位"同门"的家中借刀具来刮。附近的这位"同门"的父亲,也是我们的一位师长,看见后说:"你真成了子贡。"大家以为是说他算大师的门徒。这位老先生又说,"入马厩而修容!"这个故事是这样:子贡去到一个贵人家,因为容貌不整洁,被守门人拦住,不许入门。子贡临时钻进门外的马棚"修容"。大家听了后一句无不大笑。这次这位"同门"才免于一指。

一次作司铎书院海棠诗，我用了"西府"一词，另一位"同门"说："恭王府当时称西府呀？"老师笑着用手一指，然后说："西府海棠啊！"这位"同门"说："我想远了。"又谈到当时的美术系主任博伣先生，他在清代的封爵是"贝子"。我说："他是孛堇"，老师点点头。这位"同门"又说："什么孛堇？"老师不禁一愣，"哎"了一声，用手一指，没再说什么。我赶紧接着说："就是贝子，《金史》作孛堇。"这位"同门"研究史学，偶然忘了金源官职。老师这无言的一指，不啻开了一次"必读书目"。

老师读书，从来不放过一个字。作历史考证，有时一个很大的问题，都从一个字中突破、解决。以下举三个例。

北京图书馆影印一册于敏中的信札，都是从热河行宫寄给在北京的陆锡熊的。陆锡熊那时正在编辑《四库全书》，于的信札是指示编书问题的。全册各信札绝大部只写日子，既少有月份，更没有年份。里边一札偶然记了大雨，老师即从它所在地区和下雨的情况钩稽得知是某年某月，因而解决了这批信札大部分写寄的时间，而为《四库全书》编辑经过和进程得到许多旁证资料。这是从一个"雨"字解决的。

又在考顺治是否真曾出家的问题时，在蒋良骐编的《东华录》中看到顺治卒后若干日内，称灵柩为"梓宫"，从某日以后称灵柩为"宝宫"，再印证其他资料，证明"梓宫"是指木质的棺材，"宝宫"是指"宝瓶"，即是骨灰罐。于是证明顺治是用火葬的。清代《实录》屡经删削修改，蒋良骐在乾隆时所摘录的底本，还是没太删削的本子，还存留"宝宫"的字样。《实录》是官修的书，可见早期并没讳言火葬。这是从一个"宝"字解决的。

又当撰写纪念吴渔山的文章时，搜集了许多吴氏的书画影印本。老师对于画法的鉴定，未曾做专门研究，时常叫我去看。我虽曾学画，但那时鉴定能力还很幼稚，老师依然是垂询参考的。一次看到一册，画的水平不坏，题"仿李营邱"，老师直截了当地告诉我说："这册是假的！"我赶紧问什么原因，老师详谈：孔子的名字，历代都不避讳，到了清代雍正四年，才下令避讳"丘"字，凡写"丘"字时，都加"阝"旁作"邱"，在这年以前，并没有把"孔丘""营丘"写成"孔邱"、"营邱"的。吴渔山卒于雍正以前，怎能顶先避讳？我真奇怪，老师对历史事件连年份都记得这样清，提出这样快！在这问题上，当然和作《史讳举例》曾下的工夫有关，更重要的是亲手剪裁分类编订过那部《柱下备忘录》。所以清代史事，不难如数家珍，唾手而得。伪画的马脚，立刻揭露。这是从一个"邱"字解决的。这类情况还多，凭此三例，也可以概见其余。

六　严格的文风和精密的逻辑

陈老师对于文风的要求，一向是极端严格的。字句的精简，逻辑的周密，从来一丝不苟。旧文风，散文多半是学"桐城派"，兼学些半骈半散的"公牍文"。遇到陈老师，却常被问得一无是处。怎样问？例如，用些漂亮的语调，古奥的辞藻时，老师总问："这些怎么讲？"那些语调和辞藻当然不易明确翻译成现在语言，答不出时，老师便说："那你为什么用它？"一次我用了"旧年"二字，是从唐人诗"江春入旧年"套用来的。老师问："旧年指什么？是旧历年，是去年，还是以往哪年？"我不能具体说，就被改了。老师说："桐城派做文章如果肯定一个人，必要否定一个人来作陪衬。语气总要摇曳多姿，其实里边有许多没用的话。"二十世纪三十年代流行一种论文题目，像"某某作家及其作品"，老师见到我辈如果写出这类题目，必要把那个"其"字删去，宁可使念着不太顺嘴，也绝不容许多费一个字。陈老师的母亲去世，老师发讣闻，一般成例，孤哀子名下都写"泣血稽颡"，老师认为"血"字并不诚实，就把它去掉。在旧社会的"服制"上，什么"服"的亲属，名下写什么字样。"泣稽颡"是比儿子较疏的亲属名下所用的，但老师宁可不合世俗旧服制的习惯用语，也不肯向人撒谎，说自己泣了血。

唐代刘知几作的《史通》，里边有一篇《点烦》，是举出前代文中啰唆的例子，把他所认为应删去的字用"点"标在旁边。留传的《史通》刻本，字旁的点都被刻板者省略，后世读者便无法看出刘知几要删去哪些字。刘氏的原则是删去没用的字，而语义毫无损伤、改变。并且只往下删，绝不增加任何一字。这种精神，是陈老师最为赞成的。屡次把这《点烦》篇中的例文印出来，让学生自己学着去删。结果常把有用的字删去，而留下的却是废字废话。老师的秘书都怕起草文件，常常为了一两字的推敲，能经历许多时间。

老师常说，人能在没有什么理由，没有什么具体事迹，也就是没有什么内容的条件下，作出一篇骈体文，但不能作出一篇散文。老师六十岁寿辰时，老师的几位老朋友领头送一堂寿屏，内容是要全面叙述老师在学术上的成就和贡献，但用什么文体呢？如果用散文，万一遇到措辞不恰当，不周延，不确切，挂在那里徒然使陈老师看着别扭，岂不反为不美？于是公推高步瀛先生用骈体文作寿序，请余嘉锡先生用隶书来写。陈老师得到这份贵重寿礼，极其满意。自己把它影印成一小册，送给朋友，认为这才不是空洞堆砌的骈文。还告诉我们，只有高先生那样富的学问和那样高的手笔,才能写出那样的骈文,不是初学的人所能"摇笔即来"的。才知老师并不是单纯反对骈体文,而是反对那种空洞无物的。

老师对于行文,最不喜"见下文"。说:先后次序,不可颠倒。前边没有说明,令读者等待看后边,那么前边说的话根据何在?又很不喜在自己文中加注释。说:正文原来就是说明问题的,为什么不在正文中即把问题说清楚?既有正文,再补以注释,就说明正文没说全或没说清。除了特定的规格、特定的条件必须用小注的形式外,应该锻炼,在正文中就把应说的都说清。所以老师的著作中除《元典章校补》是随着《元典章》的体例有小注,《元秘史译音用字考》在木版刻成后又发现应加的内容,不得已刓改版面,出现一段双行小字外,一般文中连加括号的插话都不肯用,更不用说那些"注一"、"注二"的小注。但看那些一字一板的考据文章中,并没有使人觉得缺什么,该交代的材料出处,因为已都消化在正文中了。另外,也不喜用删节号。认为引文不会抄全篇,当然都是删节的。不衔接的引文,应该分开引用。引诗如果仅三句有用,那不成联的单句必然另引,绝不使它成为瘸腿诗。

用比喻来说老师的考证文风,既像古代"老吏断狱"的爱书,又像现代科学发明的报告。

七 诗情和书趣

陈老师的考证文章,精密严格,世所习见。许多人有时发生错觉,以为这位史学家不解诗赋。这里先举一联来看:"百年史学推瓯北,万首诗篇爱剑南",这是老师带有"自况"性质的"宣言",即以本联的对偶工巧,平仄和谐,已足看出是一位老行家。其实不难理解，曾经应过科举考试的人，这些基本训练，不可能不深厚的。曾详细教导我关于骈文中"仄顶仄，平顶平"等韵律的规格，我作的那本《诗文声律论稿》中的论点，谁知道许多是这位庄严谨饬的史学考据家所传授的呢？

抗战前他曾说过，自己六十岁后，将卸去行政职务，用一段较长时间，补游未到过的名山大川，丰富一下诗料，多积累一些作品，使诗集和文集分量相称。不料战争突起，都成了虚愿。

现在存留的诗稿有多少，我不知道，一时也无从寻找。最近只遇到《司铎书院海棠》诗的手稿残本绝句七首，摘录两首，以见一斑：

> 十年树木成诗谶，劝学深心仰万松。
>
> 今日海棠花独早，料因桃李与争秾。

自注：万松野人著《劝学罪言》，为今日司铎书院之先声。"十年树木"楹帖，今存书院。

功按：万松野人为英华先生的别号。先生字数之，姓赫舍里氏，满族人，创"辅仁社"，即是辅仁大学的前身。陈垣先生每谈到他时，总称他为"英老师"。

> 西堂曾作竹枝吟，玫瑰花开玛窦林。
>
> 幸有海棠能嗣响，会当击木震仁音。

自注：尤西堂《外国竹枝词》："阜成门外玫瑰发，杯酒还浇利泰西。""击木震仁惠之音"，见《景教碑》。

功按：利玛窦，明人以"泰西"作地望称之；又或称之为"利子"。《景教碑》即唐代《景教流行中国碑》，今在西安碑林。

又在一九六七年时，空气正紧张之际，我偷着去看老师，老师口诵他最近给一位朋友题什么图的诗共两首。我没有时间抄录，匆匆辞出，只记得老师手抒胡须念："老夫也是农家子，书屋于今号励耘。"抑扬的声调，至今如在。

清末学术界有一种风气，即经学讲《公羊》，书法学北碑。陈老师平生不讲经学，但偶然谈到经学问题时，还不免流露公羊学的观点；对于书法，则非常反对学北碑。理由是刀刃所刻的效果与毛笔所写的效果不同，勉强用毛锥去模拟刀刃的效果，必致矫揉造作，毫不自然。我有些首《论书绝句》，其中二首云："题记龙门字势雄，就中尤属《始平公》。学书别有观碑法，透过刀锋看笔锋。""少谈汉魏怕徒劳，简椟摩挲未几遭。岂独甘卑爱唐宋，半生师笔不师刀。"曾谬蒙朋友称赏，其实这只是陈老师艺术思想的韵语化罢了。

还有两件事可以看到老师对于书法的态度：有一位退位的大总统，好临《淳化阁帖》，笔法学包世臣。有人拿着他的字来问写得如何，老师答说写得好。问好在何处，回答是"连枣木纹都写出来了"。宋代刻《淳化阁帖》是用枣木板子，后世屡经翻刻，越发失真。可见老师不是对北碑有什么偏恶，对学翻版的《淳化阁帖》，也同样不赞成的。另一事是解放前故宫博物院影印古代书画，常由一位院长题签，写得字体歪斜，看着不太美观。陈老师是博物院的理事，一次院中的工作人员拿来印本征求意见，老师说："你们的书签贴得好。"问好在何处，回答是："一揭便掉。"原来老师所存的故宫影印本上所贴的书签，都被揭掉了。

八　无价的奖金和宝贵的墨迹

辅仁大学有一位教授，在抗战胜利后出任北平市的某一局长,从辅仁的教师中找他的帮手,想让我去管一个科室。我去向陈老师请教,老师问:"你母亲愿意不愿意?"我说:"我母亲自己不懂得,教我请示老师。"又问:"你自己觉得怎样?"我说:"我少无宦情。"老师哈哈大笑说:"既然你无宦情,我可以告诉你:学校送给你的是聘书,你是教师,是宾客;衙门发给你的是委任状,你是属员,是官吏。"我明白了,立刻告辞回来,用花笺纸写了一封信,表示感谢那位教授对我的重视,又婉言辞谢了他的委派。拿着这封信去请老师过目。老师看了没有别的话,只说:"值三十元。"这"三十元"到了我的耳朵里,就不是银元,而是金元了。

一九六三年,我有一篇发表过的旧论文,由于读者反映较好,修改补充后,将由出版单位作专书出版,去请陈老师题签。老师非常高兴,问我:"曾有专书出版过吗?"我说:"这是第一本。"又问了这册的一些方面后,忽然问我:"你今年多大岁数了?"我说:"五十一岁。"老师即历数戴东原只五十四岁,全谢山五十岁,然后说:"你好好努力啊!"我突然听到这几句上言不搭下语而又比拟不恰的话,立刻蒙住了,稍微一想,几乎掉下泪来。老人这时竟像一个小孩,看到自己浇过水的一棵小草,结了子粒,便喊人来看,说要结桃李了。现在又过了十七年,我学无寸进,辜负了老师夸张性的鼓励。

陈老师对于作文史教育工作的后学,要求常常既广且严。他常说作文史工作必须懂诗文,懂金石,否则怎能广泛运用各方面的史料。又说做一个学者必须能懂民族文化的各个方面;做一个教育工作者,常识更须广博。还常说,字写不好,学问再大,也不免减色。一个教师板书写得难看,学生先看不起。

老师写信都用花笺纸,一笔似米芾又似董其昌的小行书,永远那么匀称，绝不潦草。看来每下笔时，都提防着人家收藏装裱。藏书上的眉批和学生作业上的批语字迹是一样的。黑板上的字，也是那样。板书每行四五字，绝不写到黑板下框处，怕后边坐的学生看不见。写哪些字，好像都曾计划过的，但我却不敢问："您的板书还打草稿吗？"后来无意中谈到"备课"问题，老师说："备课不但要准备教什么，还要思考怎样教。哪些话写黑板，哪些话不用写。易懂的写了是浪费，不易懂的不写则学生不明白。"啊！原来黑板上写什么，怎样写，老师确是都经过考虑的。

老师在名人字画上写题跋，看去潇洒自然，毫不矜持费力，原来也一一精打细算，行款位置，都要恰当合适。给人写扇面，好比写自己做的小条笔记，我就求写过两次，都写的小考证。写到最后，不多不少，加上年月款识，印章，真是天衣无缝。后来得知是先数好扇骨的行格，再算好文词的字数，哪行长，哪行短。看去一气呵成，谁知曾费如此匠心呢？

我在一九六四、一九六五年间，起草了一本小册子，带着稿子去请老师题签。这时老师已经病了，禁不得劳累。见我这一沓稿子，非看不可。但我知道他老人家如看完那几万字，身体必然支持不住，只好托词说还须修改，改后再拿来，先只留下书名。我心里知道老师以后恐连这样的书签也不易多写了，但又难于先给自己定出题目，请老师预写。于是想出"启功丛稿"四字，准备将来作为"大题"，分别用在各篇名下。就说还有一本杂文，也求题签。老师这时已不太能多谈话，我就到旁的房间去坐。不多时间，秘书同志举着一沓墨笔写的小书签来了，我真喜出望外，怎能这样快呢？原来老师凡见到学生有一点点"成绩"，都是异常兴奋的。最痛心的是这个小册，从那年起，整整修改了十年，才得出版,而他老人家已不及见了!

　　现在我把回忆老师教导的千百分之一写出来,如果能对今后的教育工作者有所帮助,也算我报了师恩的千百分之一!我现在也将近七十岁了,记忆力锐减,但"学问门径"、"受用无穷"、"不对"、"不是"、"教师"、"官吏"、"三十元"、"五十岁"种种声音,却永远鲜明地回响在我的耳边。老师逝世时,是一九七一年,那时还祸害横行,纵有千言万语,谁又敢见诸文字? 当时私撰了一副挽联,曾向朋友述说,都劝我不要写出。现在补写在这里,以当"回向"吧!

　　　　依函丈卅九年,信有师生同父子;
　　　　刊习作二三册,痛余文字答陶甄!

溥心畬先生南渡前的艺术生涯

一　心畬先生的家世,和我家的关系

　　心畬先生讳溥儒,初字仲衡,后改字心畬,是清代恭忠亲王奕䜣之孙。王有二子,长子载澄;次子载滢,都封贝勒。载澄先卒,无子,恭亲王卒时,以载滢的嫡出长子溥伟继嗣载澄为承重孙,袭王爵(恭亲王生前曾被赐"世袭罔替"亲王爵)。心畬先生行二,和三弟溥僡,字叔明,俱侧室项夫人所生。民国后,嗣王溥伟奉海居青岛,又居大连。心畬先生与三弟奉母居北京西郊。原府第为嗣王典给西洋教会,心畬先生与教会涉讼,归还后半花园部分,即迁入定居,直至抗战后迁出移居。

滢贝勒号清素主人,夫人是敬懿太妃的胞妹(益龄字菊农,姓赫舍里氏之女),是我先祖母的胞姐。我幼年时先祖母已逝世,但两家还有往来。我幼时还见有从大连带来的礼物,有些日本制作的小巧玩具,到现在还有保存着的。曾见清素主人与徐花农(琪)和先祖有唱和的诗,惜早已失落。清素在民国以前逝世,也未见有诗文集传下来。

嗣王溥伟既东渡居大连,恭忠亲王(世俗常称老恭王)遗留的古书画都在北京,与心畬先生本来具有的天赋相契合,至成了这一代的"三绝"宗师,不能不说是具有殊胜的因缘。

先祖逝世时,我刚满十周岁,先父在九年前先卒。孤儿寡母,与一位未嫁的胞姑共度艰难的岁月。这时平常较熟悉的老亲戚已多冷淡不相往来,何况远在海滨的远亲!心畬先生一支原来就没有往来,我当然更求教无从了。

二 我受教于心畬先生的缘起

我在二十岁左右,渐渐露些头角。一次在敬懿太妃的丧事上遇到心畬先生,蒙得欣然奖誉,令我有时间到园中去。这时也见到了溥雪斋先生(伒),也令我可以常到家中去。但我自幼即得知一些位"亲贵"的脾气,不易"伺候",宁可淡些远些。后来屡在其他场合见到,催问我何以不去,此后才逐渐登堂请教。有人知道我家也属于清代贵族，何以却说这两位先生是"亲贵"呢？因为我的八世祖是清高宗乾隆的胞弟，封和亲王，讳弘昼，传到我的高祖即被分出府来。我的曾祖由教家馆、应科举、做翰林官、做学政，还做过顺天乡试、礼部会试的考官、殿试的读卷官等。我先祖也是一样的什么举人、进士、翰林、主考、学政等过了一生。用今天的话说即是寒士出身的知识分子，所以族虽贵而非亲。在一般"亲贵"的眼中，不过是"旗下人"而已。但这两位，虽被常人视为"亲贵"，究竟是学者、是艺术家，日久证明他们既与别人不同，对我就更加青睐了。

由于居住较近，到雪斋先生家去的时候较多些。虽然也常到萃锦园中，登寒玉堂，专程向心畬先生请教，而雪斋先生家有松风草堂，常常招集些位画家聚集谈艺作画，俨然成为一个小型"画会"。心畬先生当然也是成员之一，也是我获得向雪、心二位宗老和别位名家请教的一项机会。

松风草堂的集会，据我所知，最初只有溥心畬、关季笙、关稚云、叶仰曦、溥毅斋（僩，雪老的五弟）几位。后来我渐成长，和溥尧仙（佺，雪老的六弟，小我一岁）继续参加，最后祁井西常来，聚会也快停止了。

松风草堂的集会，心畬先生来时并不经常，但先生每来，气氛必更加热闹。除了合作画外，什么弹古琴、弹三弦、看古字画、围坐聊天，无拘无束，这时我获益也最多。因为登堂请益，必是有问题、有答案，有请教、有指导，总是郑重其事。还不如这类场合中，所见所闻，常有意料之外的东西。我所存在的问题，也许无意中获得理解；我自以为没问题的事物，也许竟自发现另外的解释。现在回忆起来，今天除我之外，自溥雪斋老至祁井西先生俱

38

已成了古人，临纸记录，何胜凄黯！

　　我从心畬先生受教的另一种场合是每年萃锦园中许多棵西府海棠开花的时候，先生必以兄弟二人的名义邀请当时的若干文人来园中赏花赋诗。被邀请的有清代的遗老，有老辈文人，也有当时有名气的(旧)文人。海棠种在园中西院一座大厅的前面，厅上廊子很宽，院中花下和廊上设些桌椅，来宾随意入座。廊中桌上有签名的素纸长卷，有一大器皿中装着许多小纸卷，签名人随手拈取一个，打开看，里边只写一个字，是分韵作诗的韵字。从来未见主人汇印分韵作诗的集子，大约不一定作的居多。我在那时是后生小子，得参与盛会已足荣幸了，也每次随着拈一个阄，回家苦思冥想，虽不能每次都能作得什么成品，但这一次一次的锻炼，还是受益很多的。

　　再一种受教的场合，是先生常约几位要好的朋友小酌，餐馆多是什刹海北岸的会贤堂。最常邀请的是陈仁先、章一山、沈羹梅诸老先生，我是敬陪末座的小学生。也不敢随便发言。但席间饭后，听诸老娓娓而谈，特别是沈羹梅先生，那种安详周密的雅谈，辛亥前和辛亥后的掌故，不但有益于见闻知识，即细听那一段段的掌故，有头有尾，有分析有评论，就是一篇篇的好文章。可恨当时不会记录，现在回想，如果有录音机录下来，都是珍贵的史料档案。这中间插入别位的评论，更是起画龙点睛的作用。心畬先生的一位新朋友，是李释堪先生，在寒玉堂中常常遇见。我和李先生的长子是幼年同学，对这位老伯也就更熟悉些。他和心畬先生常拿一些当时名家的诗文来共同评论，有时也拿起我带去的习作加以指导。他们看后，常常指出哪句是先有的，哪句是后凑的，哪处好，哪处坏。这在今天我也会同样去看学生的作品，但当时我却觉得是很可惊奇的事了。

"举一隅"可以"三隅反"，我从先生那里直接或间接受益的，真可说数不清的。《礼记》云："独学而无友，则孤陋而寡闻。"里语也说："投师不如访友。"原因是师是正面地教，友是多方面地启发。师的友，既有从高向下垂教的尊严一面，又有从旁辅导的轻松一面。师的友自然学问修养总比自己同等学力的小朋友丰富高尚得多，我从这种场合中所受的教益，自是不言而喻的！

总起来说我和心畬先生的关系，论宗族，他是溥字辈的，是我曾祖辈的远房长辈；论亲戚，他相当是我的表叔；论文学艺术，是我一位深承教诲的恩师。若讲最实际的关系，还是这末一条应该是最恰当的。

三　心畬先生的文学修养

先生幼年的启蒙老师和读书的经历，我全无所知。但知道先生早年曾在西郊戒台寺读书，至今戒台寺中还有许多处留有先生的题字。

何以在晚清时候，先生以贵介公子的身份，不在府中家塾读书，却远到西郊一个庙里去读书，岂不与古代寒士寄居寺庙读书一样吗？说来不能不远溯到恭忠亲王。这位老王爷好佛，常游西山或西郊诸寺庙，当然是"大檀越"（施主）了。有一有趣的事，一次戒台寺传戒，老王爷当然是"功德主"。和尚便施展"苦肉计"来吓老施主。有稍犯戒律的一个和尚，戒师勒令他头顶方砖，跪在地上受罚，老王爷代为说情，不许！这还轻些。一次在斋堂午斋，一个和尚手持钵盂放到案上时，立时破裂。戒师便声称戒律规定，要"与钵俱亡"，须将此僧立即打死。老王爷为之劝说，坚决不予宽免。老王爷怒责，僧人越发要严格执行，最后老王爷不得不下台，拂袖而去，只好饬令宛平县知县处理。告诫知县说："如此人被打死，唯你是问！"其实这场闹剧就是演给老王爷看的。有一句谚语："在京的和尚出外的官"，足以深刻地说明他们的势力问题。

当然和尚再凶，也凶不过"现管"的县官，王爷走了，戏也演完了。只从这类事看，恭忠亲王与戒台寺的关系之深，可以想见。那么心畬先生兄弟在寺中读书，不过是一个远些的书房，也就不难理解了。

心畬先生幼年启蒙师是谁，我不知道，但知道对他们兄弟（儒、德二先生）文学书法方面影响最深的是一位湖南和尚永光法师（字海印）。这位法师大概是出于王闿运之门的，专作六朝体的诗，写一笔相当洒脱的和尚风格的字。心畬先生保存着一部这位法师的诗集手稿，在"七七"事变前夕，他们兄弟二位曾拿着商量如何选订和打磨润色，不久就把选订本交琉璃厂文楷斋木版刻成一册，请杨雪桥先生题签，标题是《碧湖集》。我曾得到红印本一册，可惜今已失落了。心畬先生曾有早年手写石印的《西山集》一册，诗格即如永光，书法略似明朝的王宠，而有疏散的姿态，其实即是比永光风格的略为规矩而已。后来看见先生在南方手写的《寒玉堂诗集》，里边还有一个保存着《西山集》的小题，但内容已与旧本不同了。先生曾告诉我说有一本《瀛海埙篪》诗集，是先生与三弟同游日本时的诗稿，但我始终没有见着。可惜的是先生的诗词集稿本，可能大部分已经遗失。有许多我还能背诵的，在新印的诗集中已不存在了。下面即举几首为例：

《落叶》四首：

昔日千门万户开，愁闻落叶下金台；寒生易水荆卿去，秋满江南庾信哀。西苑花飞春已尽，上林树冷雁空来；平明奉帚人头白，五柞宫前梦碧苔。

微霜昨夜蓟门过，玉树飘零恨若何；楚客离骚吟木叶，越人清怨寄江波。不须摇落愁风雨，谁实摧伤假斧柯；衰谢兰成应作赋，暮年丧乱入悲歌。

萧萧影下长门殿，湛湛秋生太液池；宋玉招魂犹故国，袁安流涕此何时；洞房环佩伤心曲，落叶衰蝉入梦思；莫遣情人怨遥夜，玉阶明月照空枝。

叶下亭皋蕙草残，登楼极目起长叹；蓟门霜落青山远，榆塞秋高白露寒。当日西陲征万马，早时南内散千官；少陵野老忧君国，奔门宁知行路难。

这是先生一次用小行草写在一片手掌大的高丽笺上的，拿给我看，我捧持讽诵，先生即赐予我了。归家珍重地夹在一本保存的师友手札粘册中。这些年几经翻腾，不知在哪个箱中了，但诗句还有深刻的记忆。现在居然默写全了，可见青年时脑子的好用。"时过而后学，则勤苦而难成"，真觉得有"老大徒伤悲"之感！先生还曾在扇面上给我用小行草写过许多首《天津杂诗》，现在也不见于南方所印的诗集中，我总疑是旧稿因颠沛遗失，未必是自己删去的。

先生对于后学青年，一向非常关心，谆谆嘱咐好好念书。我向先生问书画方法和道理，先生总是指导怎样作诗，常常说画不用多学，诗作好了，画自然会好。我曾产生过罪过的想法，以为先生作画每每拿笔那么一涂，并没讲求过什么皴、什么点。教我作好诗，可能是一种搪塞手段。后来我那位学画的启蒙老师贾羲民先生也这样教导我，他们两位并没有商量过啊，这才扭转了我对心畬先生教导的误解。到今天六十年来，又重拾画笔画些小景，不知怎么回事，画完了，诗也有了。还常蒙观者谬奖，说我那些小诗比画好些，使我自忏当年对先生教导的半信半疑。

有一次在听到先生鼓励作诗后，曾问该读哪些家的作品，先生很具体地指示：有一种合印的王维、孟浩然、韦应物、柳宗元四家合集，应该好好地读。我即找来细看：王维的诗曾读过，也爱读的；孟浩然的实在无味；柳宗元的也不对胃口；只有韦应物的使我有清新的感觉，有一些作品似比王维还高。这当然只是那时的幼稚感觉，但六十年后的今天，印象还没怎么大变，也足见我学无寸进了！

又一次自己画了一个小扇面，是一个淡远的景色。即模仿先生的诗格题了一首五言律诗，拿着去给先生看。没想到先生看了好久，忽然问我："这是你作的吗？"我忍着笑回答说："是我作的"。先生又看，又问，还是怀疑的语气。我不由得笑着反问："像您作的吧！"先生也大笑着加以勉励。这首诗是：

八月江南岸，平林歌著黄。清波凝暮霭，鸣籁入虚堂。卷幔吟秋色，题书寄雁行。一丘犹可卧，摇落漫边伤。

这次虽承夸奖，但究竟是出于孩子淘气的仿作，后来也仿不出来了。

先生最不喜宋人黄庭坚、陈师道一派的诗，有一次向我谈起陈师傅（宝琛）的诗,说:"他们竟自学陈后山（师道)。"言下表现出非常奇怪似的开口大笑。我那时由于不懂陈后山,当然也不喜欢陈后山,也就随着大笑。后来听溥雪斋先生谈起陈师傅对心畲先生诗的评论,说:"儒二爷尽作那空唐诗"是指只模仿唐人腔调和常用的辞藻,没有什么自己独具的情感和真实的经历获得的生活体会,所以说"空唐诗"。这个词后来误传为"充唐诗",是不确的。

为什么先生特别喜爱唐诗,这和早年的家教熏习是有关系的。恭忠亲王喜作诗,有《乐道堂集》。另有一部《萃锦吟》,全是集唐人诗句的作品。见者都惊讶怎能集出那么些首?清代人有些集句诗集,像《饾饤吟》、《香屑集》之类的,究竟不是多见的。至于《萃锦吟》体裁博大,又出前者之外,所以相当值得惊诧。近几十年前,哈佛燕京学会编印了一部《杜诗引得》,逐字编码,非常精密。有人用来集杜句成诗,即借重这部工具。后来我在故宫图书馆见到一部《唐诗韵汇》,是以句为单位,按韵排开,集起来,比用《杜诗引得》整齐方便,我才恍然这位老王爷在上书房读书时必然用过这种工具书。而心畲先生偏爱唐诗,未必与此毫无关系。先生对于诗,唐音之外,也还爱"文选体",这大约是受永光法师的影响吧!

四　心畲先生的书艺

心畲先生的书法功力,平心而论,比他画法功力要深得多。曾见清代赵之谦与朋友书信中评论当时印人的造诣,有"天几人几"之说,即是说某一家的成就是天才几分、人力几分。如果借用这种评论方法来谈心畬先生的书画，我觉得似乎可以说，画的成就天分多，书的成就人力多。

他的楷书我初见时觉得像学明人王宠，后见到先生家里挂的一副永光法师写的长联，是行书，具有和尚书风的特色。先师陈援庵先生常说：和尚袍袖宽博，写字时右手提起笔来，左手还要去拢起右手袍袖，所以写出的字，绝无扶墙摸壁的死点画，而多具有疏散的风格。和尚又无须应科举考试，不用练习那种规规矩矩的小楷。如果写出自成格局的字，必然常常具有出人意表的艺术效果。我受到这样的教导后，就留意看和尚写的字。一次在嘉兴寺门外见到黄纸上写"启建道场"四个大斗方，分贴在大门两旁。又一次在崇效寺门外看见一副长联，也是为办道场而题的，都有疏散而近于唐人的风格。问起寺中人，写者并非什么"方外有名书家"，只是普通较有文化的和尚。从此越发服膺陈老师的议论，再看心畬先生的行书，也愈近"僧派"了。

我看到永光法师的字，极想拍照一个影片，但那一联特别长，当时摄影的条件也并不容易，因而竟自没能留下影片。后来又见许多永光老年的字迹，与当年的风采很不相同了。总的来说，心畬先生早年的行楷书法，受永光的影响是相当可观的。

有人问：从前人读书习字，都从临摹碑帖入手，特别楷书几乎没有不临唐碑的，难道心畬先生就没临过唐碑吗？我的回答是：从前学写字的人，无不先临楷书的唐碑，是为了应考试的基本功夫。但不能写什么都用那种死板的楷体，必须有流动的笔路，才能成行书的风格。例如用欧体的结构布下基础，再用赵体的笔画姿态和灵活的风味去把已有结构加活，即叫做"欧底赵面"（其他某底某面，可以类推）。据我个人极大胆地推论心畬先

45

生早年的书法途径,无论临过什么唐人楷书的碑版,及至提笔挥毫,主要的运笔办法,还是从永光来的,或者可说"碑底僧面"。

据我所知,心畬先生不是从来没临过唐碑,早年临过柳公权的《玄秘塔碑》,后来临过裴休的《圭峰碑》,从得力处看,大概在《圭峰碑》上所用工夫最多。有时刀斩斧齐的笔画,内紧外松的结字,都是《圭峰碑》的特点。五十多岁时,写的字特别像成亲王(永瑆)的精楷样子,也见到先生不惜重资购买成王的晚年楷书。当时我曾以为是从柳、裴发展出来,才接近成王,喜好成王。不对,颠倒了。我们旗下人写字,可以说没有不从成王入手,甚至以成王为最高标准的,心畬先生岂能例外!现在我明白,先生中年以后特别喜好成王,正是返本还原的现象,或者是想用严格的楷法收敛早年那种疏散的永光体,也未可知。

先生家藏的古法书,真堪敌过《石渠宝笈》。最大的名头,首先要推陆机的《平复帖》,其次是唐摹王羲之的《游目帖》,再次是《颜真卿告身》,再次是怀素的《苦笋帖》。宋人字有米芾五札、吴说游丝书等。先生曾亲手双钩《苦笋帖》许多本,还把钩本令刻工上石。至于先生自己得力处,除《苦笋帖》外,则是《墨妙轩帖》所刻的《孙过庭草书千字文》,这也是先生常谈到的。其实这卷《千文》是北宋末南宋初的一位书家王昇的字迹。王昇还有一本《千文》,刻入《岳雪楼帖》和《南雪斋帖》,与这卷的笔法风格完全一致。这卷中被人割去尾款,在《千文》末尾半行空处添上"过庭"二字,不料却还留有"王昇印章"白文一印。王昇还有行书手札,与草书《千文》的笔法也足以印证。论其笔法,圆润流畅,确极妍妙,很像米临王羲之帖,但毕竟不是孙过庭的手迹。后来先生得到延光室(出版社)的摄复印件《书谱》,临了许多次。有一天告诉我说："孙过庭《书谱》有章草笔法。"我想《书谱》中并无任何字有章草的笔势，先生这种看法从何而来呢？后来了然，《书谱》的字，个个独立，没有连绵之处。比起王昇的《千文》，确实古朴得多。先生因其毫无连绵之处的古朴风格，便觉近于章草，是完全可以理解的。米芾说唐人《月仪帖》"不能高古"，是"时代压之"，那么王昇比孙过庭，当然也是受时代所压了。最可惜的是先生平时临帖极勤，写本极多，到现在竟自烟消云散，平时连一本也不易见了，思之令人心痛。

先生藏米芾书札五件，合装为一卷，是清代周于礼刻入《听雨楼帖》的。五帖中被人买走了三帖，还剩下《春和》、《腊白》二帖，先生时常临写。还常临其他米帖，也常临赵孟𫖯帖。先生临米帖几乎可以乱真，临赵帖也极得神韵，只是常比赵的笔力挺拔许多，容易被人看出区别。古董商人常把先生临米的墨迹，染上旧色，裱成古法书的手卷形式，当做米字真迹去卖。去年我在广州一位朋友家见到一卷，这位朋友是个老画家，看出染色做旧色的问题，费钱虽不多，但是疑团始终不解：既非真迹，却又不是双钩廓填。既是直接放手写成，今天又有谁有这等本领，下笔便能这样自然痛快地"乱真"呢？偶然拿给我看，我说穿了这种情况，这位朋友大为高兴，重新装裱，令我题了跋尾。

先生有一段时间爱写小楷，把好写的宣纸托上背纸，接裱成长卷，请纸店的工人画上小方格，好像一大卷连接的稿纸，只是每个小方格都比稿纸的小格大些。常见先生用这样小格纸卷抄写古文。庾信的《哀江南赋》不知写了几遍。常对我说："我最爱这篇赋。"诚然，先生的文笔也正学这类风格。曾见先生撰写的《灵光集序》手稿，文章冠冕堂皇，多用典故，也即是庾信一派的手法。可惜的是这些古文章小楷写本，今天一篇也见不着，先生的文稿也没见到印本。

项太夫人逝世时，正当抗战之际，不能到祖茔安葬，只得停灵在地安门外鸦儿胡同广化寺，髹漆棺木。在朱红底色上，先生用泥金在整个棺椁上写小楷佛经，极尽辉煌伟丽的奇观，可惜没有留下照片。又先生在守孝时曾用注射针抽出自己身上的血液，和上紫红颜料，或画佛像、或写佛经，当时施给哪些庙中已不可知，现在广化寺内是否还有藏本，也不得而知了。后来项太夫人的灵柩髹漆完毕，即厝埋在寺内院中，先生也还寓在寺中方丈室内。我当时见到室内不但悬挂有先生的书画，即隔扇上的空心处（每扇上普通有两块），也都有先生的字迹，临王、临米、临赵的居多，现在听说也不存在了。

先生好用小笔写字，自己请笔工定制一种细管纯狼毫笔，比通用的小楷笔可能还要尖些、细些。管上刻"吟诗秋叶黄"五个字，一批即制了许多支。曾见从一个大匣中取出一支来用，也不知曾制过几批。先生不但写小字用这种笔，即写约二寸大的字，也喜用这种笔。

先生臂力很强，兄弟二位幼年都曾从武师李子濂先生习太极拳，子濂先生是大师李瑞东先生的子或侄（记不清了），瑞东先生是硬功一派太极拳的大师，不知由于什么得有"鼻子李"的绰号。心畬、叔明两先生到中年时还能穿过板凳底下往来打拳，足见腰腿可以下到极低的程度。溥雪斋先生好弹琴，有时也弹弹三弦。一次在雪老家中（松风草堂的聚会中），我正在里间屋中作画，宾主几位在外间屋中各做些事，有的人弹三弦。忽然听到三弦的声音特别响亮了，我起座伸头一看，原来是心畬先生弹的。

这虽是极小的一件事,却足以说明先生的腕力之强。大家都知道写字作画都是以笔为主要工具,用笔当然不是要用大力、死力,但腕力强的人,行笔时,不致疲软,写出、画出的笔画,自然会坚挺得多。心畬先生的画几见笔画线条处,无不坚刚有力,实与他的腕力有极大关系。

先生执笔,无名指常蜷向掌心,这在一般写字的方法上是不适宜的。关于用笔的格言,有"指实掌虚"之说,如果无名指蜷向掌心,掌便不够虚了。但这只是一般的道理,在腕力真强的人,写字用笔的动力,是以腕为枢纽,所以掌即不够虚也无关紧要了。先生写字到兴高采烈时,末笔写完,笔已离开纸面,手中执笔,还在空中抖动,旁观者喝彩,先生常抬头张口,向人"哈"的一声,也自惊奇地一笑,好似向旁观者说:"你们觉得惊奇吧! "

五 心畬先生的画艺

心畬先生的名气,大家谈起时,至少画艺方面要居最大、最先的位置,仿佛他平生致力的学术必以绘画方面为最多。其实据我所了解,却恰恰相反。他的画名之高,固然由于他的画法确实高明,画品风格确实与众不同,社会上的公认也是很公平的。但是若从功力上说,他的绘画造诣,实在是天资所成,或者说天资远在功力之上,甚至竟可以说:先生对画艺并没用过多少苦功。有目共见的,先生得力于一卷无款宋人山水,从用笔至设色,几乎追魂夺魄,比原卷甚或高出一筹,但我从来没见过他通卷临过一次。

话又说回来,任何学术、艺术,无论古今中外,哪位有成就的人，都不可能是凭空就会了的，不学就能了的，或写出画出他没见过的东西的。只是有人"闻（或见）一以知十"，有的人"闻（或见）一以知二"（《论语》）罢了。前边说心畬先生在绘画上天资过于功力，这是二者比较而言的，并非眼中一无所见，手下一无所试便能画出"古不乖时、今不同弊"（《书谱》）的佳作来。心畬先生家藏古画和古法书一样有许多极其名贵之品，据我所知所见，古画首推唐韩干画马的《照夜白图》（古摹本）；其次是北宋易元吉的《聚猿图》，在山石枯树的背景中，有许多猴子跳跃游戏。卷并不高，也不太长，而景物深邃，猴子千姿百态，后有钱舜举题。世传易元吉画猿猴真迹也有几件，但绝对没有像这卷精美的。心畬先生也常画猴，都是受这卷的启发，但也没见他仔细临过这一卷。再次就要属那卷无款宋人《山水》卷，用笔灵奇，稍微有一些所谓"北宗"的习气，所以有人曾怀疑它出于金源或元明的高手。先不管它是哪朝人的手笔，以画法论，绝对是南宋一派，但又不是马远、夏珪等人的路子，更不同于明代吴伟、张路的风格。淡青绿设色，色调也不同于北宋的成法。先生家中堂屋里迎面大方桌的两旁挂着两个扁长四面绢心的宫灯，每面绢上都是先生自己画的山水。东边四块是节临的夏珪《溪山清远图》，那时这卷刚有缩小的影印本，原画是墨笔的，先生以意加以淡色，竟似宋人原本就有设色的感觉；西边四块是节临那个无款山水卷，我每次登堂，都必在两个宫灯之下仰头玩味，不忍离去。后来见到先生的画品多了，无论什么景物，设色的基本调子，总有接近这卷之处。可见先生的画法，并非毫无古法的影响，只是绝不同于"寻行数墨"、"按模脱墼"的死学而已。禅家比喻天才领悟时说："从门入者，不是家珍"，所以社会上无论南方北方，学先生画法的画家不知多少，当然有从先生的阶梯走上更高更广的境界的；也有专心模拟乃至仿造以充先生真迹的。但那些仿造品很难"丝丝入扣"，因为有定法的，容易模拟，无定法的，不易琢磨。像先生那种腕力千钧、游行自在的作品，真好似和仿造的人开玩笑捉迷藏，使他们无法找着。

我每次拿自己的绘画习作向先生请教时，先生总是不大注意看，随便过目之后，即问："你作诗了没有？"这问不倒我，我摸着了这个规律，几拿画去时，必兼拿诗稿，一问立即呈上。有时索性题在画上，使得先生无法分开来看。我又有时问些关于绘画的问题，抽象些的问画境标准，具体些的问怎么去画。而先生常常是所答非所问，总是说"要空灵"，有一次竟自发出一句奇怪的话，说"高皇子孙的笔墨没有不空灵的"，我听了几乎要笑出来。"高皇子孙"与"笔墨空灵"有什么相干呢？但可理解，先生的笔墨确实是不折不扣的空灵，这是他老先生自我评价，也是愿把自己的造诣传给后学，但自己是怎样得到或达到空灵的境界，却无法说出，也无从说起。为了鼓励我，竟自憋出那句莫名其妙而又天真有趣的话来，是毫不可怪的！

由于知道了先生的画法主要得力于那卷无款山水，总想何时能够临摹把玩，以为能得探索这卷的奥秘，便能了解先生的画诣。虽然久存渴望，但不敢启齿借临。因知这卷是先生夙所宝爱，又知它极贵重，恐无能得借出之理。真凑巧，一次我在旧书铺中见到一部《云林一家集》，署名是清素主人选订，是选本唐诗，都属清微淡远一派的。精抄本数册，合装一函，书铺不知清素是谁，定价较廉，我就买来，呈给先生，先生大为惊喜，说这稿久已遗失，正苦于寻找不着。问我价钱，我当然表示是诚心奉上。先生一再自言自语地说:"怎样酬谢你呢?"我即表示可否赐借那卷山水画一临,先生欣然拿出,我真不减于获得奇宝。抱持而归,连夜用透明纸钩摹位置,不到一月间临了两卷。后来用绢临的一本比较精彩,已呈给了陈援庵师,自己还留有用纸临的一本。我的临本可以说连山头小树、苔痕细点,都极忠实地不差位置,回头再看先生节临的几段,远远不及我钩摹得那么准确,但先生的临本古雅超脱,可以大胆地肯定说竟比原件提高若干度(没有恰当的计算单位,只好说"度")。再看我的临本,"寻枝数叶",确实无误,甚至如果把它与原卷叠起来映光看去,敢于保证一丝不差,但总的艺术效果呢?不过是"死猫瞪眼"而已!

因此放在箱底至今已经六十年,从来未再一观,更不用说拿给朋友来看了。今天可以自慰的,只是还有惭愧之心吧!

先生家藏明清人画还有很多,如陈道复的《设色花卉》卷,周之冕的《墨笔百花图》卷,沈士充设色分段《山水》卷、设色《桃源图》卷双璧。最可惜的是一卷赵文度绢本《山水》,竟被做成"贴落",糊在东窗上边横楣上。还有一小卷设色米派山水,有许多名头不显的明代人题。号称米友仁,实是明人画。《桃源图》不知何故发现于地安门外一个小古玩铺,为我的一位老世翁所得,我又获得像临无款宋人山水卷那样仔细钩摹了两次,现在有一卷尚存箱底,也已近六十年没有再看过。我学画的根底功夫,可以说是从临摹这两卷开始,心畲先生对于绘画方法,虽较少具体指导,但我所受益的,仍与先生藏品有关,不能不说是胜缘了。

先生作画,有一毛病,无可讳言:即是懒于自己构图起稿。常常令学生把影印的古画用另纸放大,是用比例尺还是用幻灯投影,我不知道。先生早年好用日本绢,绢质透明,罩在稿上,用自己的笔法去钩写轮廓。我记得有一幅罗聘的《上元夜饮图》，先生的临本，笔力挺拔，气韵古雅，两者相比，绝像罗临溥本。诸如此类，不啻点铁成金，而世上常留传先生同一稿本的几件作品，就给作伪者留下鱼目混珠的机会。后来有时应酬笔墨太多太忙时，自己钩勒出主要的笔道，如山石轮廓、树木枝干、房屋框架，以及重要的苔点等，令学生们去加染颜色或增些石皱树叶。我曾见过这类半成品，上边已有先生亲自署款盖章。有人持来请我鉴定，我即为之题跋，并劝藏者不必请人补全，因为这正足以见到先生用笔的主次、先后，比补全的作品还有价值。我们知道元代黄子久的《富春山居图》有作者自跋，说明这卷是尚未画完的作品。因为求者怕别人夺去，请他先题上是谁所有，然后陆续再补。又屡见明代董其昌有许多册页中常有未完成的几开，恐怕也是出于这类情况。心畬先生有一件流传的故事，谈者常当做笑柄，其实就是这种普通情理，被人夸张。故事是有一次求画人问先生，所求的那件画成了没有？先生手指另一房屋说："问他们画得了没有？"这句话如果孤立地听起来，好像先生家中即有许多代笔伪作，要知道先生的书画，只说那种挺拔力量和特殊的风格，已是没有任何人能够完全相似的。所谓"问他们画成"的，只是加工补缀的部分，更不可能先生的每件作品都出于"他们"之手。"俗语不实，流为丹青"，这件讹传，即是一例。

先生画山石树木，从来没有像《芥子园画谱》里所讲的那么些样子的皴法、点法和一些相传的各派成法。有时钩出轮廓，随笔横着竖着任笔抹去，又都恰到好处，独具风格。但这种天真挥洒的性格，却不宜于画在近代所制的一些既生又厚的宣纸上，由于这项条件的不适宜，又出过一次由误会造成的佳话。一次有人

53

托画店代请先生画一大幅中堂,送去的是一幅新生宣纸。

先生照例是"满不在乎"地放手去画,甚至是去抹,结果笔到三分处,墨水浸洇,却扩展到了五六分,不问可知,与先生的平常作品的面目自然大不相同。当然那位拿出生宣纸的假行家是不会愿意接受的。这件生纸作品,反倒成了画店的奇货。由于它的艺术效果特殊,竟被鉴赏家出重价买去了。

我从幼年看到先祖拿起我手中小扇,随便画些花卉树石,我便发生奇妙之感,懵懂的童心曾想,我大了如能做一个画家该多好啊!十几岁时拜贾羲民先生为师学画,贾先生又把我介绍给吴镜汀先生去学,但我的资质鲁钝,进步很慢,现在回忆,实在也由于受到《芥子园画谱》一类成法束缚,每每下笔之前总是先想什么皴什么点,稍听老师说过什么家什么派,又加上家派问题的困扰。大约在距今六十年的那个癸酉年,一次在寒玉堂中大开了眼界,虽没能如佛家道家所说一举超生,但总算解开了层层束缚,得了较大的自在。

那次盛会是张大千先生来到心畬先生家中做客,两位大师见面并无多少谈话,心畬先生打开一个箱子,里边都是自己的作品,请张先生选取。记得大千先生拿了一张没有布景的骆驼,心畬先生当时题写上款,还写了什么题语我不记得了。一张大书案,二位各坐一边,旁边放着许多张单幅的册页纸。只见二位各取一张,随手画去。真有趣,二位同样好似不假思索地运笔如飞。一张纸上或画一树一石、或画一花一鸟,互相把这种半成品掷向对方,对方有时立即补全,有时又再画一部分又掷回给对方。不到三个多小时,就画了几十张。这中间还给我们这几个侍立在旁的青年画了几个扇面。我得到大千先生画的一个黄山景物的扇面,当时心畲先生即在背后写了一首五言律诗,保存多少年,可惜已失于一旦了。那些已完成或半完成的册页,二位分手时各分一半,随后补完或题款。这是我平生受到最大最奇的一次教导,使我茅塞顿开。可惜数十年来,画笔抛荒,更无论艺有寸进了。追念前尘,恍如隔世。唉,不必恍然,已实隔世了!

　　先生的画作与社会见面,是很偶然的。并非迫于资用不足之时,生活需用所迫,因为那时生活还很丰裕的。在距今六十多年前,北京有一位溥老先生,名勋,字尧臣,喜好结交一些书画家,先由自己爱好收集,后来每到夏季便邀集一些书画家各出些扇面作品,举行展览。各书画家也乐于参加,互相观摩,也含竞赛作用,售出也得善价。这个展览会标题为"扬仁雅集",取《世说新语》中谈扇子"奉扬仁风"的典故。心畲先生是这位老先生的远支族弟,一次被邀拿出十几件自己画成收着自玩的扇面参展,本是"凑热闹"的。没想到展出之后立即受观众的惊讶,特别是易于相轻的"同道"画家,也不禁诧为一种新风格、新面目。但新中有古,流中有源。可以说得到内外行同声喝彩。虽然标价奇昂,似是每件二十银元,但没有几天,竟自被买走绝大部分。这个结果是先生自己也没料到的。再后几年,先生有所需用,才把所存作品大小各种卷轴拿出开了一次个人画展。也是几乎售空,从此先生累积的自珍精品,就非常稀见了。

六　余论

　　评论文学艺术,必须看到当时的背景,更须要看作者自己的环境和经历。人的性格虽然基于先天,而环境经历影响他的性格，也不能轻易忽视。我对于心畬先生的文学艺术以及个人性格，至今虽然过数十年了，但每一闭目回忆，一位完整的、特立独出的天才文学艺术家即鲜明生动地出现在眼前。先生为亲王之孙、贝勒之子，成长在文学教育气氛很正统、很浓郁的家庭环境中。青年时家族失去特殊的优越势力，但所余的社会影响和遗产还相当丰富，这包括文学艺术的传统教育和文物收藏，都培育了这位先天本富、多才多艺的贵介公子。不沾日伪的边，当然首先是学问气节所关，也不是没有附带的因素。许多清末老一代或中一代的亲贵有权力矛盾的，对"慈禧太后"常是怀有深恶的，先生对那位"宣统皇帝"又是貌恭而腹诽的，大连还有嫡兄嗣王。自己在北京又可安然地、富裕地做自己的"清代遗民"的文学艺术家，又何乐而不为呢！

文学艺术的陶冶，常须有社会生活的磨炼，才能对人情世态有深入的体会。而先生却无须辛苦探求，也无从得到这种磨炼，所以作诗随手即来的是那些"六朝体"和"空唐诗"。写自然境界的，能学王、韦，不能学陶。在文章方面喜学六朝人，尤其爱庾信的《哀江南赋》，自己用小楷写了不知几遍。但《哀江南赋》除起首四句有具体的"戊辰之年、建亥之月，大盗移国，金陵瓦解"之外，全用典故堆砌，与《史记》、《汉书》以来唐宋八家的那些丰富曲折的深厚笔法，截然不同。我怀疑先生的文风与永光和尚似乎也不无关系。但我确知先生所读古书，极其综博。藏园老人傅沅叔先生有时寄居颐和园中校勘古书，一次遇到一个有关《三国志》的典故出处，就近和同时寄居颐和园中的心畬先生谈起，心畬先生立即说出见某人传中，使藏园老人深为惊叹，以为心畬先生不但学有根底，而且记忆过人。又一次看见先生阅读古文，一看作者，竟是权德舆，又足见先生不但阅读唐文，而且涉及一般少人读的作家。那么何以偏做那些被人讥诮为"说门面话"的文章呢，不难理解，没有那种磨炼，可说是个人早年的幸福，但又怎能要求他做出深挚情感的文章，具有委婉曲折的笔法！不止诗文，即常用以表达身世的别号，刻成印章的像"旧王孙"、"西山逸士"、"咸阳布衣"等，都是比较明显而不隐僻的，大约是属于同样原因。

还有一事值得表出的：以有钱、有地位、有名望年轻时代的心畬先生，一般看来，在风月场中，必有不少活动，其实并不如此。先生有妾滕，不能说"生平不二色"，但从来不搞花天酒地的事。晚年宁可受制于篷室，也不肯"出之"，不能不算是一位"不三色"的"丈夫"！

先生以书画享大名，其实在书上确实用过很大工夫，在画上则是从天资、胆量和腕力得来的居最大的比重。总之，如论先生的一生，说是诗人，是文人，是书人，是画人，都不能完全无所偏重或遗漏，只有"才人"二字，庶几可算比较概括吧！

平生风义兼师友——怀龙坡翁

从前社会上学技艺的人有一句名言："投师不如访友。"不难理解，"师道尊严"，"请教"容易，"探讨"不容易。其实在某些条件下，"请教"也不完全容易。老师没时间、不耐烦，老师对那个问题没兴趣，甚至没研究，怎能"请"得他的"教"呢！纯朋友又不然，

"莘居终日，言不及义"，乃至"博弈饮酒"，哪还有时间讨论技艺、学问呢！只有益友、畏友、可敬的朋友、可师的朋友，才可算是"不如访友"的友，也就是义兼师友的友。

我在二十一二岁"初出茅庐"时，第一位相识的朋友是牟润孙先生，比我长四岁；第二位是台静农先生，比我长十岁。与牟先生在一起，也曾饮酒、谈笑，谁又知道，他在这种时候，也常谈学术问题。他从老师那里得来的只言片语，我正在不懂得，他甚至用村俗的比喻解剖一下，我便能豁然开朗。这是友呢，是师呢？台先生则不然。他的性格极平易，即在受到沉重打击之后，谈笑一如平常。宋朝范纯仁在被贬处见到客人来时，令仆人拿出两份被褥，他与客人对床而睡；明朝黄道周在逆境中不愿与客人谈话，便令客人下棋，客人不会，他说你就随便跟着我下棋子。不难比较，睡觉、下棋，多么枯滞；谈笑如常，又多么超脱！台先生对我也不是没有过有深意的指教，只是手段非常艺术。例如面对一本书，一首诗、一件书画等，发出轻松的评论，当时听着还觉得"不过瘾"，日后回思，不但很中肯、很深刻，甚至是为我而发的耳提面命。以一些小事为例：

一次台先生自厦门回到当时北平接家眷，我在一个下午去看他，他正喝着红葡萄酒。这以前他并不多喝酒，更不在非饭时喝酒，我幼稚地问他怎么这时喝酒，他回答了两个"真实不虚"的字："麻醉"。谁不知道，酒是麻醉剂，但是今天我才懂得了，当我沉痛的失眠时，愈喝浓酒愈清醒。近年听说台老喝酒，愈喝愈烈，大概是"量逐年增"吧！

当年一次牟先生问台先生哪家散文好，台先生答是《板桥杂记》。清初，余淡心感念沧桑，寄情于"醇酒妇人"，牟先生盛年纵酒,有时也蹈余氏行踪,不言而喻,举这本书,其意婉而多讽,岂是真论散文。

我写字腕力既弱,又受宗老雪斋翁之教,摹临赵松雪。台先生一次论起王梦楼的字,说道"侧媚",我当时虽并不喜王梦楼的字,但对"侧媚"的评语,还不太理解。后来屡见台先生的法书,错节盘根,玉质金相,固足使我惊服;并且因此而理解了王梦楼为什么"侧媚",更理解了赵松雪当然也难逃挞伐。而他对于我临松雪的箴规,也就不待言了。做朋友,讲"温恭直谅",从这几件事中可证字字无忝吧!像这样事理通达、心气和平的襟度,我在平生交游的人中,确实并不多见。

去年托朋友带去我出版的一些拙作打油诗,那位朋友再来时告诉我:"台老说:他(指启功)还是那么淘气。"他给我写了一个手卷,临苏东坡的苏州寒食诗二首。

"自我来黄州,已过三寒食,年年欲惜春,春去不容惜。……何殊病少年,病起头已白。""春江欲入户,雨势来不已,小屋如渔舟,蒙蒙水云里。……那知是寒食,但感乌衔纸。……也拟哭涂穷,死灰吹不起。"这是苏东坡,还是台龙坡?姑且不管,再看卷后还加跋说明,苏书真迹以重价归故宫收藏,所以喜而临写。我既笑且喜,赶紧好好装裱收藏,仿佛我比故宫还富了许多。

今年春天,台老托朋友带来他的论文集、法书集等三本书,都有亲笔题字,不是写"留念",而都是写"永念",字迹有些颤抖。我拿到的不是三本书,而是三块石头。不久在香港好友家给他通了电话,他是在病榻上接的电话,但声音气力都很充沛,我那三块石头,才由心中落到地上。

忆先师吴镜汀先生

启功年十五，从贾羲民先生学画。年十九，经贾老师介绍入中国画学研究会，从吴镜汀先生问业。吴先生当时专宗王石谷，贾先生壁上挂有吴师所画小幅山水，蒙贾师手摘命临，并说：你没见过石谷画吧，要知此画与石谷无甚异处；如说有异处，即是去掉了石谷晚年战掣笔道的习气。功当时虽曾从影印本中见过些王画，但还不能深入体会贾师的训导。

后来亲炙于吴师多年，比较多方面了解了吴先生画诣的来龙去脉，大致是十几岁从金北楼先生学画。金先生创办中国画学研究会，广收学员，并延请各科名宿协助辅导。如俞涤凡、萧谦中、贺履之、陈半丁诸先生，都常莅会，指授六法。后来金先生病逝，由周养庵先生继办，诸名宿多年高，或且病逝（如俞先生），吴师遂主讲山水一科，造就人才，今年逾八十的，已五六家，启功这学不加进，有愧师门的，就不足数了。

先生对于持画求教的，没有不至诚指导，除非太荒唐幼稚的，莫不循循然顺其习性相近处加以指引。以功及身亲受的二三小事为例：点苔总是乱七八糟，先生说，你别把苔点点在皴法笔道上，先把应加苔点处，擦染糊涂了，然后再在糊涂部分去点苔，必然格外醒目。又画松针总觉不够，而且层次不明，先生说，凡画松针，都用焦墨，画完如有必要，再加一些淡墨的，便既见苍劲，又有云烟了。又一次画石青总嫌太重，先生说，你在里边加些石绿呀，果然青翠欲滴。同时又说，石绿不可往空白的山石面上涂，那样永远感觉不足，先在山石石面染上赭石以至草绿，再加石绿，即能有所衬托。诸如此类，不胜枚举。虽然可说属技法上的小节，但就是这类"小节"，你去问问手工艺人以及江湖画手，虽至亲好友，他肯轻易相告吗？

又在观看古代名画时，某件真假，先生指导，必定提出根据。画的重要关键处是笔法，各家都有各自的习惯特点。元明以来，留传的较多，比较常能看到。每见某件画是仿本时，先生指出后，听者如果不信，先生常常用笔在手边的乱纸上表演出来，某家的特点在哪里，而这件仿本不合处又在哪里，旁观者即使是未曾学画的人，也会啧啧称奇，感喟叹服。

玩物而不丧志

"玩物丧志"这句话，见于所谓伪古文《尚书》，好似"玩物"和"丧志"是有必然因果关系的。近代番禺叶遐庵先生有一方收藏印章，印文是"玩物而不丧志"。表面似乎很浅，易被理解为只是声明自己的玩物能够不至丧志，其实这句印文很有深意，正是说明玩物的行动，并不应一律与丧志连在一起，更不见得每一个玩物者都必然丧志。

我的一位挚友王世襄先生，是一位最不丧志的玩物大家。大家二字,并非专指他名头高大,实为说明他的玩物是既有广度,又有深度。先说广度:他深通中国古典文学,能古文,能骈文,能作诗,能填词。外文通几国的我不懂,但见他不待思索地率意聊天,说的是英语。他写一手欧体字,还深藏若虚地画一笔山水花卉。喜养鸟、养鹰、养猎犬、能打猎;喜养鸽,收集鸽哨;养蟋蟀等虫,收集养虫的葫芦。玩葫芦器,就自己种葫芦,雕模具。制成的葫芦器,上有自己的别号,曾留传出去,被人误认为古代制品,印入图录,定为乾隆时物。

再说深度:他对艺术理论有深刻的理解和透彻的研究。把中国古代绘画理论条分缕析,使得一向说得似乎玄妙莫测而且又千头万绪的古代论画著作,搜集爬梳,既使纷繁纳入条理,又使深奥变为显豁。读起来,那些抽象的比拟,都可以了如指掌了。

王先生于一切工艺品不但都有深挚的爱好,而且都要加以进一步的了解,不辞劳苦地亲自解剖。所谓解剖,不仅指拆开看看,而是从原料、规格、流派、地区、艺人的传授等,无一不要弄得清清楚楚。为弄清楚,常常谦虚地、虔诚地拜访民间老工艺家求教。因此,一些晓市、茶馆,黎明时民间艺人已经光临,他也绝不迟到,交下了若干行业中有若干项专长绝技的良师益友。"相忘江湖",使得那些位专家对这位青年,谁也不管他是什么家世、学历、工作,更不用说有什么学问著述,而成了知己。举一个有趣的小例:他爱自己炒菜,每天到菜市排队。有一位老庖师和他谈起话来说:"干咱们这一行……"就这样把他真当成"同行"了。因此也可以见他的衣着、语言、对人的态度,和这位老师傅是如何的水乳,使这位老人不疑他不是"同行"。

王先生有三位舅父,一位是画家,两位是竹刻家。那位画家门生众多，是一位宗师，那两位竹刻家除留下刻竹作品外，只有些笔记材料，交给他整理。他于是从头讲起，把刻竹艺术的各个方面周详地叙述，并阐发亲身闻见于舅父的刻竹心得，出版了那册《刻竹小言》，完善了也是首创了刻竹艺术的全史。

他爱收集明清木器家具，家里院子大、房屋多，家具也就易于陈设欣赏。忽然全家凭空被压缩到一小间屋中去住，一住住了十年。十年后才一间一间地慢慢松开。家具也由一旦全部被人英雄般地搬走，到神仙般地搬回，家具和房屋的矛盾是不难想象的。就是这样的搬走搬回，还不止一次。那么家具的主人又是如何把这宗体积大、数量多的木器收进一间、半间的"宝葫芦"中呢？毫不神奇，主人深通家具制造之法，会拆卸，也会攒回，他就拆开捆起，叠高存放。因为怕再有英雄神仙搬来搬去，就没日没夜地写出有关明式家具的专书，得到海内外读者的剧烈喝彩。

最近又掘出尘封土积中的葫芦器，其中有的是他自己种出来的。制造器皿的过程是从画式样、选模具起，经过装套在嫩小葫芦上，到收获时打开模子，选取成功之品，再加工镶口装盖以至糅漆葫芦器里子等。可以断言，这比亲口咀嚼"粒粒辛苦"的"盘中餐"，滋味之美，必有过之而无不及！现在和那些木器家具一样，为免于再积入尘土，赶紧写出这部《说葫芦》专书，使工艺美术史上又平添出一部重要的科学论著。我们优先获得阅读的人，得以分尝盘中辛苦种出的一粒禾，其幸福欣慰之感，并不减于种禾的主人。

写到这里，不能不再谈王先生深入研究的一项大工艺，他全面地、深入地研究漆工的全部技术。不止如上说到的漆葫芦器里子。大家都知道，木器家具与漆工是密不可分的。王先生为了真正地、内行地、历史地了解漆工技术,我确知他曾向多少民间老漆工求教。众所周知,民间工艺家除非是自己可信的门徒是绝不轻易传授秘诀的。也不必问王先生是否屈膝下拜过那些身怀绝技的老师傅。但我敢断言,他所献出的诚敬精神,定比有形的屈膝下拜高多少倍,绝不是向身怀绝艺的人颐指气使地命令说"你们给我掏出来"所能获得的。我听说过漆工中最难最高的技术是漆古琴和修古琴,我又知王先生最爱古琴,那么他研究漆工艺术是由古琴到木器,还是由木器到古琴,也不必询问了。他注解过唯一的一部讲漆工的书《髹饰录》。我们知道,注艺术书注词句易,注技术难。王先生这部《髹饰录》不但开辟了艺术书注解的先河,同时也是许多古书注解所不能及的。如果有人怀疑我这话,我便要问他,《诗经》的诗怎么唱?《仪礼》的仪节什么样?周鼎商彝在案上哪里放?古人所睡是多长多宽的炕?而《髹饰录》的注解者却可以盎然自得地傲视郑康成。这一段话似乎节外生枝,与葫芦器无关。但我要郑重地敬告读者:王世襄先生所著的哪怕是薄薄的一本小册,内容讲的哪怕是区区一种小玩具,他所倾注的心血精力,都不减于对《髹饰录》的注解。

旧时社会上的"世家"中,无论为官的、有钱的、读书的,有所玩好,都讲"雅玩"。"雅"字不仅是艺术的观念,也是摆出身份的标准。"玩"字只表示是居高临下的欣赏,不表示研究。其实不研究的欣赏,没有不是"假行家"的。而"假行家"又"上大瘾"的,就没有不丧志的。怎样丧志,不外乎巧取豪夺,自欺欺人,从丧志沦为丧德。而王世襄先生的"玩物",不是"玩物"而是"研物";他不但不曾"丧志"还"立志"。他向古今典籍、前辈耆献、民间艺师取得的和自己几十年辛苦实践相印证,写出了这些部已出版、未出版、将出版的书。可以断言，这一本本、一页页、一行行、一字字，无一不是中华民族文化的注脚，并不止《说葫芦》这一本！

故宫古代书画给我的眼福

谁都晓得，论起我国古代文物，尤其是古代书画，恐怕要属北京故宫博物院收藏的最为丰富了。它的丰富，并非一朝一夕凭空聚起的，它是清代乾隆内府的《石渠宝笈》所收为大宗的主要藏品。清高宗乾隆皇帝酷好书画，以帝王的势力来收集，表面看来，似乎可以毫不费力，其实还是在明末清初几个"大收藏家"搜罗鉴定的成果上积累起来的。那时这几个"大收藏家"是河北的梁清标、北京的孙承泽、住在天津为权贵明珠办事的安岐和康熙皇帝的侍从文官高士奇。这四个人生在明末清初，趁着明朝覆亡，文物流散的时候，大肆搜罗，各成一个"大收藏家"。梁氏没有著录书传下来，孙氏有《庚子销夏记》，高氏有《江村销夏录》，安氏有《墨绿汇观》。这些家的藏品，都成了《石渠宝笈》的收藏基础。本文所说的故宫书画，即指《石渠宝笈》的藏品，后来增收的不在其内。

一九二四年时，前宣统皇帝溥仪被逐出宫，故宫成立了博物院，后来经过点查，才把宫内旧藏的各种文物公开展览。宣统出宫以前，曾将一些卷册名画由溥杰带出宫去，转到长春，后来流散，又有一部分收回，所以故宫博物院初建时的古书画，绝大部分是大幅挂轴。

我在十七八岁时从贾羲民先生学画，同时也由贾老师介绍并向吴镜汀先生学画。也看过些影印、缩印的古画。那时正是故宫博物院陆续展出古代书画之始，每月的一、二、三日为优待参观的日子，每人票价由一元钱减到三角钱。在陈列品中，每月初都有少部分更换。其他文物我不关心，古书画的更换、添补，最引学书画的人和鉴赏家们的极大兴趣。我的老师常常率领我和同学们到这时候去参观。有些前代名家在著作书中和画上题跋中提到过某某名家，这时居然见到真迹，真不敢相信这就是我曾听到名字的那些古人的作品。只曾闻名，连仿本都没见过的，不过惊诧"原来如此"。至于曾看到些近代名人款识中所提到的"仿某人笔"，这时真见到了那位"某人"自己的作品，反倒发生奇怪的疑问，眼前这件"某人"的作品，怎么竟和"仿某人笔"的那种画法大不相同？尤其和我曾奉为经典的《芥子园画谱》中所标明的某家、某派毫不相干。是我眼前的这件古画不真，还是《芥子园画谱》和题"仿某人笔"的藏家造谣呢？后来很久很久才懂得，《芥子园画谱》作者的时代，许多名画已入了几个藏家之手，近代人所题"仿某人笔"，更是辗转得来，捕风捉影，与古画真迹渺无关系了。这一层问题稍有理解之后，又发生了新疑问：明末的董其昌，确曾见过不少宋元名画，他的后辈王时敏、王原祁祖孙也是以专学黄子久（公望）著名的。在他们的著作中，在他们画上的题识中，看到大量讲到黄子久画风问题的话，但和我眼前的黄子久作品，怎么也对不上口径。请教于贾老师，老师也是董、王的信仰者，好讲形似和神似的区别，给我破除的疑团，只占百分之五十左右。"四王吴恽"（清代六大画家）中，我只觉得王翚还与宋元面目有相似处，但老师平日不喜王翚，我也不敢拿出王翚来与王原祁作比较论证了。这里要作郑重声明的，清末文人对古画的评鉴，至多到明代沈周、文徵明和董其昌为止，再往上的就见不着了。所以眼光、论点，都受到一定的时代局限，这里并非菲薄贾老师眼光狭窄。吴老师由王翚入手，常说文人画是"外行"画，好多年后才晓得明代所称"戾家画"就是此意。

这时所见宋元古画，今天已经绝大部分有影印本发表，甚至还有许多件原样大的影印本。现在略举一些名家的名作，以见那时眼福之富，对我震动之大。例如，五代董源的《龙宿郊民图》，赵干的《江行初雪图》，巨然的《秋山问道图》，荆浩的《匡庐图》，关仝的，《秋山晚翠图》。北宋范宽的《溪山行旅图》，郭熙的《早春图》，南宋李唐的《万壑松风图》，马远和夏圭的有款纨扇多件。元代赵孟頫的《鹊华秋色图》，高克恭的《云横秀岭图》，黄公望的《富春山居图》等，都是著名的"巨迹"。每次走入陈列室中，都仿佛踏进神仙世界。由于盼望每月初更换新展品，甚至萌发过罪过的想法。其中展览最久不常更换的要属范宽《溪山行旅图》和郭熙《早春图》，总摆在显眼的位置，当我没看到换上新展品时，曾对这两件"经典的"名画发出"还是这件"的怨言。今天得到这两件原样大的复制品，轮换着挂在屋里，已经十多年了，还没看够，也可算对那时这句怨言的忏悔！至于元明画派有类似父子传承的关系，看来比较易于理解。而清代文人画和宫廷应制的作品，已经没有什么吸引力了。

比故宫博物院成立还早些年的有"内务部古物陈列所"，是北洋政府的内务总长熊希龄创设的，他把热河清代行宫的文物运到北京，成立这个收藏陈列机构，分占文华、武英两个殿，文华

67

陈列书画,武英陈列其他铜器、瓷器等文物。古书画当然比不上故宫博物院的那么多,那么好,但有两件极其重要的名画:一是失款夏圭画《溪山清远图》,一是传为董其昌缩摹宋元名画《小中现大》巨册。其他除元明两三件真迹外,可以说乏善可陈了。以上是当时所能见到宋元名画的两个地方。

至于法书如王羲之《快雪》、《奉橘》,孙过庭《书谱》、唐玄宗《鹡鸰颂》、苏轼《赤壁赋》、欧阳修《集古录跋尾》、米芾《蜀素帖》和宋人手札多件。现在这些名画、法书,绝大部分都已有了影印本,不待详述。

故宫博物院初建时的书画陈列,曾有一度极其分散,主要展室是钟粹宫,除有些特制的玻璃柜可展出些立幅、横卷外,那些特别宽大或次要些的挂幅,只好分散陈列在上书房、南书房和乾清宫东北头转角向南的室内,大部分直接挂在墙上,还在室内中间摆开桌案,粗些的卷册即摊在桌上,有些用玻璃片压着,《南巡图》若干长卷横展在坤宁宫窗户里边,也没有玻璃罩。这在今天看来是不可思议的事,也足见那时藏品充斥、陈列工具不足的不得已的情况。

在每月月初参观时,常常遇到许多位书画家、鉴赏家老前辈,我们这些年轻人就更幸福了。

随在他们后面,听他们的品评、议论,增加我们的知识。特别是老辈们对古画真伪有不同意见时,更引起我们的求知欲。随后向老师请教谁的意见可信,得到印证。《石渠》所著录的古书画固然并不全真,老辈鉴定的意见也不是没有参差,在这些棱缝中,锻炼了我自己思考、比较以至判断的能力,这是我们学习鉴定的初级的,也是极好的课堂。

不久博物院出版了《故宫周刊》，就更获得一些古书画的影印本。《故宫周刊》是画报的形式，影印必然是缩小的，但就如此的缩小影印本，在见过原本之后的读者看来，就能唤起记忆，有个用来比较的依据。继而又出了些影印专册，比起《故宫周刊》上的缩本，又清晰许多，使我们的眼睛对原作的认识更进了一步。

岁月推移，抗战开始，文华殿、钟粹宫的书画，随着大批的文物南迁，幸而没有遇见风险损失，现在藏于祖国的另一省市。抗战胜利后，长春流散出的那批卷册，又由一些商人贩运聚到北京。故宫博物院又召集了许多位老辈专家来鉴定、选择、收购其中的一些重要作品。这时我已到中年，并蒙陈垣先生提挈到辅仁大学教书，做了副教授。又蒙沈兼士先生在故宫博物院中派我一个专门委员的职务，具体做两项工作：在文献馆看研究论文稿件，在古物馆鉴定书画。那时文献馆还增聘了几位专门委员：王之相先生翻译俄文老档，齐如山先生、马彦祥先生整理戏剧档案，韩寿萱先生指导文物陈列，每月各送六十元车马费。我看了许多稿子之外，还获得参与鉴定收购古书画的会议。在会上不仅饱了眼福，还可以亲手展观翻阅，连古书画的装潢制度，都得到进一步的了解，同时又获闻许多老辈的议论，比若干年前初在故宫参观书画陈列时的知识，不知又增加了多少。

第一次收购古书画的鉴定会是在马衡先生家中。出席的有马衡先生（故宫博物院院长）、陈垣先生（故宫理事、专门委员）、沈兼士先生（故宫文献馆馆长）、张廷济先生（故宫秘书长）、邓以蛰先生、张大千先生、唐兰先生。这次所看书画，没有什么出色的名作，只记得收购了一件文徵明小册，写的是《卢鸿草堂图》中各景的诗，与今传的《草堂图》中原有的字句有些异文，买下以备校对。又一卷祝允明草书《离骚》卷，第一字"离"字草书写成"鸡"，马先生大声念"鸡骚"，大家都笑起来，也不再往下看就卷起来了。张大千先生在抗战前曾到溥心畬先生家共同作画，我在场侍立获观，与张先生见过一面。这天他见到我还记得很清楚，便说："董其昌题'魏府收藏董元画天下第一'的那幅山水，我看是赵干的画，其中树石和《江行初雪》完全一样，你觉得如何？"我既深深佩服张先生的高明见解，更惊讶他对许多年前在溥先生家中只见过一面的一个青年后辈，今天还记忆分明，且忘年谈艺，实有过于常人的天赋。我曾与谢稚柳先生谈起这些事，谢先生说："张先生就是有这等的特点，不但古书画辨解敏锐、过目不忘，即对后学人才也是过目不忘的。"又见到一卷缂丝织成的米芾大字卷，张先生指给我看说："这卷米字底本一定是粉笺上写的。"彼此会心地一笑。按：明代有一批伪造的米字，常是粉笺纸上所写，只说"粉笺"二字，一切都不言而喻了。这次可收购的书画虽然不多，但我所受的教益，却比可收的古书画多多了！

　　第二次收购鉴定会是在故宫绛雪轩，这次出席的人较多了。上次的各位中，除张大千先生没在本市外，又增加了故宫图书馆馆长袁同礼先生和胡适先生、徐悲鸿先生。这次所看的书画件数不少，但绝品不多。只有唐人写《王仁昫刊谬补缺切韵》一卷，不但首尾完整，而且装订是"旋风叶"的形式。在流传可见的古书中既未曾有，敦煌发现的古籍中也没有见到。不但这书的内容可贵，即它的装订形式也是一个孤例。其次是米芾的三帖合装卷，三帖中首一帖提到韩干画马，所以又称《韩马帖》。卷后有王铎一通精心写给藏者的长札，表示他非常惊异地得见米书真迹。这手札的书法已是王氏书法中功夫很深的作品，而他表示似是初次

70

见到米芾真迹，足见他平日临习的只是法帖刻本了。赵孟頫说："昔人得古刻数行，专心学之，便可名世。"（兰亭十三跋中一条）我曾经不以为然，这时看王铎未见米氏真迹之前，其书法艺术的成就已然如此，足证赵氏的话不为无据，只是在"专心"与否罢了。反过来看我们自己，不但亲见许多古代名家真迹，还可得到精美的影印本，一丝一毫不隔膜，等于面对真迹来学书，而后写的比起王铎，仍然望尘莫及，该当如何惭愧！这时细看王氏手札的收获，真比得见米氏真迹的收获还要大得多。

其次还有些书画，记得白玉蟾《足轩铭》外没有什么令人难忘的了。唯有一件夏昶的墨竹卷，胡适先生指给徐悲鸿先生看，问这卷的真假，徐先生回答是："像这样的作品，我们艺专的教师许多人都能画出。"胡先生似乎恍然地点了点头。至今也不知这卷墨竹究竟是哪位教师所画。如果只是泛论艺术水平，那又与鉴定真伪不是同一命题了。如今五十多年过去了，胡、徐两位大师也早已作古，这卷墨竹究竟是谁画的，真要成为千古悬案了。无独有偶，马衡院长是金石学的大家，在金石方面的兴趣也远比书画方面为多。那时也时常接收一些应归国有的私人遗物，有时箱中杂装许多文物，马先生一眼看见其中的一件铜器，立刻拿出来详细鉴赏。而有一次有人拿去东北散出的元人朱德润画《秀野轩图》卷，后有朱氏的长题，问院长收不收，马先生说："像这等作品，故宫所藏'多得很'。"那人便拿走了。（后来这卷仍由文物局收到，交故宫收藏。）后来我们一些后学谈起此事时偷偷地议论道：熔烧的瓷器、炉铸的铜器、板刻的书籍等都可能有同样的产品，而古代书画，如有重复的作品，岂不就有问题了吗？大家都知道，书画鉴定工作中容不得半点个人对流派的爱憎和个人的兴趣，但是又是非常难于戒除的。

再后虽仍时时有商人送到故宫的东北流散书画卷册，也有时开会鉴定，但收购不多，而多归私人收藏了。

解放后，文物局成立，郑振铎先生任局长，王冶秋先生、王书庄先生任副局长，郑先生由上海请来张珩先生任文物处的副处长。这时商人手中的古书画已不能随意向国外出口，于是逐渐聚到文物局来。一次在文物局办公的北海团城玉佛殿内，摊开送来的书画，这时已从上海请来谢稚柳先生，由杭州请来朱家济先生，不久又由上海请来徐邦达先生，共同鉴定。所鉴定的书画相当多，也澄清了许多"名画"的真伪问题。例如梁楷的《右军书扇图》卷和倪瓒的《狮子林图》卷，都有过影印本，这时目验原迹，得知是旧摹本。

后来许多名迹、巨迹陆续出现，私人收藏的名迹，也多陆续捐献给国家。除故宫入藏之外，如上海、辽宁两大博物馆，也各自入藏了许多《石渠》旧藏的著名书画。此外未经《石渠》入藏的著名书画也发现了不少，分藏在全国各博物馆。

《石渠宝笈》所藏古代书画，除流散到国外的还有些尚未发现，如果不是秘藏在私人家中，大约必已沦于劫火；而国内私人所藏，经过十年动乱，幸存的可能也无几了。已发现的重要的多藏于故宫、辽宁、上海三大博物机关，散在其他较小的文物、美术机关的，便成了重要藏品。经过多次的、巡回的专家鉴定，大致都有了比较可靠的结论，但又出现了些微的新情况：某些名迹成为重要藏品后，就不易获得明确结论，譬如某件曾经旧藏者题为唐代的书画，而经鉴定后实为宋代，这本来无损于文物的历史价值，却能引出许多麻烦。古书画的作者虽早已"盖棺"，而他的作品却在今天还无法"论定"。后世在今天总论《石渠》名迹(包括《石渠》以外的名迹)的确切真伪,还有待于几项未来的条件:(一)科学的鉴别技术,如电脑识别笔迹和特殊摄影技术;(二)全国收藏机关对于藏品不再有标为"重望"的必要时;(三)鉴定工作的发展和其他自然科学研究一样,后来的发明、补充、纠正如超过以前的成果,前后的科学字都不看做个人的高低、得失,而真理愈明;(四)历史文献研究的广博深入,给古书画鉴定带来可靠的帮助。那时,古书画的真名誉、真面貌,必将另呈一番缤纷异彩!

文徵明原名和他写的《落花诗》

明代吴门文学巨匠宗师,多半身兼诗书画三绝之艺,即仕宦显赫的王鏊、吴宽之流,虽未见丹青遗笔,至少也是诗书兼擅的。三绝的大家,首推沈周,其次是文壁、唐寅。沈氏布衣终身,文氏仅官待诏,唐氏中了个解元还遭到斥革。但他们的名声远播,五百年来可以说是"妇孺皆知"。唐氏又经小说点染,名头之大,甚至超过沈、文,更不用说什么王宰相、吴尚书了。

这些位文艺大师,绝非是只凭书画而得虚名的,即以书画论,他们也从来没有靠贬低别人而窃登艺术宝座,更没有自称大师而忝居领袖高名。他们的真迹固然与日月同光,即在当时就有若干人伪作他们的书画。明代人记载屡次提到他们遇到这类情况,不但不加辩驳,甚至还成全贫穷朋友,宁肯在拿来的伪品上当面题字，使穷朋友多卖几个钱，而有钱的人买了真题假画，也损失不到多么巨大。而穷苦小名家得几吊钱，却可以维持一时的生活。所以明代记载这类事迹的文章，并不同于揭发沈、文诸公什么隐私，而是当做美德来称赞的。

这些位三绝大家，首推沈周。沈氏的诗笔敏捷，接近唐代的白居易。常常信笔一挥，趣味极其深厚而且自然。有一次他作了十首《落花诗》，不久即有许多人和作。沈氏接着又作十首，再有人和，他再作十首。据已知的和者，有文璧、徐祯卿、吕悰、唐寅，而沈周自己竟作了三十首。这些诗除曾见沈、唐自写本外，文氏以小楷抄录本留传最多，文氏写本，不仅写了他自己的和作，还常连带写了沈、徐、吕氏的诗。遗憾的是我所见各件文氏小楷写本卷子，多数是伪品，只有一卷真迹，还被不学的人妄加笔画和伪印，但究竟无碍它主体真实的价值。

这卷文氏小楷书《落花诗》真迹，是香港大鉴赏家刘均量先生（作筹）虚白斋中的藏品，刘先生早年受教于黄宾虹先生，不但自己擅画山水，而鉴别古书画，尤具特识。每遇留传名迹，常常看到深处、微处，绝不轻信著录。学识又博，经验又多，所以一些伪品是瞒不过他的眼睛的。我最佩服而且喜欢听他的议论，遇到他指示伪品的伪在何处，常常使人拍案叫绝！他藏的这卷《落花诗》，不但楷法精工，而且署名无讹，可称是我平生所见文氏所写这一组诗的许多卷中唯一可证可信的一卷真品。理由如下：

文氏名璧（从土），字徵明。兄名奎、弟名室，都用星宿名。约在四十岁后，以字行，又取字徵仲。不知什么时候有人误传文徵明原名璧（从玉），还加了一个故事，说因为宋末伟人文天祥抗敌被执，不屈而死，其子名璧（从玉），出仕元朝。文徵明耻与同名，才以字行。按文徵明二十多岁时，即以文章得名，受到老辈重视，并与同时名流文人订交，不应直到四十多岁才知道那个仕于元朝的文璧。即使果真知道得不早，但也会懂得土做的墙壁和玉做的拱璧不是同样的东西。可以说是避所不必避，改所不必改。于是出现了许多玉璧名款的文氏书画。又有人说两种写法名款的作品都是真迹，岂非咄咄怪事！清代同治时吴县叶廷琯撰《鸥陂渔话》卷一有一条题为《文衡山旧名》，详细考证文氏弟兄之名是星宿名的字，是土壁而非玉璧。此书流行版本很多，并不稀见。

清光绪时苏州顾文彬把所藏的法书刻成《过云楼帖》，第八册中节刻了文氏小楷所写《落花诗》。原卷计有沈氏诗三十首，文氏与徐祯卿、吕㦂各十首，共六十首。顾氏刻时刻了沈、文诗各十首和文氏一跋，见顾氏附刻的自书短跋。这二十首诗和一跋中，文氏自书名字处，都是从玉的璧。奇怪的是顾氏与叶氏同是苏州人（顾元和、叶吴县），时代又极接近，似乎未见叶氏的书，或是不承认叶氏的说法，或者他就是"二者都真"论的创始人。

刘氏虚白斋藏的这卷，次序是：沈周十首、文璧十首、徐祯卿十首、沈周十首、吕㦂十首、沈周十首、文璧一跋。其中文氏署名处凡五见，沈诗首唱十首后，文氏和答十首，题下署名文壁，那个土字中间一竖写得微短，遂给"玉璧说"者留下了空子，在土字上边挤着添了一小横，总算符合"玉璧说"了，谁知此人性子太急，见了土字就加小横，却没料到，文氏跋中还有四个壁字，那些土字都写得紧靠上边的口字，竟自无处下手去添那一小横，只成一玉四土，即投票选举，也不能不承认土字胜利了。不知何故，文氏未钤印章，于是"玉璧说"者又得机会，加盖了"文璧（从玉）印"和"衡山"两方假印。"文璧印"从玉自然不真，"衡山"印和真印校对也不相符。这两处蛇足，究竟无损于真迹。

　　文徵明自己精楷所录的这卷师友诗篇，何以末尾不盖印章，这有两种可能：一是写成后还未盖印就被别人拿走了；二是自己感觉有不足处，再为重写，这卷暂置一旁，所以未盖印章。我作第二个推测的理由是，文徵明学画于沈周、学文于吴宽、学书于李应祯，每谈到这三位老师时，总是说"我家沈先生、我家吴先生、我家李先生"（见何良俊《四友斋丛说》）。这卷中徐祯卿、吕㦂的诗题中都称"石田先生"，而文氏自己的十首诗题却只题"和答石田落花十首"，分明是写漏了"先生"二字。又最后一首诗第三句"感旧最闻前度（客）"，写漏了"客"字，补写在最末句之下。文氏真迹中添注漏字、误字处极少，可见他下笔时的谨严。任何人录写诗文，不可能绝无错字漏字时，所以没有的，只是不把有错漏字的拿出来而已。这类事如在其他文人手下，本算不了什么问题，而在平生拘谨又极尊师的文征明先生来说，便应算是一件大事。所以写完了一卷，不忍弃去，又不愿算它是"正本"，便不盖印章。窃谓如此猜测，情理应该不远，不但虚白斋主人可能点头，即文氏有知，也会嘉奖我能深体他尊师的宿志！

中篇

能与诸贤齐品目

中学生副教授博不精专不透名难扬实不
够高不成低不就痈遄左涂曾右画圆皮之厚
妻已逝吾孤独衰猫阿病照旧六十四非不奇
宾山渐相识引年出滋日随身与名一齐臭

谈诗书画的关系

首先说明,这里所说的诗是指汉诗,书指汉字的书法,画指中国画。

大约自从唐代郑虔以同时擅长诗书画被称为"三绝"以后,这便成了书画家多才多艺的美称,甚至成为对一个书画家的要求条件。但这仅只是说明三项艺术具备在某一作者身上,并不说明三者的内在关系。

古代又有人称赞唐代王维"诗中有画,画中有诗",以后又成了对诗、画评价的常用考语。这比泛称三绝的说法,当然是进了一步。现在拟从几个不同的角度,探索一下诗书画的关系。

——

"诗"的含义。最初不过是徒歌的谣谚或带乐的唱词,在古代由于它和人们的生活有着密切的关系,又发展到政治、外交的领域中,起着许多作用。再后某些具有政治野心、统治欲望的"理论家"硬把古代某些歌词解释成为含有"微言大义"的教条,那些记录下来的歌词又上升为儒家的"经典"。这是诗在中国古代曾被扣上过的几层帽子。

客观一些,从哲学、美学的角度论的"诗",又成了"美"的极高代称。一切山河大地、秋月春风、巍峨的建筑、优美的舞姿、悲欢离合的生活、壮烈牺牲的事迹等,都可以被加上"诗一般的"这句美誉。若从这个角度来论，则书与画也可被包罗进去。现在收束回来，只谈文学范畴的"诗"。

二

诗与书的关系。从广义来说，一个美好的书法作品，也有资格被加上"诗一般的"四字桂冠，现在从狭义讨论，我便认为诗与书的关系远远比不上诗与画的关系深厚。再缩小一步，我曾认为书法不能脱离文辞而独立存在，即使只写一个字，那一个字也必有它的意义。例如写一个"喜"字或一个"福"字，都代表着人们的愿望。一个"佛"字，在佛教传入以后，译经者用它来对梵音，不过是一个声音的符号，而纸上写的"佛"字，贴在墙上，就有人向它膜拜。所拜并非写的笔法墨法，而是这个字所代表的意义。所以我曾认为书法是文辞以至诗文的"载体"。近来有人设想把书法从文辞中脱离出来而独立存在，这应怎么办，我真是百思不得其法。

但转念，书法与文辞也不是随便抓来便可用的瓶瓶罐罐，可以任意盛任何东西。一个出土的瓷虎子，如果摆在案上插花，懂得古器物的人看来，究竟不雅。所以即使瓶瓶罐罐，也不是没有各自的用途。书法即使作为"载体"，也不是毫无条件的；文辞内容与书风，也不是毫无关联的。唐代孙过庭《书谱》说："写《乐毅》则情多怫郁，书《画赞》则意涉瑰奇，《黄庭经》则怡怿虚无，《太师箴》又纵横争折。暨乎兰亭兴集，思逸神超；私门诚誓，情拘志惨。所谓涉乐方笑，言哀已欢。"王羲之的这些帖上是否果然分别表现着这些种情绪，其中有无孙氏的主观想象，今已无从在千翻百刻的死帖中得到印证，但字迹与书写时的情绪会有关系，则是合乎情理的。这是讲写者的情绪对写出的风格有所影响。

79

还有所写的文辞与字迹风格也有适宜与否的问题。例如，用颜真卿肥厚的笔法、圆满的结字来写李商隐的"昨夜星辰昨夜风"之类的无题诗，或用褚遂良柔媚的笔法、俊俏的结字来写"杀气冲霄，儿郎虎豹"之类的花脸戏词，也使人觉得不是滋味。

归结来说，诗与书，有些关系，但不如诗与画的关系那么密切，也不如那么复杂。

三

书与画的关系问题。这是一个大马蜂窝，不可随便乱捅。因为稍稍一捅，即会引起无穷的争论。但题目所逼，又不能避而不谈，只好说说纯粹属于我个人的私见，并不想"执途人以强同"。

我个人认为"书画同源"这个成语最为"书画相关论"者所引据，但同"源"之后，当前的"流"还同不同呢？按神话说，人类同出于亚当、夏娃，源相同了。为什么后世还有国与国的争端，为什么还有种族的差别，为什么还要语言的翻译呢？可见"当流说流"是现实的态度，源不等于流，也无法代替流。

我认为写出的好字，是一个个富有弹力、血脉灵活、寓变化于规范中的图案，一行一篇又是成倍数、方数增加的复杂图案。写字的工具是毛笔，与作画的工具相同，在某些点画效果上有其共同之处。最明显的例如元代柯九思、吴镇，明清之间的龚贤、渐江等，他们画的竹叶、树枝、山石轮廓和皴法，都几乎完全与字迹的笔画调子相同，但这不等于书画本身的相同。

书与画，以艺术品种说，虽然殊途，但在人的生活中的作用，却有共同之处。一幅画供人欣赏，一幅字也无二致。我曾误认文化修养不深的人、不擅长写字的人必然只爱画不爱字，结果并不然。一幅好字吸引人，往往并不少于一幅好画。

书法在一个国家民族中,既具有"上下千年、纵横万里"的经历,直到今天还在受人爱好,必有它的特殊因素。又不但在使用这种文字的国家民族中如此,而且越来越多地受到并不使用这种文字的兄弟国家民族的艺术家们注意。为什么?这是个值得探索的问题。

我认为如果能找到书法艺术所以能起如此作用,能有如此影响的原因,把这个"因"和画类同样的"因"相比才能得出它们的真正关系。这种"因"是两者关系的内核,它深于、广于工具、点画、形象、风格等外露的因素。所以我想与其说"书画同源",不如说"书画同核",似乎更能概括它们的关系。

有人说,这个"核"究竟应该怎样理解,它包括哪些内容? 甚至应该探讨一下它是如何形成的。现在就这个问题作一些探索。

一、民族的习惯和工具:许多人长久共同生活在一块土地上,由于种种条件,使他们使用共同的工具;

二、共同的好恶:无论是先天生理的或后天习染的,在交通不便时,久而蕴成共同心理、情调以至共同的好恶,进而成为共同的道德标准、教育内容;

三、共同表现方法:用某种语词表达某些事物、情感,成为共同语言。用共同办法来表现某些形象,成为共同的艺术手法;

四、共同的传统:以上各种习惯,日久成为共同的各方面的传统;

五、合成了"信号":以上这一切,合成了一种"信号",它足以使人看到甲联想乙,所谓"对竹思鹤"、"爱屋及乌",同时它又能支配生活和影响艺术创作。合乎这个信号的即被认为谐调,否则即被认为不谐调。

所以我以为如果问诗书画的共同"内核"是什么，是否可以说即是这种多方面的共同习惯所合成的"信号"？一切好恶的标准，表现的手法，敏感而易融的联想，相对稳定甚至寓有排他性的传统，在本民族（或集团）以外的人，可能原来无此感觉，但这些"信号"是经久提炼而成的，它的感染力也绝不永久限于本土，它也会感染别人，或与别的信号相结合，而成新的文化艺术品种。

当这个"信号"与另一民族的"信号"相遇而有所比较时，又会发现彼此的不足或多余。所谓不足、多余的范围，从广大到细微，从抽象到具体，并非片言可尽。姑从缩小范围的诗画题材和内容来看，如把某些诗歌中常用的词汇、所反映的生活，加以统计，它的雷同重复的程度，会使人吃惊甚至发笑。某些时代某些诗人、画家总有爱咏、爱画的某些事物，又常爱那样去咏、那样去画。也有绝不"入诗"、"入画"的东西和绝不使用的手法。彼此影响，互相补充，也常出现新的风格流派。

这种彼此影响、互成增减的结果，当然各自有所变化，但在变化中又必然都带有其固有的传统特征。那些特征，也可算作"信号"中的组成部分。它往往顽强地表现着，即使接受了乙方条件的甲方，还常能使人看出它是甲而不是乙。

再总括来说，前所谓的"核"，也就是一个民族文化艺术上由于共同工具、共同思想、共同方法、共同传统所合成的那种"信号"。

四

诗与画的关系。我认为诗与画是同胞兄弟，它们有一个共同的母亲，即是生活。具体些说，即是它们都来自生活中的环境、感情等,都有美的要求、有动人力量的要求等。如果没有环境的启发、感情的激动,写出的诗或画,必然是无病呻吟或枯燥乏味的。如果创作时没有美的要求,不想有动人的力量,也必然使观者、读者味同嚼蜡。

这些相同之处,不是人人都同时具备的,也就是说不是画家都是诗人,诗人也不都是画家。但一首好诗和一幅好画,给人们的享受则是各有一定的分量,有不同而同的内核。这话似乎未免太笼统、太抽象了。但这个原则,应该是不难理解的。

从具体作品来说,略有以下几个角度:

一、评王维的"诗中有画,画中有诗"这两句名言,事实上已把诗画的关系缩得非常之小了。请看王维诗中的"画境"名句,如"山中一夜雨,树杪百重泉","竹喧归浣女,莲动下渔舟","草枯鹰眼疾,雪尽马蹄轻","坐看红树不知远,行尽青山忽见人"等著名佳句,也不过是达到了情景交融甚或只够写景生动的效果。其实这类情景丰富的诗句或诗篇,并不只王维独有,像李白、杜甫诸家,也有许多可以媲美甚至超过的。李白如"朝辞白帝彩云间"、"天门中断楚江开",《蜀道难》诸作;杜甫如"吴楚东南坼"、"无边落木萧萧下",《奉观严郑公厅事岷山沱江画图十韵》诸作,哪句不是"诗中有画"?只因王维能画,所以还有下句"画中有诗",于是特别取得"优惠待遇"而已。

至于王维画是个什么样子,今天已无从得以目验。史书上说他"云峰石迹,迥出天机;笔思纵横,参乎造化"。这两句倒真达到了诗画交融的高度,但又夸张得令人难以想象了。试从商周刻铸的器物花纹看起,中经汉魏六朝,隋唐宋元,直到今天的中外名画,有哪一件可以证明"天机"、"造化"是个什么程度?王维的真迹已无一存,无从加以证实,那么王维的画便永远在"诗一般的"极高标准中"缺席判决"地存在着。以上是说诗与画二者同时具备于一人笔下的问题。

二、画面境界会因诗而丰富提高。画是有形的,而又有它的先天局限性。画某人的像,如不写明,不认识这个人的观者就无从知道是谁。一个风景,也无从知道画上的东西南北。等等情况,都需要画外的补充。而补充的方法,又不能在画面上多加小注。即使加注,也只能注些人名、地名、花果名、故事名,却无从注明其中要表现的感情。事实上画上的几个字的题词以至题诗,都起着注明的作用,如一人骑驴,可以写"出游"、"吟诗"、"访友"甚至"回家",都可因图名而唤起观者的联想,丰富了图中的意境,题诗更足以发挥这种功能。但那些把图中事物摘出排列成为五、七言有韵的"提货单",则不在此内(不举例了)。

杜甫那首《奉观严郑公厅事岷山沱江画图》诗,首云:"沱水流中坐,岷山到北堂",这幅画我们已无从看到,但可知画上未必在山上注写"岷山",在水中注写"沱水"。即使曾有注字,而"流"和"到"也必无从注出,再退一步讲,水的"流"可用水纹表示,而山的"到",又岂能画上两脚呢!无疑这是诗人赋予图画的内容,引发观画人的情感,诗与画因此相得益彰。今天此画虽已不存,而读此诗时,画面便如在眼前。甚至可以说,如真见原画,还未必比得上读诗所想的那么完美。

再如苏轼《题虔州八境图》云:"涛头寂寞打城还,章贡台前暮霭寒。倦客登临无限思,孤云落日是长安。"我生平看到宋画,敢说相当不少了,也确有不少作品能表达出很难表达的情景,即此诗中的涛头、城郭、章贡台、暮霭、孤云、落日都不难画出,但苏诗中那种回肠荡气的感情，肯定画上是无从具体画出的。

又一首云："朱楼深处日微明，皂盖归来酒半醒。薄暮渔樵人去尽，碧溪青幛绕螺亭。"和前首一样，景物在图中不难一一画出，而诗中的那种惆怅心情，虽荆、关、李、范也必无从措手的。这八境图我们已知是先有画后题诗的，这分明是诗人赋予图画以感情的。但画手竟然用他的图画启发了诗人这些感情，画手也应有一份功劳。更公平地说，画的作用并不只是题诗用的一幅花笺，能引得诗人题出这样好诗的那幅画，必然不同于寻常所见的污泥浊水。

三、诗画可以互相阐发。举一个例：曾见一幅南宋人画的纨扇，另一面是南宋后期某个皇帝的题字，笔迹略似理宗。画一个大船停泊在河边，岸上一带城墙，天上一轮明月。船比较高大，几占画面三分之一，相当充塞。题字是两句诗，"沉寥明月夜，淡泊早秋天"，不知是谁作的。也不知这两面纨扇，是先有字后补图，还是为图题的字。这画的特点在于诗意是冷落寂寞的，而画面上却是景物稠密的，妙处在即用这样稠密的景物，竟能把"沉寥"、"明月夜"和"淡泊"、"早秋天"的难状内容，和盘托给观者。足使任何观者都不能不承认画出了以上四项内容，而且了无差错。如果先有题字，则是画手善于传出诗意，这定是深通诗意的画家；如果先有画，则是题者善于捉住画中的气氛，而用语言加工成为诗句。如诗非写者所作，则是一位善于选句的书家。总之，或诗中的情感被画家领悟，或画家的情感被题者领悟，这是"相得益彰"的又一典范。

其实所见宋人画尤其许多纨扇小品，一入目来便使人发生某些情感的不一而足。有人形容美女常说"一双能说话的眼睛"，

85

我想借喻好画说它们是一幅幅"能说话的景物,能做诗的画图"。

可以设想在明清画家高手中如唐六如、仇十洲、王石谷、恽南田诸公,如沕寥淡泊之景,也必然不外疏林黄叶、细雨轻烟的处理手法。更特殊的是那幅画大船纨扇的画家,是处在"马一角"的时代,却不落"一角"的套子,岂能不算是豪杰之士!

四、诗画结合的变体奇迹。元代已然是"文人画"(借用董其昌语)成为主流,在创作方法上已然从画帧上贴绢立着画而转到案头上铺纸坐着画了。无论所画是山林丘壑还是枯木竹石,他们的前提,不是物象是否得真,而是点画是否舒适。换句话说,即是志在笔墨,而不是志在物象。物象几乎要成为舒适笔墨的载体,而这种舒适笔墨下的物象,又与他们的诗情相结合,成为一种新的东西。倪瓒那段有名的题语,说他画竹只是写胸中的逸气,任凭观者看成是麻是芦,他全不管。这并非信口胡说,而确实代表了当时不仅止倪氏自己的一种创作思想。能够理解这个思想,再看他们的作品,就会透过一层。在这种创作思想支配下,画上的题诗,与物象是合是离,就更不在他们考虑之中了。

倪瓒画两棵树一个草亭,硬说他是什么山房,还振振有词地题上有人有事有情感的诗。看画面只能说它是某某山房的"遗址",因为既无山又无房,一片空旷,岂非遗址?但收藏著录或评论记载的书中,却无一写它是"遗址图"的,也没人怀疑诗是抄错了的。

到了"八大山人"又进了一步,画的物象,不但是"在似与不似之间",几乎可以说它简直是要以不似为主了。鹿啊、猫啊,翻着白眼,以至鱼鸟也翻白眼。哪里是所画的动物翻白眼,可以说那些动物都是画家自己的化身,在那里向世界翻着白眼。在这种

86

画上题的诗，也就不问可知了。具体说，"八大山人"题画的诗，几乎没有一首可以讲得清楚的，想他原来也没希望让观者懂得。奇怪的是那些"天晓得"的诗，居然曾见有人为它诠释。雅言之，可说是在猜谜；俗言之，好像巫师传达恶语，永远无法证实的。

但无论倪瓒或"八大山人"，他们的画或诗以及诗画合成的一幅幅作品，都是自标新意、自铸伟词，绝不同于欺世盗名、无理取闹。所以说它们是瑰宝，是杰作，并不因为作者名高，而是因为这些诗人、画家所画的画、所写的字、所题的诗，其中都具有作者的灵魂、人格、学养。纸上表现出的艺能，不过是他们的灵魂、人格、学养升华后的反映而已。如果探索前边说过的"核"，这恐怕应算"核"中一个部分吧！

五、诗画结合也有庸俗的情况。南宋邓椿《画继》记载过皇帝考画院的画手，以诗为题。什么"乱山藏古寺"，画山中庙宇的都不及格，有人画山中露出鸱尾、旗杆的才及了格。"万绿丛中一点红"，画绿叶红花的都不及格，有人画竹林中美人有一点绛唇的乃得中选。"踏花归去马蹄香"，画家无法措手，有人画马蹄后追随飞舞着蜜蜂蝴蝶，便夺了魁。如此等等的故事，如果不是记录者想象捏造的，那只可以说这些画是"画谜"，谜面是画，谜底是诗，庸俗无聊，难称大雅。如果是记录者想象出来的，那么那些位记录者可以说"定知非诗人"（苏轼诗句）了。

从探讨诗书画的关系，可以理解前人"诗禅"、"书禅"、"画禅"的说法，"禅"字当然太抽象，但用它来说诗、书、画本身许多不易说明的道理，反较旁征博引来得概括。那么我把三者关系说它具有"内核"，可能词不达意，但用意是不难理解的吧？我还觉得，探讨这三者之间的关系，必须对三者各自具有深刻的、全面的了解。在了解的扎实基础上再能居高临下去探索,才能知唐宋人的诗画是密合后的超脱,而倪瓒、"八大山人"的诗画则是游离中的整体。这并不矛盾,引申言之,诗书画三者间,也有其异中之同和同中之异的。

论书随笔

一 论笔顺

什么叫做笔顺?习惯即指写字时各个笔画的先后顺序。例如,写"人"字,先"丿"后"乀";写"二"字,先上横后下横。这个原则可以类推。

这种顺序是怎么产生的,谁给规定的?回答是由于写时方便的需要。写字用右手,不仅汉字,即世界各族人,也都如此。汉字写法习惯,每字各笔画的先上后下,先左后右,是怎么形成的?不难理解,如果倒过来写,先下后上,在写上笔时,自己的手和笔,遮住了下一笔,写起即不方便。"顺"字,即是便利的意思。

汉字的章法,每行自上而下,各行却由右而左,这种写法习惯,自商周的甲骨金文中已然如此。任何习惯的形成,都有它的复杂因素,后人可以推测,但难绝对全面确定它的原理。笔画之间,先上后下,先左后右,字与字之间,先上后下,这是一致的,单独"行际"是由右向左只能归之于"自古习惯","汉字习惯"。

每字的笔顺,比"行次"问题好理解,下面举几个例:

"宀",上一点在最上,左点在左,然后横划连右钩,是顺的。"宀"下边装进什么都是第二步的事。

"亻","丿"在上,从上向左下走,"丨"在"丿"下,即成为"亻",右边可以随便搭配了。

"小","亅"居中,定了标杆,左右相配,容易匀称。"业",先"丨丨",后配左右两点,亦是此理。

"中",先写"口",像剪彩的彩带,先扯平,中间下剪,比较容易。

"万",先写横,没问题。"乛"与"丿",谁先谁后,有争议。从方便讲,宜先写"乛","乛"的左下有一块空地,用"丿"把它分割,字中空白容易匀称。"衣"中的"ㄈ"右"ㄟ",也是分割空地的道理。

"日"、"目",顺序如下:冂冃目,为什么不先写"囗",因为这长方格中,填进小横,不易匀称。先写"冂",如果里边空地不够,末笔稍靠下,也还无妨,如果里边空地还多,"冂"的两个下脚露出些尖也不要紧。

"母",先左连下成"㇄",后上连右成"乛",即成"㇆",一横平分,母,两小空格中各填一点,可谓"顺理成章"。

"太",先一横,定了这个字的领地中主要位置,中分一横,从上向左下一"丿","ナ"的右下有一空地,用"乀"平分这块空地,即成"大",再在下边空地中加一个点,也是自然便利的。

这个道理,再推到另一例:"春","三"可以比"太"字的"一","人",与"太"字同一办法,下加"日",可以比"太"字的下边一点。不管字中笔画多么繁,交叉多么乱,都可以从这种原理类推而得。

至于行书的笔顺,有时和楷书略有不同的。因为行书是楷书的快写,为了方便,有时顾不了像楷书那样太顺,例如"有",楷书原则是先"一"后"丿",以"丿"分割"一"。行书为了顺利,先"丿"转向左上连"一","一"的右端再转下连"丿",再后成"月"。这种不合楷书的"顺",却是行书的"顺",不可固执看待。

　　草书比行书更简单、更活动了。无论从隶书变成的"章草",还是从楷书变成的"今草",它的构成,都不出两种原则:一是字形外框的剪影;二是笔画轨道的连接。前一种例如"海",写作"𣇵",把"氵、亠、母"三部分按它们的位置各画出一个简化了的形状。又如"间"或"回",只作 ⊝ 也可以了。又如"娄",写作"娄",便是由"娄"变"娄",又把娄的头接上它的脚,只要"米"和"女",抛去了它的腹部。还有几种公用的符号,如左边的"ㄑ",可代替"亻、彳、氵"等,下边的"一",可代替"火、心、灬"等。

　　后一种例如"成",写作"成","厂"写作"ㄥ","乀"写作"丨",里边的"コ"写作左边的"夕",右边的"丿"写作"ㄥ",右上的点不改。这即是把分写合为"成"字的各个笔画,按照它们的先后次序连接写得的一个内有笔序,外边形状的"成"字。又如"有"字,草书先从"丿"的头部写起,左弯的上代横,从右上转的左下代"月"的左竖,右转回钩,代"月"字的"彐",便成了"有",略近外形,实是用笔顺构成的,和行书的"有"字又不同了。

　　草书不易认识,有许多人正在研究从草字查它是什么楷字的办法。还没有很简便的方案。现在姑且按上边两种例子作一试探:看到一个草字后,先看它的外框像个什么楷字,再按它的笔顺断断续续地写一写,至少可以翻译出一半以上的草字。

二 论结字

字是用许多笔画构成的,笔画又具有各种不同的形状,如"、一丨丿乚乀",所谓点、横、竖、撇、捺、钩等。随着字形的需要,有多种排列组合的方式,成为"字形",这是字的基本构造问题。每个字形的姿态,又与字中每个笔画的形状和笔画安排有关。如笔与笔之间的疏密、斜正、高矮、方圆等,都影响着字的姿态,这是书法美术的问题。这里所说的"结字",是指后者。"结字",习惯上也称"结构"、"结体",或称"间架"。

元代书法家赵孟𫖯说:"书法以用笔为上,而结字亦须用工"(见《兰亭十三跋》)。用笔无疑是指每个笔画的写法,即笔毛在纸上活动所表现出的效果。当然笔毛不聚拢,或行笔时笔毛不顺,写出的效果当然不会好。又或写出的笔画,一边光滑,一边破烂,这必是把笔头卧在纸上横擦而出的。笔画两面光滑,是写字最起码的条件。要使笔画两面光滑,就必须笔头正,笔毛顺。从前人所说的"中锋",并无神秘,只是笔头正、笔毛顺而已。好比人走路必定是腿站起,面向前的原则一样。躺着走不了,面向旁边必撞到别的东西上。不言而喻,赵氏这里所说的"用笔",必定不是指这个起码条件,而是指古代书法家艺术性的笔画姿态。究竟他所指的"用笔"和"结字"哪个重要呢? 以次序论,当然先有笔画,例如先有"一"后有"丨",才成"十"字,"十"字的形成,后于"一"的写出。但如果没有"十"字的构想或设计方案,把一丨排错,写成丅丄,也是不行的。从书法艺术上讲,用笔和结字是辩证的关系。但从学习书法的深浅阶段讲,则与赵氏所说,恰恰相反。

举例来说：假如我们把古代书法家写得很好看的一个"二"字，从碑帖上把两横分剪下来，它的用笔可说是"原封未动"，然后拿起来往桌上一扔，这二横的位置可以千变万化，不但能够变成另一个字，即使仍然是短横在上，长横在下，但由于它们的距离小有移动，这个字的艺术效果就非常不同了。倒过来讲，一个碑帖上的好字，我们用透明纸罩在上边，用钢笔或铅笔在每一笔画中间画上一个细线，再把这张透明纸拿起单看，也不失为一个好的硬笔字。不待言，钢笔或铅笔是没有毛笔那样粗细、方圆、尖秃、强弱的效果，只是一条条的匀称的细道，这种细道也能组成篆、隶、草、真、行各类字形。甚至李邕的欹斜姿态，欧阳询的方直姿态，也能从各笔画的中线上抓住而表现出来。

练写字的人手下已经熟习了某个字中每个笔画直、斜、弯、平的确切轨道，再熟习各笔画间距离、角度、比例、顾盼的各项关系，然后用某种姿态的点划在它们的骨架上加"肉"；逐渐由生到熟，由试探到成就这个工程，当然是轨道居先，装饰居次。从前人讲书法有"某底某面"之说，例如讲"欧底赵面"，即是指用欧的结字，用赵的笔姿。也是先有底后有面的。

汉字书法的艺术结构问题，从来不断地有人探索。例如隋僧智果撰《心成颂》(或作《成心颂》)，主要是讲结字的。后世留传一种《楷书九十二法》，说是欧阳询所作，实属伪托。书中的办法，是找每四个字排比并观，或偏旁相同相类，或字中主要笔画相近，或这四个字的轮廓相近，或解剖字是几大块拼成的。希望收到举一反三之效，用意未尝不好，但是不见得便能收到"触类旁通"的作用。习者照它做去，还不能抓住每字各笔的内在关系。其他在文章中提到结字的问题的，历代论书作品中随处都有，也不及详举了。

一次在解剖书法艺术结字时，无意中发现了几个问题，姑且列举出来，向读者请教：

发现经过是这样，因为临帖总不像，就把透明纸蒙在帖上一笔一画地去写。当我只注意用笔姿态时，便觉得一下子总写不出帖上点划的那样姿态，因只琢磨每笔的方圆肥瘦种种方面，以为古人渺不可及。一次想专在结构上探索一下，竟使我感觉吃惊。我只知横平竖直，笔在透明纸上按着帖上笔画轨道走起来，却没有一笔是绝对平直的。我脑中或习惯中某两笔或某两偏旁距离多么远近，及至体察帖上字的这两笔、两偏旁的距离，常和我想的并不一样。于是拿了一个为放大画图用的坐标小方格透明塑料片，罩在帖字上，仔细观察帖字中笔画轨道的方向角度、笔与笔之间的距离关系，字中各笔的聚处和散处、疏处和密处。如此等等方面，各做具体测量。测量办法是在塑料小方格片上画出帖字每笔的中间"骨头"，看它们的倾斜度和弯曲度。再把每条"骨头"延长，使它们向去路伸张，出现了许多交叉处。这些交叉处即是字中的聚点，尽管帖字中那处笔画并未一一交叉，但是说明笔画的攒聚方向，再看伸向字外的远处方向，很少有完全一致、平行的"去向"。凡是并列的两笔以上的轨道，无论是横竖撇捺，很少有绝对平行的。总是一端距离稍宽，一端距离稍窄。或中间稍弯处的位置以及弯度必有差别。

从这些测量过程中发现以下四点：

一、字中有四个小聚点，成一小方格。

通用习字的九宫格或米字格并不准确，因为字的聚处并不在中心一点或一处，而是在距离中心不远的四角处。回忆幼年写九宫格、米字格纸时，一行三字的，常常第一字脚伸到第二格中，逼得第二字脚更多地伸入第三格中，于是第三字的下半只好写到格外，为这常受老师的指责。现在知道字的聚处不在"中心"处，再拿每串三大格的纸写字，就不致往下递相侵占了。

这种距离中心不远的四个聚处是：

A、B、C、D 是四个聚处，当然写字不同机械制图，不需要那么精确。在它的聚处范围中，即可看出效果。（附图一）

从 A 到上框或左框是五，从 A 到下框或右框是八。其余可以类推。这种五比八，若往细里分，即是 0.382:0.618，无论叫什么"黄金律"，"黄金率"，"黄金分割法"，"优选法"，都是这个而已矣。须加说明的是，在测量过程中，碑帖上的字大小并不一律，当时只把聚点和边框的距离的实际数字记下来，然后换算它们的比例。例如甲帖中某字，A处到上框是 X，A 处到下框是 Y，即列成：

X:Y=5:8（或用 0.382:0.618）

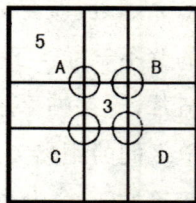

图一

如果外项大于内项的，这个字便舒展好看，反之，便有长身短腿之感。也曾把帖字各按十三格分划后再看，更为清楚。

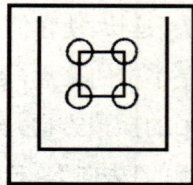

图二

这个方形外框，并非任何字都可撑满的，如"一"、如"卜"、如"口"、如"戈"，等，即属偏缺不满框格的，它是字形构造的先天特点。在人为的艺术处理上，写时也可近边框处略留余地。再细量古碑，有的几乎似有双重方框的（并非石上果有双重方框痕迹，只

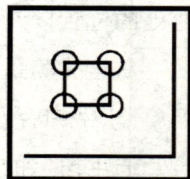

图三

94

是从字的距离看去），似是：（附图二、三）

也就是把那个中心四小聚处的小格再往中上或左上移些去写，或说大外框外再套两面或三面的一层外框，这在北朝碑中比较常见，若唐代颜真卿的《家庙碑》，把字撑满每格，于是拥挤迫塞，看着使人透不过气来。

这种格中写的字，可举几例：

大字的"一"，至少挂住 A 处。"丿"至少通过 A 处，或还通过 B 处。"乀"自 A 处通过 D 处。（附图四）

戈字的"一"通过 A 处，"乀"通过 A、D 二处，"丿"交叉在 D 处，右上补一个点。（附图五）

江字上一"、"向 A 处去，"／"向 C 处去，"二"分别靠近 B、D。小"丨"，上接近 B 下接 D。（附图六）

图四

图五

图六

口，无可接触交叉处，但在不失口字的特点（比"曰"字小些、比"日"字短些）前提下，包围靠近小方格的四周。（附图七）

"一"字在大格中的位置，总宜挂在 A 处。（附图八）

图七

图八

其他的字，有不具备交叉或攒聚处的，也可用五比八的分割，或"图一"的中心小格"3"，放在帖字上看，便易抓住此字的特征或要点。笔画的向外伸延处，要看每笔外向的末梢，向什么方向伸延，它们的距离疏密是如何分布，也是结字方法中的一个组成部分。

二、各笔之间，先紧后松。

如"三"，上二横较近，下一横较远，如"三"便好看。反之，如"三"，便不好看。其他如"川"、"氵"、"彡"都是如此。若在某字中部，如"日"、"目"里边两个或三个白空，也宜愈下愈宽些，反之便不好看。此理可包括前条所谈的一字各笔向外伸延所呈现的角度。如果上方、左方的距离宽，下方、右方的距离窄，就不好看。如"米"字。

1、2 小于 3、4，3、4 小于 5、6，5、6 又小于 7、8。如果反过来写，效果是不问可知的了。（附图九）

又字中的部件，也常靠上靠左，如"国"，"玉"在"口"中，偏左偏上。如果偏靠右下，它的效果也是不问可知的。（附图十）

三、没有真正的"横平竖直"。

根据用坐标小格测定，没有真正死平死直的笔画，画中都有些弯曲，横画都有些斜上。这大约是人用右手执笔的原因。铅字模比较方板，但试把报纸上铅字翻过来映着光看，它的横画，都有些微向字的右上方斜去的情况。在右端上边还加一个黑三角"一"（附图十一）。给人的视觉上更觉得右上方是轨道的去向。铅笔的竖笔，都在上下两端有个斜

图九

图十

缺处"|"（附图十四），心凭暗示了竖笔不是死直的，实际手写时，横有"～""⌒"势（附图十二、十三），竖有"ƨ""S"势（附图十五、十六），前人常说"一波（捺）三折"，其实何止波笔，每笔都不例外，只是有较显较隐罢了。

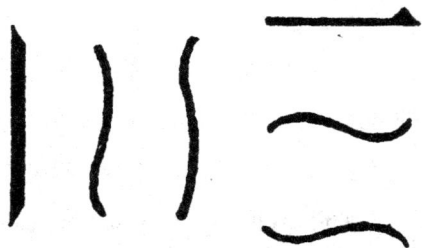

图十一至十六

四、字的整体外形，也是先小后大。

由于先紧后松的关系，结成整字也必呈现先小后大，先窄后宽的现象，例如"上"，本来是上边小的，但若把"卜"靠近"一"的左半，"上"便成了"◿"势，即不好看。"上"，成了"◺"势，便好看，因为它是左小右大的。"下"的"卜"也须偏右，若"◹"便不好看，因为下"◺"是左小，"◹"是右小，道理是极其分明的。其余不难类推。也有本来左边长、重的，如"仁"，谁也无法把"二"写得比"亻"高大。但"二"的宽度，万不能小于"亻"的宽度。"冂"势也是不得已的。至于"凸"势也有，可以用点画去调剂了。

至于"行气"说法，总不易具体说清。若了解了中心四个小聚处的现象，即可看出，一行中各字，假若它们的 A 或 C 处站在一条竖线上，无论旁边如何左伸右扯，都能不失行气的连贯。当然写字时不易那么准确连贯，在写到偏离这条竖线时，另起竖线也有的，再在错了线的邻行近处加以补救，也是常见的，甚至是必不可少的,更是书家所各有妙法的。

　　以上只是曾向初学者谈的一些浅近的方法。至于早有成就、自具心得的书家,当然还有其他窍门和理论,我们相信必会陆续读到的。

　　从来学书法的人都知道,要写好行书宜先学楷书作基础。这个道理在哪里?也是"结字"的问题。行书是楷字的"连笔"、"快写",有些楷字的细节,在行书中,可以给以"省并"。如"糸"旁可以写成"纟",不但"幺"变成"纟"、"灬"也变成"丿"。

　　行书虽有这样便利处,但也有必宜遵守的,即是笔画轨道的架子、形状,以至疏密、聚散各方面,宜与楷字相一致,也就是"省并"之后的字形,使人一眼望去,轮廓形状,还与楷字不相违背。

　　再具体些说,即是楷字中的笔画,虽然快写,但不超越、绕过它们原有的轨道,譬如火车,慢车每站必停,可比楷书;快车有些站可以不停。快车虽然有不停的站,但不能抛开中间的站,另取直线去行车。近年有些人写行书太快了,一次我见到一个字,上部是"丿",下部是"车",实在认不出。后从句义中知是"军"字,他把"冖"写成"丿"了,缩得太浓了,便不好认。又有人写"口"字为"h"形,左竖太长,右边太小。虽然行笔的轨道方向不错,但外形全变,也就令人不识了。

　　这只是说"行"与"楷"的关系,至于草书,比行书又简略了一步,则当另论了。

三　琐谈五则

　　在书法方面的交流活动中,有青少年提出的询问,有中年朋友提出的商榷，有老年前辈发出的指教，常遇几项问题，综合起来，计：(一)学习书法的年龄问题；(二)工具和用法的问题；(三)临学和流派的问题；(四)改进和提高的问题；(五)关于"书法理论"的问题。

这里把走过弯路以后的一些粗浅意见，曾向不同年龄的同志们探讨后的初步理解，以下分别谈谈。因为对前列各章的专题无所归属，所以附在最后。

(一)学习书法的年龄问题

常有人问，学习书法是否应有"幼工"？还常问："我已二三十岁了，还能学书法吗？"我个人的回答是：书法不同于杂技，腰腿灵活，须要自幼锻炼，学习书法艺术，甚至恰恰相反。小孩对那些字还不认识，怎提得到书写呢？现在小孩在"功课本"上用铅笔写字，主要的作用是使他记住笔画字形，实是认识字、记住字的部分手段。今天小孩练毛笔字，除作为认字、记字的手段外，还有培养对民族传统艺术的认识和爱好的作用，与科举时代的学法和目的大有不同。

科举时代，考卷上的小楷，成百成千的字，要求整齐划一，有如印版一般，稍有参差，便不及格，这种功夫，当然越早练越深刻，它与弯腰抬腿，可以说"异曲同工"，教法也是机械的、粗暴的。这种教法和目的，与今天的提倡有根本区别。但我有一次遇到一个家长，勒令他的几岁小孩，每天必须写若干篇字，缺了一篇，不许吃饭。我当面告诉他："你已把小孩对书法的感情、兴趣杀死，更无望他将来有所成就了。"

正由于人的年龄大了，理解力、欣赏力强了，再去练字，才更易有见解、有判别、有选择，以至写出自己的风格。所以我个人的答案是：练写字与练杂技不同，是不拘年龄的。但练写字要有合理的方法，熟练的功夫，也是各类年龄人同样需要的。

(二)执笔和指、掌、腕、肘等问题

关于执笔问题，在这里再谈谈我个人遇到过的一些争论：什么单钩、双钩、龙睛、凤眼等，固然已为大多数有实践经验的书法家所明白，无须多谈，也不必细辨，都知道其中由于许多误会，才造成一些不切实际的定论，这已不待言。这里值得再加明确一下的，是究竟是否执好了笔就能会用笔，写好字？进一步谈，究竟是否必须悬了腕、肘才能写好字？

据我个人的看法，手指执笔，当然是写字时最先一道工序，但把所有的精神全放在执法上未免会影响写字的其他工序。我觉得执笔和拿筷子是一样的作用，筷子能如人意志夹起食物来即算拿对了，笔能如人意志在纸上划出道来，也即是执对了。"指实、掌虚"之说，是一句骈偶的词组，指与掌相对言，指不实，拿不起笔来；它的对立词，是"掌虚"。甚至可以理解，为说明"掌虚"的必要性，才给它配上这个"指实"的对偶词。"实"不等于用大力、死捏笔；掌的"虚"，只为表明无名指和小指不要抠到掌心处。为什么？如果后二指抠入掌心窝内，就妨碍了笔的灵活运动。这个道理，本极浅显。有人把"指实"误解为用力死捏笔管，把"掌虚"说成写字时掌心处要能攥住一个鸡蛋。诸如此类的附会之谈，作为谐谈笑料，固无不可，但绝不能信以为真！

不知从何时何人传起一个故事，《晋书》中说王献之六七岁时练写字，他父亲从后拔笔，竟没拔了去。有六七岁儿子的父亲，当然正在壮年，一个壮年男子，居然拔不动小孩手里的一支笔，这个小孩必不是"书圣"王羲之的儿子，而是一个"天才的大力士"。这个故事即使当年真有，也不过是说明小孩注意力集中，而且警觉性很灵，他父亲"偷袭"拔笔，立刻被他发现，因而没拔成罢了。这个故事，至今流传，不但家喻户晓，而且成了许多家长和教师的启蒙第一课，真可谓流毒甚广了！

至于腕肘的悬起，不是为悬而悬的，这和古人用"单钩"法执笔是一样的问题：大约五代北宋以前，没有高桌，席地而坐。左手拿纸卷，右手拿笔，纸卷和地面成三十余度角，笔和纸面垂直，右手指拿笔当然只能像今天拿钢笔那样才合适，这就是被称的单钩法。这样写字时，腕和肘都是无所凭依的。不想悬也得悬；因为无处安放它们。这样写出的字迹，笔画容易不稳，而书家在这样条件下写好了的字，笔画一定是能在不稳中达到稳，效果是灵活中的恰当，比起手腕死贴桌面写出的字要灵活得多的。

从宋以后，有了高桌、桌面上升，托住腕臂，要想笔划灵活，只好主动地、有意地把腕臂抬起些。至于抬起多么高，是腕抬肘不抬，是腕抬肘同样平度地抬，是半臂在空中腕比肘高些有斜度地抬，都只能是随写时的需要而定。比如用筷，夹自己碗边的小豆，夹桌面中心处的一块肉，还是夹对面桌边处的大馒头，当时的办法必然会各有不同。拿筷时手指的活动，夹菜时腕肘的抬法，从来没有用筷夹菜的谱式，而人人都会把食品吃到口中。

书法上关于指、腕、肘、臂等问题道理不过如此，按各个人的生理条件，使用习惯，讲求些也无妨碍，但如讲得太死，太绝对，就不合实际了。附带谈谈工具方面的事；主要是笔的问题。有人喜爱用硬毫笔，如紫毫（兔毛中的硬毛部分），或狼毫（黄鼬的尾毛），有人喜用软毫，如羊毛或兼毫（软硬二种毫合制的）。硬毫弹力较大，更受人欢迎，但太容易磨秃，不耐用，软毫弹力小，用着

101

费力而不易表现笔画姿态,这两种爱用者常有争论。我体会,如果写时注意力在笔画轨道上,把点画姿态看成次要问题,则无论用软毫硬毫,都会得心应手。写熟了结字,即用钢条在土上画字与拿着棉团蘸水在板上画字,一样会好看的。

(三)临帖问题

常有人问,入手时或某个阶段宜临什么帖,常问,"你看我临什么帖好",或问"我学哪一体好",或问,"为什么要临帖",更常有人问,"我怎么总临不像",问题很多。据我个人的理解,在此试作探讨:

"帖"这里做样本、范本的代称。临学范本,不是为和它完全一样,不是要写成为自己手边帖上字的复印本,而是以范本为谱子,练熟自己手下的技巧。譬如练钢琴,每天对着名曲的谱子弹,来练基本功一样。当然初临总要求相似,学会了范本中各方面的方法,运用到自己要写的字句上来,就是临帖的目的。

选什么帖,这完全要看几项条件,自己喜爱哪样风格的字,如同口味的嗜好,旁人无从代出主意。其次是有哪本帖,古代不但得到名家真迹不易,即得到好拓本也不易。有一本范本,学了一生也没练好字的人,真不知有多少。现在影印技术发达,好范本随处可以买到,按照自己的爱好或"性之所近"的去学,没有不收"事半功倍"的效果的。

"选范本可以换吗?"学习什么都要有一段稳定的熟练的阶段,但发现手边范本实在有不对胃口或违背自己个性的地方,换学另一种又有何不可?随便"见异思迁"固然不好,但"见善则迁,有过则改"(《易经》语)又有何不该呢?

或问:"我怎么总临不像?"任何人学另一人的笔迹,都不能像,如果一学就像,还都逼真,那么签字在法律上就失效了。所以王献之的字不能十分像王羲之,米友仁的字不能十分像米芾。苏辙的字不能十分像苏轼,蔡卞的字不能十分像蔡京。所谓"虽在父兄,不能以移子弟"(曹丕语),何况时间地点相隔很远,未曾见过面的古今人呢?临学是为吸取方法,而不是为造假帖。学习求"似",是为方法"准确"。

问:"碑帖上字中的某些特征是怎么写成的?如龙门造像记中的方笔,颜真卿字中捺笔出锋,应该怎么去学?"圆锥形的毛笔头,无论如何也写不出那么"刀斩斧齐"的方笔画,碑上那些方笔画,都是刀刻时留下的痕迹。所以,见过那时代的墨迹之后,再看石刻拓本,就不难理解未刻之先那些底本上笔划轻重应是什么样的情况。再能掌握笔画疏密的主要轨道,即使看那些刀痕斧迹也都能成为书法的参考,至于颜体捺脚另出一个小道,那是唐代毛笔制法上的特点所造成,唐笔的中心"主锋"较硬较长,旁边的"副毫"渐外渐短,形成半个枣核那样,捺脚按住后,抬起笔时,副毫停止,主锋在抬起处还留下痕迹,即是那个像是另加的小尖。不但捺笔如此,有些向下的竖笔末端再向左的钩处也常有这种现象。前人称之为"蟹爪",即是主锋和副毫步调不能一致的结果。

又常有人问应学"哪一体"?所谓"体",即是指某一人或某一类的书法风格,我们试看古代某人所写的若干碑,若干帖,常常互有不同处。我们学什么体,又拿哪里为那体的界限呢?那一人对他自己的作品还没有绝对的、固定的界限,我们又何从学定他那一体呢?还有什么当先学谁然后学谁的说法,恐怕都不可信。另外还有一样说法,以为字是先有篆,再有隶,再有楷,因而要有"根本"、"远源",必须先学好篆隶,才能写好楷书。我们看鸡是从蛋中孵出的,但是没见过学画的人必先学好画蛋,然后才会画鸡的!

还有人误解笔画中的"力量",以为必须自己使劲去写才能出现的。其实笔画的"有力",是由于它的轨道准确,给看者以"有力"的感觉,如果下笔、行笔时指、腕、肘、臂等任何一处有意识地去用了力,那些地方必然僵化,而写不出美观的"力感"。还有人有意追求什么"雄伟"、"挺拔"、"俊秀"、"古朴"等被用作形容的比拟词,不但无法实现,甚至写不成一个平常的字了。清代翁方纲题一本模糊的古帖有一句诗说:"浑朴当居用笔先",我们真无法设想,笔还没落时就先浑朴,除非这个书家是个婴儿。

问:"每天要写多少字?"这和每天要吃多少饭的问题一样,每人的食量不同,不能规定一致。总在食欲旺盛时吃,消化吸收也很容易。学生功课有定额是一种目的和要求,爱好者练字又是一种目的和要求,不能等同。我有一位朋友,每天一定要写几篇字,都是临张迁碑,写了的元书纸,叠在地上,有一人高的两大沓。我去翻看,上层的不如下层的好。因为他已经写得腻烦了,但还要写,只是"完成任务",除了有自己向自己"交差"的思想外,还有给旁人看"成绩"的思想。其实真"成绩"高下不在"数量"的多少。

有人误解"工夫"二字。以为时间久、数量多即叫做"工夫"。事实上"工夫"是"准确"的积累。熟练了,下笔即能准确,便是工夫的成效。譬如用枪打靶,每天盲目地放百粒子弹,不如精心用意手眼俱准地打一枪,如能每次二射中一,已经不错了。所以可说:"工夫不是盲目地时间加数量,而是准确地重复以达到熟练。"

(四)改进和提高的办法

常常有人拿写的字问人，哪里对，哪里不对。共同商讨研究，请人指导，本是应该的，甚至是必要的。但旁人指出优缺点以及什么好方法，自己再写，未必都能做到。我自己曾把写出的字贴在墙上，初贴的当然是自己比较满意的甚至是"得意"的作品。看了几天后，就发现许多不妥处，陆续再贴，往往撤下以前贴的。假如一块墙壁能贴五张，这五张字必然新陈代谢地常常更换。自己看出的不足处，才是下次改进的最大动力，也是应该怎样改的最重要地方，如果是临的某帖，即把这帖拿来竖起和墙上的字对看，比较异处同处，所得的"指教"，比什么"名师"都有效。

为什么贴在墙壁上看？因为在高桌面上写字，自己的眼与纸面是四十五度角，写时看见的效果，与竖起来看时眼与纸面的垂直角度不同。所以前代有人主张"题壁"式的练字，不仅是为什么悬腕等的功效，更是为对写出的字当时即见出实际的效果，这样练去，落笔结字都易准确的。这里是说这个道理，并非今天练字都必须用这方法。

(五)看什么参考书

古代论书法的话，无论是长篇或零句，由于语言简古，常常词不达意，甚或比拟不伦。梁武帝《书评》论王羲之的字如"龙跳天门，虎外凤阁"，米芾批评这二句"是何等语"。这类比喻形容，作为风格的比拟，原无不可，但作为实践的方法，又该怎样去做呢？还有前代某家有个人的体会，发为议论，旁人并无他的经历，又无他所具有的条件，即想照样去做，也常无从措手的。

古代的论著，当然以唐代孙过庭的《书谱》为最全面，也确有极其精辟的理论。但如按他的某句去练习，也会使人不知怎样去写。例如，他说"带燥方润，将浓遂枯"，又说"古不乖时，今不同弊"，不错，都是极重要的道理。但我们写字，又如何能主动地合乎这个道理，恐怕谁也找不出具体办法的。又像清代人论著，包世臣的《艺舟双楫》和康有为的《广艺舟双楫》影响极大。姑不论二书的著者自己所写的字，有多少能实践他自己的议论，即我们今天想忠实地按他们书中所说的做去，当然不见得全无好效果，但效果又究竟能有多大比重呢？

因此把参考理论书和看碑帖或临碑帖相比，无疑是后者所收的效益比前者所收的效益要多多了。这里所说，不是一律抹杀看书法"理论书"，只是说直接效益的快慢、多少。譬如一个正在饥饿的人，看一册营养学的书，不如吃一口任何食品。

常听到有人谈论简化汉字的书法问题，所议论甚至是所争论的内容，大约不出两个方面：

一是好写不好写。我个人觉得，从《说文解字》到《康熙字典》所载被认为是"正字"的字，已经是陆续简化或变形的结果，例如"雷"字，在古代金文中，下边是四个"田"字作四角形地重叠着，写成一个"田"字时，岂非简掉了四分之三？如"人"字，原来作人，像侧立的人形，后变成人，再变成"亻"、"人"，认不出侧立的人形，只成接搭的两条短棍。论好看，楷体的雷、人，远不如金文中这两个字的图画性强。但用着方便，谁在写笔记、写稿、写信时，恐怕都没有用"金文"或"隶古定"体来逐字去写的。人对一切事物，在习惯未成时，总觉得有些别扭，并不奇怪的。

二是怎样写法。我个人觉得简化字也是楷字点划组成的。例如"拥护"，"提手旁"人人会写，"用"和"户"也是常用字，只是"扌、用、户"三个零件新加拼凑的罢了。我们生活中，夏天穿了一条黄色裤子，一件白色衬衫，次日换了一条白色裤子，黄色衬衫，无论在习惯上、审美上都没有妨碍。如果说这在史书的《舆服志》上没有记载，那岂不接近"无理取闹"了吗？即使清代科举考试中了状元的人，若翻开他的笔记本、草稿册来看，也绝对不会每一笔每一字都和他的"殿试大卷子"上边的写法一个样。再如苏东坡的尺牍中总把"萬"字写作"万"，米元章常把"體"字写成"躰"。清代人所说的"帖写字"即是不合考试标准的简化字。

有人曾问我：有些"书法家"不爱写"简化字"，你却肯用简化字去题书签、写牌匾，原因何在？我的回答很简单：文字是语言的符号，是人与人交际的工具。简化字是国务院颁布的法令，我来应用它、遵守它而已。它的点划笔法，都是现成的，不待新创造，它的偏旁拼配，只要找和它相类的字，研究它们近似部分的安排办法，也就行了。我自己给人写字时有个原则是，凡作装饰用的书法作品，不但可以写繁体字，即使写甲骨文、金文，等于画个图案，并不见得便算"有违功令"；若属正式的文件、教材，或广泛的宣传品，不但应该用规范字，也不宜应简的不简。

有人问：练写字、临碑帖，其中都是繁体字，与今天贯彻规范字的标准岂不背道而驰？我的理解，可作个粗浅的比喻来说，碑帖好比乐谱。练钢琴，弹贝多芬的乐谱，是练指法、练基本技术等，肯定贝多芬的乐谱中找不出现代的某些调子。但能创作新乐曲的人，他必定是通过练习弹名家乐谱而学会了基本技术的。由此触类旁通，推陈出新，才具备音乐家的多面修养。在书法方面，点划形式和写法上，简体和繁体并没有两样；在结字上，聚散疏密的道理，简体和繁体也没有两样，只如穿衣服，各有单、夹之分，盖楼房略有十层、三层之分而已。

107

论书札记

前言

　　古代论书法的文章，很不易懂。原因之一是所用比喻往往近于玄虚。即使用日常所见事物为喻，读者的领会与作者的意图，并不见得都能相符。原因之二是立论人所提出的方法，由于行文的局限，不能完全达意，又不易附加插图，再加上古今生活起居的方式变化，后人以自己的习惯去理解古代的理论内容，以致发生种种误解。

　　比喻的难解，例如"折钗股、屋漏痕"，大致是指笔画有硬折处和运笔连绵流畅，不见起止痕迹的圆浑处。"折钗股"又有作"古钗脚"的，便是全指圆浑了。用字尚且不同，怎么要求解释正确呢？

　　又例如，古代没有高桌，人都席地而坐，左手执纸卷，右手执笔，这时只能用前三指去执笔，有如今天我们拿钢笔写字的样式，这在敦煌发现的唐代绘画中见到很多。后人只听说古人用三指握管，于是坐在高桌前，从肘至腕一节与桌面平行，笔杆与桌面垂直，然后用三指尖捏着笔杆来写，号称古法，实属误解。

　　诸如此类的误解误传，今天从种种资料印证，旧说常有重新解释的必要。启功幼年也习闻过那些被误解而成的谬说，也曾试图重新作比较近乎情理的解释，不敢自信所推测的都能合理，至少是寻求合乎情理的探索。发表过一些议论，刊在与一些同好合作的《书法概论》中，向社会上方家求教。从这种探索而联系起对许多误传的剖析，有时记出零条断句，随时写出，没有系统。案头偶有花笺，顺手抄录，也没想到过出版。

近承北京师范大学出版社的朋友从鼓励的意图出发，将要把这个小册拿去影印出版，使我在惭愧和感激的心情下有不得不作的两点声明：一是这里的一些论点，只是自己大胆探索的浅近议论，并没想"执途人以强同"。二是凡与传统论点未合处，都属我个人不见得成熟的理解，如承纠正，十分感谢。

或问学书宜学何体，对以有法而无体。所谓无体，非谓不存在某家风格，乃谓无某体之严格界限也。以颜书论，多宝不同麻姑，颜庙昌不同郭庙。至于争座、祭侄，行书草稿，又与碑版有别。然则颜体竟何在乎，欲宗颜体，又以何为准乎。颜体如斯，他家同例也。

写字不同于练杂技，并非有幼工不可者，甚且相反。幼年于字且不多识，何论解其笔趣乎。幼年又非不须习字，习字可助识字，手眼熟则记忆真也。

作书勿学时人，尤勿看所学之人执笔挥洒。盖心既好之，眼复观之，于是自己一生，只能做此一名家之拾遗者。何谓拾遗？以己之所得，往往是彼所不满而欲弃之者也。或问时人之时，以何为断。答曰：生存人耳。其人既存，乃易见其书写也。

凡人作书时，胸中各有其欲学之古帖，亦有其自己欲成之风格。所书既毕，自观每恨不足。即偶有惬意处，亦仅是在此数幅之间,或一幅之内,略成体段者耳。距其初衷,固不能达三四焉。他人学之,藉使是其惬心处,亦每是其三四之三四,况误得其七六处耶。

学书所以宜临古碑帖,而不宜但学时人者,以碑帖距我远。古代纸笔,及其运用之法,俱有不同。学之不能及,乃各有自家设法了事处,于此遂成另一面目。名家之书,皆古人妙处与自家病处相结合之产物耳。

风气囿人,不易转也。一乡一地一时一代,其书格必有其同处。故古人笔迹,为唐为宋为明为清,入目可辨。性分互别,亦不可强也。"虽在父兄,不能以移子弟"故献不同义,辙不同轨,而又不能绝异也,以此。

或问临帖苦不似,奈何?告之曰:永不能似,且无人能似也。即有似处,亦只为略似、貌似、局部似,而非真似。苟临之即得真似,则法律必不以签押为依据矣。

古人席地而坐,左执纸卷,右操笔管,肘与腕俱无着处。故笔在空中,可作六面行动。即前后左右,以及提按也。逮宋世既有高桌椅,肘腕贴案,不复空灵,乃有悬肘悬腕之说。肘腕平悬,则肩臂俱僵矣。如知此理,纵自贴案,而指腕不死,亦足得佳书。

赵松雪云,"书法以用笔为上,而结字亦须用工",窃谓其不然。试从法帖中剪某字,如八字、人字、二字、三字等,复分剪其点画。信手掷于案上,观之宁复成字。又取薄纸覆于帖上,以铅笔画出某字每笔中心一线,仍能不失字势,其理讵不昭昭然哉。

每笔起止,轨道准确,如走熟路。虽举步如飞,不忧蹉跌。路不熟而急奔,能免磕撞者幸矣。此义可通书法。

轨道准确,行笔时理直气壮。观者常觉其有力,此非真用膂力也。执笔运笔，全部过程中，有一着意用力处，即有一僵死处。此仆自家之体验也。每有相难者，敬以对曰，拳技之功，有软硬之别，何可强求一律。余之不能用力，以体弱多病耳。难者大悦。

运笔要看墨迹，结字要看碑志。不见运笔之结字，无从知其来去呼应之致。结字不严之运笔，则见笔而不见字。无恰当位置之笔，自觉其龙飞凤舞，人见其杂乱无章。

碑版法帖，俱出刊刻。即使绝精之刻技，碑如温泉铭，帖如大观帖，几如白粉写黑纸，殆无余憾矣。而笔之干湿浓淡，仍不可见。学书如不知刀毫之别，夜半深池，其途可念也。

行书宜当楷书写，其位置聚散始不失度。楷书宜当行书写，其点划顾盼始不呆板。

所谓功夫，非时间久数量多之谓也。任笔为字，无理无趣！愈多愈久，谬习成痼。唯落笔总求在法度中，虽少必准。准中之熟，从心所欲，是为功夫之效。

又有人任笔为书，自谓不求形似，此无异瘦乙冒称肥甲。人识其诈，则曰不在形似，你但认我为甲可也。见者如仍不认，则曰你不懂。千翻百刻之《黄庭经》。最开诈人之路。

仆于法书，临习赏玩，尤好墨迹。或问其放，应之曰：君不见青蛙乎？人捉蚊虻置其前，不顾也。飞者掠过，一吸而入口。此无他，以其活耳。

人以佳纸嘱余书，无一惬意者。有所珍惜，且有心求好耳。拙笔如斯，想高手或不例外。眼前无精粗纸，手下无乖合字，胸中无得失念，难矣哉。

或问学书宜读古人何种论书著作，答以有钱可买帖，有暇可看帖，有纸笔可临帖。欲撰文时，再看论书著作，文稿中始不忧贫乏耳。

笔不论钢与毛,腕不论低与高。行笔如"乱水通人过",结字如"悬崖置屋牢"。

主锋长,副毫匀。管要轻,不在纹。所谓长锋,非指毫身。金杖系井绳,难用徒吓人。

笔箴一首赠笔工友人。

锋发墨,不伤笔。箧中砚,此第一。得宝年,六十七。一片石,几两屐。

粗砚贫交,艰难所共。当欲黑时识其用。

砚铭二首旧作也。

一九八六年夏日,心肺胆血,一一有病。闭户待之,居然无恙。中夜失眠,随笔拈此。检其略整齐者,集为小册。留示同病,以代医方。

坚净翁启功时年周七十四岁矣。

读《论语》献疑

一 前言

启功六岁入家塾,开始读《论语》,只是随着老师的声音,一句一句地念,能背诵了,明天再念几句。这样念了几年。中间曾由祖父抽暇讲了些古文,也略知些《论》、《孟》的句意,虽没全懂,但至今还能大致背诵。祖父去世后,我上高小、初中,略遇到些社会人情。有时按背过的"格言"来比较所遇的人事,才觉得圣人的话如何可贵!

这些时,买到一本排印的《近思录》,把"格言"堆在一起,愈看愈感觉迂阔,曾在书皮上写了几句话。大意是说,书上一气写了那么多的格言,即使我想学,又该从何学起呢?一位比我大许多的老友,在我桌上看见这几行字,哈哈大笑。此后愈来愈觉得程、朱这一套,与《论语》书中孔子所说的话,非常不同。

十五六岁时受业于戴绥之先生,先生出题命作文,题是"孔子言道未言理说",给我详阐题旨,得知把"理"字附会到孔子,是程、朱的说法。后来随着乱看各种有关文、史范围的书籍,易看、易懂的是当时"近人"的论著,才知古书并非铁板一块,也是容许探讨的。

后来由于听讲佛经而读些有关佛教历史的书,得知释迦牟尼先讲的是《阿含》部分,后来很久才有大学者马鸣、龙树等人结集成几种大乘经典,于是分出小乘、大乘。又分出"教"与"宗"(禅宗),愈往后看,愈只见门派纷争,使我怀疑佛在什么时候教人分派和纷争呢?回看宋明诸儒,什么程、朱、陆、王,什么理、气、性、命,在《论语》中,一句也找不到。秦始皇嬴政的坑儒是因为他们乱说"五行"。"偶语《诗》、《书》者弃市",而《诗》、《书》并不是孔子所著。千余年后有"打倒孔家店"的事,那时的"孔家店"早已换了东家,实是"程朱店"了。因此我留意并想试作探讨,究竟哪些话是孔子曾说的,哪些话是别人所说的。看多了,发现不但《论语》之外有许多不是孔子的话,即在《论语》书内正文中,也有不符孔子所说的,更无论自汉至宋一些名家作的注解了。"独学无友,则孤陋寡闻。"因敢把所疑写出,敬向尊敬的学者求教,祛我孤陋,是所感盼的!

二 《论语》的史实价值

孔子生于距今两千五百年前,生平的言行受到弟子们的尊重,说:"夫子圣者欤,何其多能也。"(《子罕》)又说他:"固天纵之将圣,又多能也。"(《子罕》)随着历史的发展,后世人从古书上获知孔子的言行,愈增敬仰之心,孔子便成了今天中华民族共同尊重的圣人。华夏民族从来没有过一个神的宗教,却有过一个人的先师——孔子。孔子的言行,许多古书上有所记载,但当时孔子与弟子们直接谈论的语言,在当时被记录下来的,历代公认是《论语》一书。它和其他辗转传闻记录的有直接、间接的不同。今天当然不能完全抹杀或轻视其他的记录文字,但那些究竟不能与《论语》的可靠程度相提并论。就像《孟子》书中所记孟轲的言论,都是彻底地拥护孔子学说的,但《孟子》书中就有发展了孔子思想的地方。例如,《论语》中说:"子谓《韶》尽美矣,又尽善也,谓《武》美矣,未尽善也。"(《八佾》)《韶》是虞舜的乐,《武》是周武王的乐,"未尽善也"是对周武王的微词。而孟子则说武王伐纣是"以至仁伐至不仁"(《孟子·尽心下》),如果是"至仁"的行为,怎能还有"未尽善"之处呢?孟子自称"仲尼之徒",由于当时、当地的政治需要,孟子要贯彻儒家思想,就不能不有所强调,这时的强调,是可以理解的,但为研究孔子自己的言论,就要分别看待了。

今天我们要研究春秋时代孔子自己的言行,就不能不以《论语》为中心,看当时孔子说了什么,没说什么,特别是旁人所说与孔子所说有矛盾的地方,就不容我们不加区别了。

汉代史官(太史公)所掌握的许多史料,到司马迁编写成的《太史公书》(《史记》),里边当然有大部分古代相传下来的收录,但也不能要求当时史官丝毫不收录一些间接来的传说。即如唐代史学家刘知几所作的《史通》,就有《疑古》、《惑经》的怀疑议论。但在今天的人,研究两千多年前的历史,比较完整的文字记录,就不得不依靠《史记》的材料。《史记·孔子世家》中所记,即使仍有些部分起人疑窦,但逢重要事迹地方,所引多是《论语》原文。可见《论语》一书所记孔子的言行是汉代太史所不得不依据的。其史实的价值比较其他记录,应是最堪重视的。

此外古籍中所记孔子言行,无论是传闻的远近,这是内容的虚实,俱与本题无关,这里可以存而不论。

三　有若言论与师说的矛盾

《论语》第一篇《学而》开始记孔子所说的三句话,极像今天的"开学讲话",用的是启发口气,十足表现"夫子循循然善诱人"(《子罕》)的风度。紧接着即是有若讲话:

有子曰:其为人也孝弟(悌),而好犯上者鲜矣。不好犯上而好作乱者,未之有也。

接着又说:

君子务本,本立而道生,孝弟也者,其为仁之本欤!

《论语》是谁记录的,前代有许多的推测。北宋程颐认为:《论语》中记孔子门人多称名、称字,只有对有若、曾参称"子",可见应是这二人的弟子所记录编次的（其实未必,《子路》篇:"冉子退朝",何尝不称"子"）。所以有若在开篇即讲仁之本是孝悌,孝悌的效果是不犯上、不作乱。这就使当时的诸侯、大夫、掌政权者所乐闻,后世帝王皆尊儒术,也未必,与有若这番言论无关。

在《论语》中未曾见过孔子对"仁"作过什么"定义"、"界说"。"林放问礼之本,子曰:大哉问。礼与其奢也宁俭,丧与其易也宁戚"（《八佾》）。孔子不说礼之本即是俭、戚,或说俭、戚是礼之本。在孔子言论中,"礼"的重要性是次于"仁"的,对礼尚且未曾简单指出它的"本"是什么,何况对"仁"。但孔子并非不重视孝悌,不但曾多次讲孝,还说过"入则孝,出则弟"（《学而》）,"出则事公卿,入则事父兄"（《子罕》）,虽曾父兄并提,那是指回到家中的事,并非说是"十二之本"。因"仁"所包含的范围比孝悌更广、更大,可见有若这段话,未免略失于不够周全。

至于说但能孝悌即不会犯上、作乱,又与孔子的言行有矛盾:"子路问事君,子曰:勿欺也,而犯之。"（《宪问》）不管"犯"的行动、言词、态度等如何,总归是犯;君,当然是上。以有子的逻辑来说,孔子和子路都一定孝悌不足了。"公山不狃以费畔（叛）,召,子欲往"（《阳货》）;"佛肸以中牟畔,召,子欲往"（《阳货》）。孔子虽都未往,也不论他们的叛是什么目的,孔子的欲往是为了平息叛者,还是为纠正叛者,叛者的行动为"犯上作乱",自是毫无疑议的。孔子被"召"则"欲往",至少在思想上是曾想到叛者那里去的,岂非孔子又一次表现孝悌不足了吗?

不止于此,《为政》篇《书》云:孝乎惟孝",何晏《集解》包氏注说"美大孝之辞",是在"惟孝"处断句的。而朱熹《集注》则在"乎"字断句,成了"《书》云孝乎,惟孝友于兄弟"。因为他在注里说:"《书》云孝乎者,言《书》之言孝如此也。"他却忘了对父母讲孝,对兄弟讲友。这里称"惟孝友于兄弟",为什么?不难了解,是照顾前边有子的"孝弟"连称,而且"为仁之本",以至忘了文意,误改句逗,也足见有若这段言论的影响之大了。

清代毛奇龄的《四书改错》对朱注这里的断句加以批驳,列举包咸以及班固、袁宏、潘岳、夏侯湛、陶渊明、宋人张耒、张齐贤,以至《太平御览》引《论语》,都在"孝乎惟孝"断句。只有朱熹在"孝乎"断句,成了"惟孝友于兄弟",是"少见多怪,见橐驼谓马肿背",使此句成了"肿背马"了。

四 "礼后乎"的问题

《八佾》篇:子夏问曰:"巧笑倩兮,美目盼兮,素以为绚兮,何谓也?"子曰:"绘事后素。"子夏曰:"礼后乎?"子曰:"启予者商也,始可与言诗已矣。"

"绘事后素"四字,曾有过一些奇怪的解释。《考工记·画缋(同绘)》:"凡画缋之事后素功。"郑(玄)注说:"素,白采也,后布之,为其易渍污。"郑司农(众)说:"以《论语》曰:绘事后素。"这是郑玄引郑众的解释,何晏《论语集解》"绘事后素"句下引郑(玄)曰:"绘,画文也,凡绘画,先布众色,然后以素分布其间,以成其文,喻美女虽有倩盼美质,须礼以成之。""礼后乎"句下注引孔(安国)曰:"孔子言绘事后素,子夏闻而解知以素喻礼,故曰礼后乎。"

今按"素"字,《说文》说:"素,白致缯也。"其字从"糸",当然是指丝织品,素字亦有指白色的一义,但绘画的技术,并没见过满涂众色,然后以白粉钩出轮廓的。春秋时代的绘画,今天还未发现过,但战国时的帛书(蔡季襄旧藏)中有人物形状,也是墨钩轮廓,中填彩色。还有小幅画幡两件,也是墨钩仙人和风鸟、龙船(没有彩色)。西汉初年软侯夫人和另一墓中彩画帛幡共两幅,虽然众彩纷呈,也是墨钩轮廓。后世绘画术语有"粉本"一词,乃指画稿。在画稿背面用粉钩在轮廓笔画上,轧在所要画的纸、绢或墙壁上,再去钩画,使位置不错。这与郑氏说恰恰相反。而汉儒一再说上边所举那些不合常情的画法,究竟出于什么意图?推想不出二项原因:其一是死看"后素"二字。后既指绘画的程序,"素"在"绘"之后,必然要先布众色,然后以素分成其轮廓,只好硬把丝织的"素"说成是白颜料了。其二是汉代诸儒,一见提到美女,便动心忍性,急忙抬出"礼"字以加约束。这样美先礼后,又使子夏免于好色,岂不两全其美!

今按:孔子与子夏这次问答的话题是逐步推进的。子夏引《诗》句的第三句(郑注"一句逸也"),而且这三句已讲明白了,说女子的美,在其天生的素质,不在脂粉装饰。子夏问其是非,孔子乃以绘事证明素质的重要,说绘画要先有空白缯帛,然后才能往上作画。子夏又联想到"礼"是人所规定的,礼的出现,应是后于人们的天然本质,孔子于是加以肯定。问答到这里,已和美女不相干了。并且这段话中的两个"素"字已经含义不同:"素以为绚"

的"素",是指天生素质,"后素"的"素",是指白净的缯帛,都与美女无关,而且所谈的"礼"字又与美女更无关了。再用今语简单串讲,即是:(1)《诗》句说女子天生的倩盼美容,不待脂粉的装饰。(2)孔子说这好比先有白净的缯帛,然后才能画上图画。(3)子夏联想到人们都先有生来的天性,"礼"是后来所设的规范。从这种先后的次序看,"后素"实应是"后于素"之意。省略了表关系的"连词",古今的汉语都非常习见。所以后世朱注就说:"后素,后于素也",是很明白的。郑玄既熟视无睹,又歪讲绘画技术的通常法则,似有一定的缘故。

今按:礼后的思想亦见于《老子》第三十八章:"失道而后德,失德而后仁,失仁而后义,失义而后礼,夫(《韩非子·解老篇》、宋刊《河上公本老子》俱作'夫',清人多改为'失')礼者,忠信之薄而乱之首。"按作"夫礼者"是否定礼,作"失礼者"是肯定礼。但在孔子、子夏这段言论中,只是论礼之先后,故与礼之是非无关。《老子》第十八章又说:"大道废,有仁义;慧智出,有大伪;六亲不和有孝慈;国家昏乱有忠臣。"这些说法更使儒家学者受不了啦。所以从汉儒起,就设法把孔、老二家的思想理论拉开距离。近代还有孔、老二人先后的争论,更与此处的问题无关。其实古代先哲的言论,相近、相似,甚至相同的,本属常事,未必都是谁抄谁、谁影响谁。即以"礼法"思想来说,孔子也有过明确的表现:宰予要缩短三年丧服,来问孔子,孔子回答他:"子生三年,然后免于父母之怀,夫三年之丧,天下之通丧也。"(《阳货》)父母抱持子女常经三年,是人的本性、本能,在先;"三年之丧"是"礼",在后。难道这也是抄袭、引用、雷同于老子的思想吗?

更可笑的是方说女子貌美,急以礼去约束她。难道三年丧服是要约束父母不要抱子两年或四年吗？

　　按儒家在这里的曲解，究竟有什么缘故？试作推测：大约尊儒的学者们看到孔子的言论与老子有相近的地方，恐怕有损孔子的尊严，故把二者拉开。还有一种可能：郑氏生活在汉末黄巾活动最盛的时期，黄巾又打着老子的旗号，郑氏的规避老子，也是可以想见的。而朱熹是宋代人，"宋儒"本是用道家的探讨什么宇宙、心性等无可捉摸的说法来解释儒家学说的，简言之，他们是内道而外儒的，所以朱注不躲避"后素"，承认"先素后绘"（绘后于素），但朱注还稍有保留，仍把素说成是白粉质地，而不说是白绢，这分明是一半遵从客观事物的实际，一半迁就郑注而已。

五　孔子学《易》的年龄问题

　　《述而》篇"假我数年"一章中，有一些问题，自郑玄作注以来，直到近代，不断有人提出不同的解释，甚至形成争论。今据末学浅见，试作探讨，纠正有道。

　　按：《述而》此章曰：

　　子曰：假我数年，五十以学《易》，可以无大过矣。

　　汉《太史公书》（《史记》）中的《孔子世家》首选节引此章以述孔子事迹说：

　　孔子晚而喜《易》，……读《易》，韦编三绝。曰：假我数年，若是，我于《易》则彬彬矣。

《论语》是"记言"，《史记》是摘用前人所记孔子之言，来叙孔子的事，虽属片段，也可资印证。这里极有关系的是有"若是"二字；使上下语句得以连贯。

较后的是东汉末的郑玄所作的《论语》注，近年吐鲁番出土残纸中有郑注此段，注释说孔子"年过五十以学《易》"。这是把"五十"解作"年过五十"。

此后何晏《论语集解》说："《易》，穷理尽性，以至于命，年五十而知天命，以知命之年，读至命之书，故可以无大过矣。"这是认为孔子五十岁时，发出此项言论的。南朝皇侃《论语义疏》说："当孔子尔时，年：四十五六，故云加我数年，五十以学《易》也。所以必五十而：学《易》者，人年五十是知命之年也。"

北宋邢昺《注疏》云："加我数年，方至五十，谓四十七时也。"南宋朱熹《集注》改"加"为"假"，改"五十"为"卒"，我们幼时塾师都用朱笔改过，才令我们来读。注又说："是时孔子年已几七十矣，五十字误，无疑矣。"以上是在《论语》原文上所作的各种解释。

还有唐陆德明《经典释文》"易"字下说："鲁读为亦。"这便是读成"亦可以无大过矣"，这是"鲁论"的本子，其本久已失传，其异文只可略备一说罢了。

今按一般人的情感，未到老年或有重病时，不易发出生命不长了的感叹，如在四五十岁的中年时代，一般的健康人说多活几年的希望，似是不太可能的。孔子发出"加我数二十年"的希望，绝不会在四五十岁之际。孔子说："吾十有五，而志于学。三十而立，四十而不惑，五十而知天命⋯⋯"（《学而》）这一章的主语是

"吾"，各阶段年龄的智力，都是孔子自己的事，并非人类普遍的情况。孔子五十而知天命，原因是学了《易》。"五十以学《易》"，是老年追述学《易》的年龄，正因五十学了《易》，才得知天命，并非任何人凡到五十便知天命的。又古"以"字与"已"是同一字，至今《汉书》中"以"字都写作"目"，也就同于"已"字。《述而》篇中此句是追述开始学《易》的年龄。由于表示希望"加我数年"的原因是为了学《易》。这中间《史记》加了"若是"二字，极关重要。全章思想的顺序是：希望多活几年，从五十已学了《易》，如果真能多活，得以更全面地学《易》，这一生中，可无大过了。如用今天的话来串讲，可成以下的句式：

〔为学(《易》)〕希望多活几年，〔我从〕五十岁已学《易》，若是〔能多活〕，可以无大过矣。

稍添虚词以作"今译"，不算犯"增字解经"的戒条吧！

《论语》是记录口语的书，口语中是常有跳跃或插补的地方，例如《公冶长》篇第一章说：

子谓公冶长可妻也，虽在缧绁之中，非其罪也。以其子妻之。

试问公冶长身在缧绁之中，怎能就与孔子之女结婚呢？这里分明跳过了"出狱之后"一句，或者"妻"字作"许配"讲。但古注都作"结婚"讲的。也有补加插入的例子："曾子有疾，召门弟子曰：启予足，启予手。《诗》云：战战兢兢，如临深渊，如履薄冰。而今而后，吾知免夫，小子。"(《泰伯》)在门弟子看了他的手足之后，就可接着得出今后免夫的结论,这"《诗》云……"十个字分明是追述平生谨慎的话,也就是在整段话中插入追述的话。从这类语言习惯看,"加我数年"一章的问题应是不难解释的。

六 曾子启手足的问题

《泰伯》篇:"曾子有疾,召门弟子曰:启予足,启予手。《诗》云:战战兢兢,如临深渊,如履薄冰。而今而后,吾知免夫,小子。"

这一章有几个问题:一、启手足,为什么联系上"临深履薄"?二、如果说是证明"身体发肤"未有毁伤,何以只看手足,不看全身?三、身体毁伤并非常人常事,有时受伤由于天灾,也不全由自己,何以无伤便觉得足称幸免?

今按:何晏《集解》在"启予手"下引郑注说:"启,开也,曾子为受身体于父母,不敢毁伤,故使弟子开衾而视之也。"又于"如履薄冰"下引孔注:"此言《诗》者,喻己常戒慎,恐有所毁伤。""免夫"下引周曰:"乃今日后,我自知免于患难。小子,弟子也,呼之者,欲使听识其言。"

至于朱注此章,撮取古注,归于"身体发肤,受之父母,不敢毁伤"(《孝经》的话)之义,不备引。

今试申末学所疑:启固然训开,而所启何以只在手足;却很少有人论及。唯《集解》引周氏注有"免于患难"一语,极可注意。清人刘宝楠《论语正义》引申周注:"患难谓刑辱颠陨之事。"理解到这里,则前边的问题,不难迎刃而解了。

"子谓南容邦有道不废,邦无道免于刑戮,以其兄之子妻之"(《公冶长》)。按刑系囚犯,首先是桎梏手足,至后世手铐脚镣,仍是刑系囚犯的主要刑具。曾子令门人验证自己没有受过刑系,所以只看手足,不看腹背,平生谨遵"临深履薄"的古训,是操行的谨慎的问题,不是指常讲营养卫生,和只怕受伤的问题。任何常人一生身上没有过伤痕,并非全都由于操守谨慎,也不是曾子一人如此。而曾子这时郑重其事地自叹"免夫",岂非"小题大做"!那么这里的"免"正和南容的"免"是同一含义。一生免于刑戮或刑辱,才是真可庆幸的。众所周知,刑一般由于犯法,法之犯与不犯,正常时间,可由自己操行来决定。但在"邦无道"的时候,尽管自己操守谨慎,而遇到"欲加之罪,何患无辞"的严无道之邦",则是完全不能自主的。所以孔子又说"君子怀刑"(《里仁》),即指"横逆之来"。所以曾子临终才有特殊自慰的话。

《孝经》的文风,和《小戴礼记》相近,大约也是出于七十子之徒所记载(清代学者早有此看法)。在汉代被抬出令天下人诵读,极似宋代抬出《大学》、《中庸》压在《论语》之上一样。今看《泰伯》中此章,自郑注至朱注,都用《孝经》之义来作此章的注解。但我却怀疑《孝经》的编撰,正是由此章推衍而成。此末学诸疑,所以欲献之又一端也。

七 孔子答问和论仁

儒家学说的中心是"仁",儒学的经典是《论语》,这是古往今来、天下四方无人不知的问题。但是在《论语》二十篇中孔子的言论里却找不见孔子给"仁"作出的直接解释。

《论语》中有许多处记载孔子答人问仁,或评论"仁者"或"不仁者"的行为表现。都是从旁面或反面来衬托"仁者"和"不仁者"

的思想行为；例如说"我未见好仁者、恶不仁者"（《里仁》），又说"仁者爱人"（《颜渊》），又说"……仁者乐山，……仁者静，……仁者寿"（《雍也》），又说"……仁者，其言也讱，……为之难，言之得无讱乎"（《颜渊》），如此等等，《论语》中不止几十处，但无一处是正面的"定义"或全面的解说。不但"仁"这一问题如此，其他问题，孔子的答问方法也常是"能近取譬"（《雍也》）和"循循诱人"（《子罕》）的。又如许多人向孔子问"孝"，孔子的答复各不相同，都是针对问者在行为上的某项不足，来加以重点地教导。最委婉而又极有力的一次答子游问孝，说："今之孝者，是谓能养，至于犬马，皆能有养。不敬。何以别乎？"（《为政》）

子夏说："君子有三变：望之俨然，即之也温，听其言也厉。"（《子张》）不管这里所说的"君子"是泛指还是指孔子，也不管"厉"是作"严厉"讲，还是作"确切"讲，都不能密合孔子平时的发言态度。有一次孔子答定公问"一言兴邦"、"一言丧邦"的对话。定公问："一言而可以兴邦，有诸？"孔子对曰："言不可以若是其几也。"（《子路》）这种"一言"可能来自当时的民间谚语，本不见得是哪位哲人归纳的什么普遍道理，既由定公发问，孔子曲折答复，一是要知"为君难，为臣不易"，这便接近"一言兴邦"；二曰"予无乐乎为君，惟其言而莫予违也"，这便要成"一言丧邦"了。这成为对有政权的人的一次有力的警告。按孔子自己说过："邦有道，危言危行；邦无道，危行言逊。"（《宪问》）统观《论语》中所记孔子的言论，真是"威而不猛，恭而安"（《述而》）的鲜明表现！

从以上的一些例子来看，孔子在当时有许多的重要思想，不能不表达，但又不能作率直地表达，所以后人有许多不易十分理解之处。

虽然孔子的言论常是"逊以出之"(《卫灵公》)的,又何以天下后世都能体会到孔子的主要精神呢?我们试看孔子曾说"能近取譬"(《雍也》),子贡又曾自评说:"(颜)回也,闻一以知十,赐也,闻一以知二。"(《公冶长》)孔子立即表示同意。闻一知十不是妄测,而是推论,足见孔子有许多道理是留给弟子们推论的。我们居今学古,不妨也试作一些推论:

孔子说伯夷、叔齐"求仁而得仁"(《述而》)。夷、齐究竟求得些什么算作仁的呢?按夷、齐的事迹:一、让孤竹国的君位;二、反对武王、太公的武力征诛,曾唱"以暴易暴,不知其非"的涛句;三、饿死首阳山下。我们无法摘出哪一项称他们"仁",可见孔子指的当然是他们总体的思想行为。

对管仲的评论,曾批评他不够"俭"、不够"知礼",但对他的功业说:"相桓公霸诸侯,一匡天下"(《宪问》),又说齐桓公"九合诸侯,不以兵车,管仲之力也,如其仁,如其仁"(《宪问》)。可见管仲不俭、不知礼,而能"九合诸侯,不以兵车",所以就够得"仁"。

"至德",虽字面与"仁"不同,但这一词所表示的地位,却是至高无上的。孔子说周文王"三分天下有其二,以服事殷。周之德,其可谓至德也已矣(《泰伯》)!"又说:"泰伯,其可谓至德也已矣。三以天下让,民无德而称焉。"(《泰伯》)这里不用"仁"字来称的最高道德,这在孔子口中,又和"仁"字有何区别呢?子贡问:"如有博施于民而能济众,何如?可谓仁乎?"子曰:"何事于仁!必也圣乎!尧舜其犹病诸!"(《雍也》)尧在孔子心目中曾是"唯天为大,唯尧则之"(《泰伯》)的,到这个博施济众的问题上,那位只低于天的伟大人物也得屈尊一筹了。可见"博施济众"在"仁"这个范围中居于何等位置了!

以上几项经孔子肯定"仁"的例证中，不免牵涉一些枝节的问题：夷、齐反对武王的征伐，孔子却说周之德为"至德"，怎么讲？按孔子说"至德"是周文王的事，但对武王却说《韶》（舜的乐）尽美矣，又尽善也，谓《武》（武王的乐）尽美矣，未尽善也"（《八佾》）。"哀公问社于宰我，宰我对曰：'⋯⋯周人以栗，曰，使民战栗（慄）。'"孔子听到这话，并未驳斥宰予，只说："成事不说，遂事不谏，既往不咎。"（《八佾》）孔子对宰予"使民战栗"的说法是默认的。被称至德的周文王，何以作出使民战栗的措施，那么这个以栗为社主的周人，当然是武王灭殷以后的事了。管仲被称为"仁"，主要在其功业，他的功业又分两方面，一是"九合诸侯，一匡天下"，而其所用的手段，则是"不以兵车"。可见这两项在孔子心目中是不以兵车的一匡天下。所以南宫适（音括）见孔子说："羿善射，奡荡舟，俱不得其死然。禹稷躬稼而有天下。"夫子不答。南宫适出，子曰："君子哉若人！尚德哉若人！"（《宪问》）可见孔子对只重武力是持否定态度的。

《论语》中也有两条似是孔子给"仁"下了"定义"的："颜渊问仁，子曰：'克己复礼为仁，一日克己复礼，天下归仁焉。为仁由己，而由人乎哉？'颜渊曰：'请问其目。'子曰：'非礼勿视，非礼勿听，非礼勿言，非礼勿动。'"（《颜渊》）按这一章的句逗，何晏《集解》是在"克己复礼为仁"处断句，是把"为仁"当作"是仁"解，也就把"克己复礼"当做"仁"的总内容看了（朱熹《集注》也是循着《集解》断句的）。

姑不论孔子是否为某些重大的道德含义下过界说，只看二十篇中论"仁"的内容，绝不仅止"克己复礼"这一个方面。我们已知孔子肯定够"仁"的人物，有周文王、泰伯、伯夷、叔齐、管仲；够

127

仁的行为，有"博施于民而能济众"这种理想的行为，未见对某个"个人"具有一些好行为即可算仁的。可见孔子所悬想的"仁"是多么广大、多么深重，绝非某个"个人"具有几项好行为即够称为仁的。又曾有"政者正也"（《颜渊》）、"仁者爱人"（《颜渊》）两处类似下定义的语气。其实"正"是向当政者说他们必先自己的行为端正，是告诫的性质。"爱人"是仁者思想行为的起码原则，不是"仁"的定义。否则二人恋爱，则男女双方都必然是仁者了。本章中"克己"的"己"，十分明确指的"个人"，"克己复礼"的四项"非礼勿"，更明显是个人应有的行为，与前边所举那五位伟大古人和"博施济众"一条伟大的道德行为都不是"克己复礼"这一方面所能比拟的。所以那第一句的"为仁"实应属下，是"为仁一日克己复礼，天下归仁焉。"这是说学仁的人能有一日做到克己复礼，天下人都会称赞（归美）他够仁。所以下文说"为仁由己"，指并不由他人。又学仁为什么还计一日的日程？按孔子说："颜渊三月不违仁，其余则日月至焉而已矣。"（《雍也》）又说："君子无终食之间违仁。"（《里仁》）可见为仁不止计日，还有计时的时候。这章后边是颜渊问学仁的具体项目，孔子沿着"复礼"往下述说，在视、听、言、动的日常生活中，要都不忘礼，即是锻炼学仁的一种入手的方法。又《阳货》篇："子张问仁于孔子"，孔子答以恭、宽、信、敏、惠，说："能行五者于天下者为仁矣。"这里的记录语气与全书有所不同，近代学者也有所怀疑。姑且退一步说，即以此指"为仁'是对于天下，而且五者也包含较为广大，和"克己复礼"有所不同，但不能与"博施济众"相提并论的。前边"为仁"的断句和这里的含义不同，是末学所疑如。此,也算"离经辨志"之一端吧！

从以上各例来看，孔子提出最高道德标准"仁"，不是某一端或某几端所能概括的，更不是仅从某一人具有某点好行为，即评这个人够"仁"的。如《公冶长》篇"子张问曰：令尹子文三仕为令尹，无喜色；三已之，无愠色；旧令尹之政必以告新令尹，何如？子曰：忠矣。曰：仁矣乎？子曰：未知，焉得仁。"相反，如说文王、泰伯够"至德"，夷齐、管仲够"仁"，都不是从一节、一端来论的，从某些行为论是"博施于民而能济众"，不但够"仁"，而且够"圣"。可见孔子所标举的"仁"，包含的既广且大，即使我们将以上这些大端综合起来用某一个词来作代表，也实在是无从措手。即勉强用几个字，也会感到克己复礼四字或"恭"、"宽"等五字是不够的。

不得已姑从"仁"这一词的文字本义来看。"仁"字即是古写"亻"字的"隶变"字体。大概在孔子的当时，"仁"的"亻"还没有分为表道德和表身体的两种写法。那么"仁"当然即是"人"。即在今天社会上一种评论人品的说法，还有"够人格"、"有人性"、"合人道"等褒义词。如果斥责一个坏人，说他"不是人"，这比借用某些动物什么"猪"、"狗"等词来骂人，还重得多。有人说，《中庸》已经说过"仁者人也"，何必远引古文字？答曰：仓颉造字出于传说，子思作《中庸》实际也源于传说。仓颉在先，当然要先引的。近代自从"人道"、"人性"被批判以来，"仁兄"一称在信札中也久已不见了，现在研究古代孔子的学说，不可能不涉及"仁"和"人"的字样，这个"文责"只好由孔子自负了。

八 孔子学说的发展

宇（空间）宙（时间）间一切事物都在不同情况中不断地发展。人类在社会中更在不同的时间和空间中随着不同的民族的生活条件创造出不同的文化。自古以来各家圣哲的学说，都是随着他们当时的文化，解决他们当时的社会问题而有所创立。及至时过境迁之后，即在他们各自的门派中，也不容不有所发展。以孔子的学说而言，仅仅两代就有显著的变化。"陈亢问于伯鱼（孔子之子名鲤，字伯鱼）曰：子亦有异闻乎？对曰：未也。（孔子）尝独立，鲤趋而过庭，曰：学《诗》乎？对曰：未也。曰：不学《诗》，无以言。鲤退而学《诗》。他日，又独立，鲤趋而过庭。曰：学礼乎？对曰：未也。（曰：）不学礼，无以立。鲤退而学礼。闻斯二者，陈亢退而喜曰：问一得三，闻《诗》闻礼，又闻君子之远其子也。"（《李氏》）

孔子并没有自教孔鲤，但孔鲤的儿子子思却有许多学说的记录。首先是传说他作《中庸》，虽见于《史记·仲尼弟子列传》，而《论语》中既说"子罕言利与命与仁"（《子罕》），又记子贡说"夫子之言性与天道，不可得而闻也"（《公冶长》）。但《中庸》却说："天命之谓性，率性之谓道，修道之谓教。"如果《中庸》真是子思所作，其中许多主要论点却是孔子少说或没说的，那么子思又是从哪里学来的呢？如今考古出土许多简牍，中有标题《子思》的，这在流传已久的传说作《中庸》之外，又添许多言论了。

子思的门徒又传于孟子，孟子又被唐人韩愈所推尊，这是一个系统。另一系统是孔子作《春秋》，孔子自己说"述而不作"，那么作《春秋》是否事实，至今还有若干争议。作《传》的"公羊"、"穀梁"、"左氏"把鲁国当时一份"大事记"各加解释，汉代董仲舒又引申附会了许多算是孔子原意的学说，这是又一套发展。

北宋华山道士一派的学说，累传到了邵雍，他还表里如一地举着道家的旗帜。周敦颐、张载、程颢，由道家改举儒家旗帜，而程颐、朱熹更正颜厉色地以儒自居，以圣自居。并把《大学》、《中庸》压在《论语》之上，称为《四书》。还私自又搞静坐一套禅家道术。旁人说到佛、禅，他们都斥责过那是"夷狄之学"。再往后什么陆九渊、王守仁等，更不必列举了。总之都打着孔子旗号，而说了孔子所没说过的话。这是历史发展的常情，也是惯例。

　　总之，孔子在生存的那个时代里，那个社会中，而有他那样的思想，那样的行为，那样的学说，不能不被他的弟子们以及后代读过他的学说的人，心服口服地尊敬他为圣人、为师表。但是孔子的时代，一切社会情况、物质条件，以及文化、思想，当然与后世有所不同，后世的人所理解的儒家学说，也不能不有所歧异。即以汉代和宋代的学者对孔子学说的认识和解释，无疑都是属于发展了的孔子学说。更无论金、元、明、清人的继续发展了。这是说遵奉儒学的一方面。至于反对儒学的，甚至提出"打倒孔家店"时，所针对的"孔家店"，也是发展了的孔子学说，与孔子自己曾说的，在精神实质上已多不相干了！还有，虽想尊奉孔子，而方法片面，如七十年前那种"读经救国论"，事实上给孔子帮了倒忙了！

附：试论《郑注论语》一则的牵强附会

　　郑玄（康成）遍注群经，是汉末一位大儒，他注的《论语》在唐代传诵还很普遍。尤其在西北地区，敦煌、吐鲁番都有残本发现，而中原却没有流传,学者深有遗憾。

清末法国伯希和氏自敦煌得到一卷《郑注论语》,罗雪堂先生把它印在《敦煌遗书》中。20 世纪 60 年代文物单位又从吐鲁番得到卜天寿所抄的一卷《八佾》,还有一些零碎残片,文物研究所王素先生辑印成一小册。近年台北陈金木先生撰《敦煌唐写本论语郑氏注研究》上、下二册,加上前代学者从古书中零碎辑出的郑注,也得不到《论语》郑注的全部。

不佞功从陈金木先生的书中偶翻到一条,觉得这位大儒所论,实在有些牵强,由于郑注失传已久,未免有些重视。古代典籍被称之为"经"的,再加注、疏,当然要更多地表现出"教育意义"。这类特别表现的教育意义,在当时或后世的"儒学家",也有不全同意处,如曹魏末何晏领衔的《集解》并未多取"郑注",更不用说,南朝皇侃、宋代邢昺以及程、朱了。

不佞功在前年写过一篇《读论语献疑》,发表在《文史》改刊后第一期,其中第四节"礼后乎的问题",曾经论到"子夏问巧笑倩兮"一章的种种问题。当时只见何晏《集解》中所引郑注而尚未见陈金木先生详引敦煌许多残篇的郑注。近承柴剑虹先生以陈先生撰《敦煌唐写本论语郑氏注研究》相赠,见到郑注这一章的全貌。《集解》只引了郑注"以素喻礼,美女倩盼须以礼成之",今见陈氏研究所引,知《集解》删削甚多。郑氏的牵强处,拙作"献疑"中辩解还远远不够,兹试续为申辩。陈引敦煌郑注曰:

　　倩兮,盼□容貌,素□成曰绚。言有好女如是,欲以洁白之礼成而嫁之。此三句,诗之言。

今按汉族之礼曰吉、凶、军、宾、嘉，统称"五礼"，其中吉礼、嘉礼均属喜事，用色尚红，凶礼则尚白（蒙古新年祖宗板上所挂吊钱则为白纸上雕"天地"二蒙古字，满洲族新年春联则以白纸围以蓝纸边缘，中写春联，与汉族习惯相反）。"素□成曰绚"，"素□成"的□，按下文"欲以洁白之礼成而嫁之"，则这里的"□"当然是"以"字。按《论语》"素以为绚"的"素"，是指女子倩盼的素质，是指天生的容貌，正与胭脂红粉彩色纷呈是天生与人工相对的两个方面，而"素以成曰绚"，则与《诗》义相反了。又《集解》引郑说第三句"一句逸也"，而这里则说"此三句，诗之言"，又似承认是《诗》中原有的一句。大约郑氏既遍注群经，出现记忆紊乱，是不可避免的。又说："欲以洁白之礼成而嫁之"，汉族嘉礼，当然不会尚白，"洁白之礼"又是什么礼呢？

下一段的注更离奇了：

问之者疾时淫风大行，嫁娶不以礼者。

这里问者是子夏，答者是孔子，由孔子的话而联想到的是礼后于素。这时的联想实是推论，悟到的当时是否"淫风大行"，在子夏和孔子的问答时，并无丝毫透露，岂能一谈到女子就想到"淫风"，一谈到"淫风"岂能便到"大行"呢？如"关关雎鸠，在河之洲。窈窕淑女，君子好逑"，在女方，则是"参差荇菜，左右流之"，使得那位君子，睡不着觉，以至"辗转反侧"，这时男女的状态，可想而知。"毛氏小序"却说"后妃之德也"，加上"郑笺"都没有一个"淫"字写在中间。而子夏问孔子，这时只提到有一个长得倩盼的女子，就惹得郑大儒想到子夏疾当时淫风大行。那么这位作《诗》笺

133

和注《论语》的郑大儒为什么就这样大发不同的"高论"呢？

今不论毛传、郑笺有多么大的权威，总都大不过孔子。《论语·子罕》篇记孔子"自卫返鲁然后乐正，雅颂各得其所"，既没提到"风"，也没提到"卫风"，卫国在孔子到达时是否"淫风大行"，更没有只字涉及。《论语·卫灵公》篇又说："放郑声，远佞人，郑声淫，佞人殆。"提到"淫"的是"郑声"，并没提到"卫风"。而郑注下边又说：

　　素功，□《诗》之意，以众彩喻女容貌，素功喻嫁娶之礼。□后素功，则皆晓其为礼之意也。

按"素以为绚"是《诗》之原句，倩盼是女子的素质，"素以为绚"不是"绚以为素"，怎能说"众彩以喻女子容貌"呢？"后素功则皆晓其为礼之意也"，其实不是"皆晓"，而是这时郑大儒脑子牵强了。

谨按《论语》孔子曰："诗三百，一言以蔽之曰思无邪。"所以那位"左右流之"荇菜般的女性，被《传》的"小序"说成是"后妃之德"，而对子夏所问那位生得倩盼的女子，孔子提出天生素质比脂粉装饰更重要，子夏联想到"礼后"这一个社会问题。孔子论礼后于生活还有一事，如宰予觉三年之丧太长，孔子回答说"子生三年然后免于父母之怀"，是儿子为父母服丧三年的原因，那亦是礼后于生活的证明（见《论语·阳货》）。这里是"礼"的规定在自然生活之后的又一证明，更不是专指婚姻之礼，并与女子的"素"无关。可惜这位郑大儒的"注"未免顾此失彼了。

郑注说"问之者疾时淫风大行"，当然是指子夏问孔子的时候；但那时师徒同在什么地方没有记载，如果是同在鲁国，还没见过鲁国"淫风大行"的记载，又岂能听到女子，就想到"淫风"听到礼，就想到女子不知礼，就想到要男子用礼去制裁她们。可见孔子以人（仁）为中心的思想、学说、教育，陆陆续续变为"孔家店"的店规，真可谓其来已久矣！

读《红楼梦》札记

《红楼梦》一书写了四百多个人物，写了一个封建大家庭十几年过程的生活史，中间有无数离合悲欢，矛盾冲突。它的形象鲜明，能使读者眼前呈现着荣、宁二府和大观园的巍峨景物，以及那些男男女女、老老少少的音容笑貌。书中也直接写出了许多生活制度、人物服饰、器物形状，等等。特别是清代旗籍里上层人物的家庭生活，更写得逼真活现。

但是如果仔细追寻，全书中所写的是什么年代、什么地方，以及具体的官职、服装、称呼，甚至足以表现清代特有的器物等，却没有一处正面写出的。这不能不使我们惊诧作者艺术手法寓真实于虚构的特殊技巧。所以从程伟元、高鹗所刻一百二十回本的插图以来，若干以《红楼梦》人物故事为题材的图画、雕刻等艺术品，所描写的服装都不能确切一致，有些方面，简直可以说无法画出，还有一些戏剧服装，也同样感到难于处理。

由于时代的变迁，以及对于清代旗籍人生活习惯的不熟习，对于书中所写的生活事物，究竟哪些是真实，哪些是虚构，也不太容易分出。从前有些人曾感觉到书中没有确切写出地点是南京还是北京，如果是北京，何以有妙玉栊翠庵中那种大树红梅？如果是南京，却又分明常提从南京来、到金陵去等的话。还有人觉察出书中从来没写出人物的脚，那些妇女究竟是缠足的还是不缠足的？其实作者不但没有正面写地方，也没有正面写年代；不但没有写脚，也没有写头。虽然有三次写到宝玉的辫子，但都非常具体地交代出是小孩辫发的特征，小孩的辫发，便不仅清代专有的了。诸如此类，真是不胜枚举。

后四十回出于续作，似乎已成定论，但也还有人怀疑其中可能有曹雪芹的某些残稿、资料或创作提纲，我也觉得还有这样探索的余地。并且还觉得前八十回中也不见得毫无后人修补甚至改动的笔墨。即使后四十回全出于后人续撰，其撰者也并不止高鹗一人，这不属于本篇所谈的范围，所以暂不详及。现在只就这种有意回避的方面看，前八十回是相当严格的。后四十回就不免有露出马脚的地方。虽然如此，后四十回的撰者实已领会了曹雪芹在这方面的意图，所以在这方面绝大部分能和前八十回合拍。本篇既探索曹雪芹这种手法的精神，也一并举出后四十回里的例子。它的前后相一致处或露马脚处，也可以供研究前八十回修补和后四十回续撰问题的资料。

现在即从书中所写关于年代、地方、官职、服装、称呼及其他几点生活细节几个方面来举例说明。

一　年代与地方

古代许多小说，无论唐代传奇、宋元话本、明清一些长篇或短篇小说,常常首先交代故事出于某朝某代,某郡某县,甚至还要提出是作者亲历亲见亲闻,以资取信于人。当然其中也有许多可能是真实的和写得好的,但也确实有些作品的故事内容、生活制度、人物形象与那些时间地点的特色并不吻合,徒然成了一套"例行公事",不起什么作用。《红楼梦》一书却不然,它首先提出"年代无考"、"真事隐去",但从书中的人物形象中却十足鲜明地表现了时代特征。作者在第一回写"太虚幻境"的石坊对联说:

假作真时真亦假,无为有处有还无。

这恐怕也是作者为自己这种寓真实于虚构的写作手法来发的一个声明吧!

先看书中所写的年代:

第一回假托僧道二人与顽石对答中提到:

只是朝代年纪,失落无考。

又说:

第一件,无朝代年纪可考。

到了七十八回《芙蓉诔》中,因为文体的格式关系,不得不具备年月日,于是提出:

太平不易之元,蓉桂竞芳之月,无可奈何之日。

这一方面表现宝玉对晴雯悲念追悼的心情，又好似游戏文章用不着郑重写出年月的样子，其实仍然是巧妙地避开真实年代。

至于第七十八回贾政述说恒王的事迹时，只说：

> 当日曾有一位王爵，封曰恒王，出镇青州。

这恒王分明是明代的王爵，何以不说"明朝"，而只说当日呢？这只要看了下文便好明白。下文述说异代之后朝廷"褒奖"前代人物时说：

> 昨日因又奉恩旨，着察核前代以来应加褒奖而遗落未经奏请各项人等。

在明代之后，当然是清代。这里前边用"当时"，后边用"前代"，这两朝关系便无形地交代过去了。

至于地方，常是真假参半。有些著名地方，并不止清代特有的，常用真名。例如：

苏州城（第一回）、苏州（第五十七回）

湖州（第一回）

金陵（第二回）、南京（第七十五回）

京口（第六十九回）

大同府（第七十九回）

元墓（第一一二回）

还有明代特有的地方建筑,清代已然改变了的,例如:

金陵应天府(第三回)、应天府(第三回)

还有根本即假的,例如:

大如州(第一回)

铁网山(第十三回,脂本作"潢海铁网山")

孝慈县(第五十八回)

平安州(第六十六回)

太平县、李家店(第九十九回)

急流津(一〇三回)

即书中那些地名真实的地方,其地理位置也非常含糊。

在佛教经典中,认为世界有四大部洲,中国属于"南瞻部洲",所以道场中写给神像的疏表,必须写出是世界上哪一部洲、哪一国家,然后才写什么年月,这是那些疏表的特有格式,在第十三回秦可卿丧事的疏表中写道:

四大部洲至中之地,奉天永建太平之国。

仍然没有"大明"或"大清"等类具体的朝代字样。

还有书中屡次提到"京城",但一律都用"长安"。

例如:

长安城中(第六回)、长安县(第十五回)

长安都中(第五十六回)

长安(第七十九回)

此外也有很多处提到"进京"、"来京"等话的地方,但翻遍了全书,从来没有一个"京"字上有"北"字的。因为单提一个"京"字便相当的笼统，如说"北京"，则标志了清代的首都。固然明代的首都也是北京，未尝不可以强辩，但作者终于把它躲开了。

二 官职

《红楼梦》一书中所有的官职名称，有历史上曾经有过的，也有完全信手虚构的。即以历史上曾经真有的官名来说，却常常不是同一朝代的，或者那个官职，在古代并不管辖那种事务。

也有清代的官名，但那些往往是清代沿用前代的官名，并非清代所特有的。例如：

兰台寺大夫（第二回）

钦差金陵省体仁院总裁（第二回）

九省统制（第四回）

龙禁尉（第十三回）

永兴节度使（第十三回）

六宫都太监（第十六回）

都尉（第二十六回）

京营节度使（第四十四回）

九省都检点（第五十三回）

粤海将军（第七十一回）

镇海总制（第一百回）

总理内庭都检点太监（第一〇一回）

云南节度使（第一〇一回）

太师、镇国公、苏州刺史（第一〇一回）

京兆府尹（第一〇三回）

枢密院（第一〇七回）

镇海统制（第一一四回）

这都是些信手拈来、半真半假或名称残缺不全的官名。读者也可能由某一官名联想到清代某一官名，以为作者有意影射，但那只是读者的事，作者并不负责的。明清实有的，例如：

盐政（第二回）

额外主事（第二回）

员外郎（第二回）

国子祭酒（第四回）

通判（第三十五回）

太医院（第四十二回）

大司马（第五十三回，周官，历代借称）

礼部（第五十三回）

光禄寺（第五十三回）

太傅、翰林掌院事（第十三回）

都察院（第六十八回）

翰林、侍郎、员外（第七十八回）

指挥（第七十九回）

锦衣、刑部（第八十一回）

太医院御医（第八十三回）

巡抚（第八十五回）

工部郎中（第八十五回）

吏部尚书、兵部尚书（第九十二回）、

内阁大学士（第九十五回）

江西粮道（第九十六回）

府尹(第一〇七回)

以上这些,有的是明代官名(例如锦衣),其他大多数是明清同有的,甚至是古代通有官名。

还有"营缮司郎中"(第八回),脂砚斋本作"营缮郎",一百二十回本改成"营缮司郎中",乍看去好似一个清代内务府七司中的官名,但清代内务府只有"营造司"。明代工部却有"营缮清吏司"、"营缮提举司"。又"知贡举"(第一一九回)虽是清代也有的官名,但书中却说:

知贡举的将考中的卷子奏闻,皇上一一披阅。

清代知贡举只是古代监临官的职务,并不能直接奏呈皇帝,这里只是作为主管科场考试的官员来称呼的。

第一〇七回有"台站"一称,略着清代迹象,但已是后四十回中的话了。

其他像宫主、郡主、才人、赞善、太妃、少妃、皇亲、驸马、国君、太君、夫人等,也都在若即若离之间。只有一些"亲王"、"郡王",确是清代封爵中头两等,但书中所写的那些"亲王"、"郡王"的封号,却又是无一真实,如什么"忠顺亲王"、"北静郡王"之类。在第十一回、十四回等处,曾集中地写一批王、侯,但第十一回中只写郡王,第十四回中只写公侯,仍然看不出亲王在前、郡王在后的痕迹。又如"镇国公"确是清代曾有,但与太师、苏州刺史合并提出,便又落空了。

又如"侍卫"官,明清两代都有,但是"防护内廷紫禁道御前侍卫龙禁尉"便哪一朝也没有。作者似乎还嫌"御前侍卫"这一官名太真,所以在第十三回里两次写"侍卫",第五十四回里一次写"侍卫",但第十四回里旧抄本却作"侍值"(甲戌、庚辰、乾隆抄本

142

一百二十回本），这不见得是偶误，按照以上规避真实官名的例子来看，恐怕"值"字却是原稿所有，"卫"字反是整理者所改的，也未可知。

还有王府属官，清代有王府长史，第三十三回中只提"忠顺府长府官"，仍然含混，而第一〇五回、一〇六回却提出"王府长史"，这也仍在后四十回的范围中了。

三　服装

本书中人物的服装，有实写的，有虚写的。大体看来，是男子的多虚写，女子的多实写。女子中又是少女、少妇多实写，老年、长年妇女多虚写。女的官服礼服更多虚写，实写的只是些便服。宝玉虽是男的，但书中所写他的年龄，只不过是几岁到十来岁的小孩。凡能代表清代制度的官服，一律不见。

先看那些虚写的。第一回县令贾化是"乌帽猩袍"。第六回贾蓉是"美服华冠，轻裘宝带"。第五十三回"荣宁二祖遗像，皆是披莽腰玉"。第八十五回"北静王穿着礼服"。这些已然令人无法捉摸，写了等于没写。

还有提到官服时，写的更为似具体而实笼统。第十六回贾母等入朝时，是"都按品大妆起来"。第十八回贾母等迎接元妃时，也是"俱各按品大妆"。第四十二回王太医是"穿着六品服色"。第五十三回新年祭宗祠之先，"由贾母有诰封者，皆按品级着朝服"，进宫朝贺行礼。又同回写"元旦日五鼓，贾母等人按品上妆"进宫朝贺。第七十一回贾母寿辰，北静王等人来贾府祝贺，"贾母等皆是按品大妆迎接"。第六十三回还写"按礼换了凶服"。凡此等等的"按品大妆"、"按礼凶服"究竟是什么样子,作者一字未加描述。读者却也不难体会到是一片华美庄重的官服和各种特定制度的丧服。

实写的是一些少妇、姑娘、丫环、小孩。第三回写王熙凤的妆束是:

头上戴着金丝八宝攒珠髻,绾着朝阳五凤挂珠钗,项上戴着赤金盘螭璎络圈,身上穿缕金百蝶穿花大红云缎窄褃袄;外罩五彩刻丝石青银鼠褂,下着翡翠撒花洋绉裙。

第八回宝钗妆束是:

头上挽着黑漆油光的鬏儿,密合色的棉袄;玫瑰紫二色金银线的坎肩儿,葱黄绫子棉裙。

第四十九回黛玉、李纨、宝钗、邢岫烟在雪天里的服妆是:

黛玉换上掐金挖云红香羊皮小靴,罩了一件大红羽绉面白狐狸皮的鹤氅,系一条青金闪绿双环四合如意绦,上罩了雪帽,二人一起踏雪行来,只见众姊妹都在那里,都是一色大红猩猩毡与羽毛缎斗篷,独李纨穿一件哆罗呢对襟褂子,薛宝钗穿一件莲青斗纹锦上添花洋线番把丝的鹤氅。邢岫烟仍是家常旧衣,并没避雨之衣。

第五十一回写凤姐看袭人的妆束是:

头上戴着几支金钗珠钏,倒也华丽。又看身上穿着桃红百花刻丝银鼠袄,葱绿盘金彩丝绵裙,外面穿着青缎灰鼠褂。

例子不必多举,这里边的服装大部分是具体的。因为清代初期的服装,有很多部分沿习或局部改变明朝的形式,而妇女的便服中像大坎肩、外褂、衬裙等,都分明是明代习惯,这在清宫某些妃嫔、宫人的便装画像里还能看到,只是一样,绝对没有右掩大领和宽袖的。我们不难理解《红楼梦》里这些妇女服装的风气。同时这种装束,也常常只是少妇少女所用,书中贾母除了第五十回写"围了大斗篷,带着灰鼠暖兜"之外,并没有正面描述过什么穿戴。不但贾母,即王夫人、邢夫人、李纨(前举第五十回所述,只是说明临时防寒防雪衣物)、尤氏等,也一律未曾有过关于装束的全面描写。即凤姐等人装束那么具体,其中仍有迷离之处。例如清代妇女在"钿子"上插挂珠小凤钗,皇族命妇用九个,其他命妇用五个,号称"九凤朝阳"和"五凤朝阳",这里略微一露,仍又含混其词。

至于宝玉的服妆,第三回写道:

头上戴着束发嵌宝紫金冠,齐眉勒着二龙戏珠金抹额,一件二色金百蝶穿花大红箭袖,束着五彩丝攒花结长穗宫绦,外罩石青起花八团倭缎排穗褂,登着青缎粉底小朝靴。

第四十五回又写道:

　　黛玉看他脱了蓑衣，里面只穿半旧红绫短袄，系着绿汗巾子，膝上露出绿绸洒花裤子，底下是掐金满绣的绵纱袜子，靸着蝴蝶落花鞋。

　　还有其他若干次写宝玉的装束，也是红红绿绿，绝不似成年男子的服饰，何况还写他带着"寄名锁"、"护身符"（第三回），"长命锁"、"记名符"（第八回），也更标志了是娇养的小孩。"紫金冠"又名"太子冠"，也是小孩游戏装束，所以后边第二十一回说："宝玉在家并不戴冠"，即是这个缘故。后世许多图画上、舞台上，宝玉必戴太子冠，似与书中所说不符，但也实在没有其他办法的。

　　还有发辫是清朝特有的装束，但小孩的发辫却不止清朝独有。本书中曾有三处写辫子。

第三回写宝玉：

　　一回再来时，已换了冠带：头上周围一转的短发，都结成小辫，红丝结束，共攒至顶中胎发，总编一根大辫，黑亮如漆，从顶至梢，一串四颗大珠，用金八宝坠脚。

第二十一回湘云为宝玉梳头：

　　湘云只得扶过他的头来梳篦，原来宝玉在家并不戴冠，只将四围短发编成小辫，往顶心上归了总，下面又有金坠脚儿。

第六十三回写芳官：

只穿着一件玉色红青驼绒三色缎子拼的水田小夹袄，束着一条柳绿色汗巾,底下是水红洒花夹裤,也散裤腿,头上齐额编著一圈小辫,总归至顶,结一根粗辫,拖在脑后,……越显得面如满月犹白,眼似秋水还清。引得众人笑说:他两个倒像一对双生的兄弟。

宝玉的衣裤这段前边已经表过,宝玉的辫子,前些回已写过,这里所说,自然不仅止是二人面貌相似,自然也包括装束的相似了。

按清代辫发制度是小孩初生,先剃胎发,中间留一个小小的辫顶,日后头发逐渐长长了,又把小辫顶以外其余的头发梳成许多短的小辫,但这圈小辫之外,仍然剃去一圈。当四周小辫再长长了,归到一总,最后梳成大辫。这个过程,女孩和男孩一样,只是女孩在年龄渐长,发已长长后,便不再剃最外周围的一圈,这叫做"留满头",再大到成年待嫁时,便梳起发髻,不再梳辫了。

本书中只有这几处正面写出发辫,写的也似非常具体,但其中仍然藏头露尾,并不写全。

首先说男孩宝玉有发辫,但又说女孩芳官和他一样。既写了发辫,又仅只是小孩的发辫,成年男人的头发如何?却一字未提。又虽详写了小孩的发辫,而并未提四周的剃发。真所谓"故弄狡狯"了。书中果然没写剃发吗?却又写了,在第七十一回说:

未留发的小丫头。

所谓未留发绝不等于剃"光头"或剪"背头",只是指未"留满头"而言的。因为这在从前口耳相传的语汇中,"留头"、"留发"、"留满头",是人所共喻的。又有小男孩发未长长时,留一辫顶,欲称"杩子盖",第六十一回柳家的对一小么儿说"别叫我把你的杩子盖揪下来",即指这种发型。

又第七十八回写宝玉:

> 靛青的头。

头发颜色是乌黑、黑亮,不是靛青,这里所说,正是指剃去的周围。但是这些描写地方并不在一处,而相离故意很远,读者可以总看全貌,而得"心照",但作者是并不负实写之责的。

本书中既把清代特有的服装回避得如此干净,但北静王这个人物又不能忽略不详写。所以作者便给他一身"戏装"。第十五回:

> 北静王世荣头上戴着净白簪缨银翅王帽,穿着江牙海水五爪龙白蟒袍,系着碧玉红鞓带。

这与第一回的"乌帽猩袍"正是同一手法。再次书中究竟写没写缠足呢?一百二十回本中只有一处透露了一件事,即第六十二回写香菱:

> 连小衣、膝裤、鞋面都要弄上泥水了。

按"小衣"即裤子,又称"中衣"。"膝裤"即缠足妇女在小胫上系的一种饰物,又称"裤腿",这是缠足装束所特有的。脂本第六十九回曾写鸳鸯揭起尤二姐的裙子给贾母看;第七十回曾写晴雯的睡鞋;一百二十回本全部删去。即使不删,也并无妨,因为清代旗人妻女虽严禁缠足,但婢、妾是不在此限的。

又第三十三回写湘云看见袭人做鞋,以为是袭人自己的,经袭人说明,知是宝玉的。清代青少年男子穿花鞋的原是常事,这里也透露了袭人并非缠足的。

四 称呼

《红楼梦》中的亲属称呼都很通俗,也是北方普通的习惯。例如:哥哥、兄弟、姐姐、妹妹、姨妈、舅舅、婶子、姥姥,等等。

只有对于直系尊亲属的称呼,始终含糊。例如:王熙凤、贾蓉等称贾母为"老祖宗";贾政、贾琏、宝玉、黛玉、秦氏、贾兰等称贾母为"老太太"。尤氏称贾敬为"老爷"。王夫人、贾珍、李纨、贾琏、宝玉等称贾政为"老爷"。王熙凤、秦氏、探春、宝玉等称王夫人为"太太";贾琏称邢夫人为"太太";史湘云称她自己的母亲为"太太"。

还有贾母对宝玉说他父亲贾政、他母亲王夫人时,常说"你老子"、"你娘",这是祖母对孙子称述他的父母的常事,但也竟自有说"你老爷"、"你太太"的时候。还有贾母令宝玉对王夫人说话时,教他说:"你说:太太……"又贾代儒对宝玉称贾政时也说"你老爷"。

这种种地方,看来似乎平常,但仔细推敲,便容易发现它的不合情理。按前代封建官僚家庭中的称呼是非常严格的。子女对父母或是称"爸爸"、"妈妈",或是称"爹"、"娘";对祖父母多是称"爷爷"、"奶奶",总之都不许用"官称",何以本书中却一律用"官称"呢?我曾怀疑这里边必定关涉到清代制度、习惯的特点问题。

按清代旗下人,包括汉军、内务府,称呼父母多用满语,即称父为"阿玛",称母为"额涅"(用汉语时称"奶奶"),称祖父为"玛法"(用汉语时称"爷爷"),祖母为"妈妈"(用汉语时称"太太"),与汉人普通称呼不同(也有小孩偶然称父亲为"爸爸"的,也有妾生子女称其生母为"娘"、为"妈"以别于嫡母的)。在后期大致上对于小孩要求不严,对成年的晚辈,即不许违背习俗。

像本书作者曹雪芹的家庭,是皇帝亲近的内务府人员。远祖虽是明臣,但降清编入旗籍,在辽东已有相当长的时间,随清入关,又几代做了内务府旗人特定的重要官职。他们家庭中的称呼,作者耳濡目染的,必定是旗人的习惯。书中所写的既是当时旗籍中上层人物的生活,称呼自然不能采用非旗人的习惯,但如果用旗人的习惯称呼,又必然露出清代的特点。他之所以尽量采用"官称",想必与此问题有密切的关系。这虽是出于揣度,但也只有这一种理由为最有力。

有人说这是否是大官僚家庭中对于主要的家长所施的尊称呢?我觉得这不太可能的。因为清代大官僚家庭习惯既如上述,即使清初与后来偶有不同,但绝不会无故地混淆了行辈或等级。试看宋代皇子称他正在做着皇帝的父亲为"爹爹皇帝陛下"(见宋陈世崇《随隐漫录》卷四),清代皇子称父皇为"汗阿玛",可见皇帝虽号称为"至尊",甚至如果他是继承了伯叔的皇位的,他的本生父对他也要称臣,似乎是只有"国"或"公"的关系、没有"家"或"私"的关系了,但他的儿子称他时,在"皇帝"之上还要加上

150

"爹爹"，在"汗"之下仍要加上"阿玛"，难道大官僚家庭中便可以有"老爷"无"爸爸"了吗？

再说贾蓉称述他的外祖父母时说"我老爷、我老娘"（第六十四回），这正是北方普通的称呼，外祖母又称"姥姥"，即如书中刘姥姥也是因她的女婿和王家认同宗，她便被指着板儿称为"刘姥姥"。又奴仆对老一辈的男女主人称"老爷""太太"，这种"官称"在封建大官僚的家庭中，子女和其他晚辈如果一律称呼，便混淆了行辈和等级的关系，所以常有严格限制的。由于这样缘故，所以我们不难看出作者在书中称呼方面，也用了前边所举的同样手段。

五 其他

清代旗下人，见面礼节，称为"请安"（大礼是叩头）。男子见面的礼节形式有两种：皇族对直系尊长是双膝跪下（又称"跪安"）；一般人则是单膝半跪（又称打千，即打跧）。但无论半跪全跪，原是古代都有的，所以书中屡次提到"半跪"、"打千儿"。

旗下妇女的见面礼节都是扶膝半蹲。行大礼时是跪下举右手扶发髻的右翅，俗称磕"达儿头"。《红楼梦》中写贾珍对凤姐作揖，写凤姐只说"还礼"，并未写如何还礼。其他地方也从没详写过贾家妇女行礼的形式。

清初诸王极其尊贵，大臣见他们也要行"长跪请安"的礼节，后来曾有明令废止。书中第十四回写贾珍和贾赦、贾政见北静王时"以国礼相见"，究竟"国礼"是什么？也不具体写出，这与"按品大妆"是一样手法。

旗人习惯对生存的长辈行大礼时一跪三叩（皇族对直系尊辈两跪六叩，祀祖先时三跪九叩）。百日丧服之内的孝子对人是一跪一叩，而谢赏时也只一跪一叩。所以第七十五回宝玉给贾母谢赏"磕了一个头"。无论何时从不用四叩，而写当宝玉出家以后，在船外向贾政"拜了四拜"，这却是第一百二十回里的事。

又全书中绝不露满语词汇，只有后边写莺儿端了一盘给贾母上供之后撒下来的供品瓜果，说"这是老太太的克什"。按"克什"是满语"恩赐"的意思，也指"馂余"，所以祭神、祭祖所撒下的供物，叫做"克什"，甚至皇帝撒赐的"御膳"也称"克什"。这在全书中几乎是唯一的孤例，也是在后边第一百一十八回中出现的。

书中所写的许多事物使人迷离，例如又有大树梅花，又"笼地炕"（第四十九回），地方南北，使人莫辨，这是读者常常感到的。但不着痕迹的地方，还有许多。例如，书中两次写贾母坐了"八人大轿"（第二十九回、五十三回）。按清代民间嫁娶可用八人轿外，在京官员最大只许四人轿，小则二人小轿，外省官员可用八人轿。不但后期如此，即雍乾时代也是这样（可参看清福格《听雨丛谈》）。那么贾母坐的八人大轿，又是在什么地方呢？

读者看到太虚幻境、十二钗册、秦氏之死、真假宝玉等地方，都极容易感到作者手法的迷离惝怳，其实作者这种手法，并不止于这些地方，而是随处俱有，屡见不鲜的。当然，以上所谈的各部各条里，也不见得没有作者出于信手拈来的地方，不能条条字字都认为是有多大的"深文奥义"；但作者这种用心的倾向，在书中实是极其明显的。

作者为什么必须要这样费尽苦心来寓真实于虚构呢？我初步推测可能有以下几种原因：

一、自古的统治者都不肯让人知道他们的真实生活,所以汉代孔光口不言温室树,宫庭院中的树都不敢说出,那么皇帝的其他生活之保密可知。至于和皇帝最亲近的皇族贵爵们,某些生活也和皇帝有共同之处,如果有人无意写出,也会引起误会,何况其中原本具有讽刺意味的呢?所以白居易的《长恨歌》分明是写唐明皇,但开头必须写"汉皇重色思倾国",道理是一样的。

二、作者生存在清代康熙后期到乾隆初期,这时正是清朝政权盛衰的关键阶段。历史告诉我们,封建统治者们愈到衰弱的时期,忌讳愈多。官僚贵族的生活,完全写出,已经要遭忌,何况本书又有若干揭露、批判和谴责,那么祸患必然是会招致的。在当时所谓"文网严竣"的时期,作者何至于那么必要自投罗网呢?

三、作者既以他自己的家族、亲戚的生活为主要模型来创作这部小说,作者在狠狠地揭露、批判和谴责的背后,实在还有一定程度的惋惜和"恨铁不成钢"的心情。甚至作者似乎有意站在荣府一边,提出"祸首"是宁府,而处处加重谴责他们。因此在"吐之为快"的同时,又不愿十分露出模型中的真人真事。

四、在封建社会里,撰写通俗的小说、戏曲已然被认为是"背礼伤教",至少是"不登大雅之堂"的事,再说小说、戏曲如果涉及妇女生活,更要被骂为"议人闺阃"、"应下拔舌地狱",何况又是以自己家人亲戚作模型呢?

作者在这种种的封建压力之下,所以不得不屡次声明是"假语村言"(第一回),又郑重提出"将真事隐去"(第一回),都是这个原因。现在所举各例,正是作者"隐去""真事"中最巧妙不易察觉的地方,探索出来,对于曹雪芹艺术手法的研究上,或者可以增加一些资料吧!

《红楼梦注释》序

每部文学作品，无论在生活背景、语言词汇各方面，都有它的时代和地区的特点，《红楼梦》自然不会例外。但《红楼梦》由于作者的水平高，成书的时代近，用的语言又基本是北京话，因此今天广大的读者并不觉得难懂。但也有些容易发生问题的地方，我常听到读者提出的问题大致有以下几个方面：

一、某些北京俗语。

二、服妆形状。

三、某些器物的形状和用途。

四、官制。

这些当然是一般读者容易不太熟习的，但此外的是否就都易懂呢？不然。我每遇到有人向我提出关于书中问题时，我总预料必将包括一些诗歌、骈文的内容。但常常与我所料相反，一般并无这方面的问题。是一般读者都理解了吗？未必，大多数是把它们翻过去。我还有时进一步向问者提出，他认为明白的某些部分怎么讲？得到的答案，往往并不确切，可见那些认为"不成问题"的部分，也未必没有问题。因此在前举四个方面之外，至少还有四个方面值得探讨的：

五、诗歌骈文的内容。

六、生活制度和习惯。

七、人物和人物的社会关系。

八、写实与虚构的辨别。

大家都知道，除了法律的爱书、医疗的病历之类以外，一切文学艺术作品，都不能无所加工、无所虚构，这原是事理之常，无须声明交代的。而《红楼梦》一书中，作者却屡次发出关于真假问题的宣言，读者容易看做是对故事、对人物虚构时的声明，免得当时被人怀疑他有所讽刺，因而产生什么文字之祸。其实我们在书中许多天花乱坠、逼真活现的场面中，不难推敲出若干关键的东西全是"子虚乌有"。或"以假作真"，或"以真作假"。因此《红楼梦》这部和白居易诗一样可使不识字的老妪都能听得懂的作品，而许多饱学的老公却未必都能理解得透。于是"横看成岭侧成峰，远近高低各不同"，也就成了新旧"红学"千猜万考的广阔园地。

《红楼梦》既需要注释，注释起来，又不是那么省事的。一个典故的出处，一件器物的形状，要概括而准确地描述，颇为费力。即极平常的一个语词，在那个具体的环境中，究竟怎么理解，也常常不是容易的。推广到前举八个有待注释的方面，也都如此。现在试各举例来谈谈：

一、语言问题：全书基本用的是北京话，这是人所共见的，但也运用了古代汉语，并吸收了其他旧小说的成语。由于作者取精用宏，信手拈来，化他人所有的为自己固有的，读者便毫无生硬的感觉。因此有人一一加以追溯，某一语词，某地曾有，于是作者的籍贯被猜得忽南忽北。如果以这点为衡量古书作者产地的唯一根据，那么李白、杜甫将不知同时有多少家乡了。本书中语言方面有待注释而又难于注释的约有二类：第一类是有些俗语词

汇,现在已经消失的:

例如"不当家花拉的"一词(二十八回),前于本书的,《金瓶梅》和《醒世姻缘》中有过;后于本书的,《儿女英雄传》中也有过。我在五十年代初注释本书时曾经望文生义,以为是"不了解"的意思。后读明人刘侗《帝京景物略》才知道"不当家"即是"不应当"、"不应该"、"不敢当"的意思。"家"是词尾,"花拉的"是这个词的附加物,是为增加这个词的分量的。类似本书中所说"没事人一大堆(十六回),"没事人"即指没关系了,"一大堆"是附加物,增加"没事人"的分量而已。又如"积古"一词(一十九回)也已失传,至今我还没有找到精确的解释和用法。第二类是常见的词汇,例如"嬷嬷"和"妈妈",一般读起来,很容易认为是同义词,但在北京的习惯上,奶姆称"嬷嬷",保姆称"妈妈"。又如黛玉所说的"呆雁"(二十八回),是讽刺宝玉看宝钗出了神时说的,这个词本是形容发呆的,雁有何呆,呆何必雁,这都没有什么理由可讲,但北京人都懂得,这是讽刺痴心,形容发愣,但又分量不重的一个词。在本书中这个人物,这个场合,这个情节中,便具有既冷峭又温柔、既尖酸又甜蜜的作用。精密符合这时三个人的关系。试问这在注释中应该怎么去写呢?

二和三、即服妆和器物的问题:在不知本书作者底细的人,一定以为什么名称的东西,即有什么样的形状,只要照样描述,或用笔一画,即可解决。这好像清末的一个故事,有人应考作"廉吏为民之表论",不知题目怎讲,便写道:"夫表者,有摄氏表,有华氏表,而独未见有廉吏为民之表。"最后他说:"因画图以明之。"我们现在的画家最困难的是画《红楼梦》人物图,某个人物的服妆,在书中写得花团锦簇,及至动笔画起来,又茫然无所措

156

手了。例如"俱各按品大妆"（十八回），什么品，每品又是什么样？怎样叫"大妆"，另外还有没有"中妆"、"小妆"，它们之间又有什么区别？又如"金丝八宝攒珠髻、朝阳五凤挂珠钗"（三回），我从前也曾强不知以为知地注过一番，事实上是画了一次"廉吏为民之表图"，后来明白作者是在暗写清代命妇戴的"钿子"，写得却天衣无缝，使读者觉得眼前有一个珠围翠绕的青年贵妇的发髻，但谁也说不出它具体是什么样子。这样迷离惝怳的发髻，又教注者怎么去写呢？至于其他物品，如莲叶羹（三十五回）等稀奇古怪的食品，固然今天谁也不易看到它是什么样子，但只看作者的描述，读者也会理解它是一种"富极无聊"的人们折腾出来的一种吃法，也就够了。至于"瓟瓟斝"、"点犀盉"（四十一回）又是什么东西？有一位老先生曾向我说："瓟瓟斝"即是壶芦器，故宫陈列着许多，你看见过吗？"其实不止故宫，从前我在我祖父的案头也看见过，但作者同时并举的点犀盉又在哪里去找呢？后来我恍然，又上了当，这里仍是作者故弄狡狯，和什么武则天、杨贵妃用过的什么器皿（五回）正是一类的"调侃"手法，下笔描述它的形状，便等于又画了一次"廉吏为民之表图"。

四、官制问题：作者所避忌露出的清代的特点中，官制方面尤为严格。凡是清代以前有过而清代也沿用的，便不属清代特有，才出本名称；凡清代特有的，一律避开。像"龙禁尉"、"京营节度使"等，不但清代没有，即查遍《九通》、"二十四史"，也仍然无迹可寻。又书中说明"五品龙禁尉"，下文则说"秦氏恭人"（十三回）。各种八十回抄本（所谓"脂批本"）都如此。有人因为清代五品命妇称"宜人"，六品命妇称"恭人"，认为作者这里是笔误。于是高、程刻本一系的版本都直接改为"宜人"。要知作者用意正是要使品级和封号差开,才露不出清代官制的痕迹。改为"宜人",于清代官制虽对了,而于作者本意却错了。

五、诗歌骈文的问题:书中有不少古、近体诗和骈体文,似乎只有辞藻、典故的问题,至多需要加一些解题和串讲也就够了。其实本书中这方面的作品,和旧小说中那些"赞"或"有诗为证"的诗,都有所不同。同一个题目的几首诗,如海棠诗(三十七回)、菊花诗(三十八回)等,宝玉作的,表现宝玉的身份、感情;黛玉、宝钗等人作的,则表现她们每个人的身份、感情。是书中人物自作的诗,而不是曹雪芹作的诗。换言之,每首诗都是人物形象的组成部分。作者曾为王熙凤安排了一次联句场面,使她被逼得脱口说出一句眼前的景物"一夜北风紧"(五十回)。这句中既没有华丽的辞藻,也没有深奥的典故,又恰是唤起下文的联句首唱。宋代欧阳修、苏轼曾作过"禁体雪诗",所谓"禁体",是"不以盐玉鹤鹭絮蝶飞舞之类为比,仍不使皓白洁素等字"。王熙凤这一句,不正是绝好的禁体雪诗吗?王熙凤又怎能作出呢?读者都知道,王熙凤不识字,但她聪明、机智,具有泼辣、大胆的性格和遇事满不在乎的作风。所以她能作这一句,也只能作这一句。这样一句,又绝不能换到宝钗、黛玉等人的口中、笔下。诸如此类,又不是诗选、文选注释办法所能负担的了的。

六和七、即生活习惯和人物的关系问题:这方面看来像是书中最容易了然的部分。我十几岁时看到母亲那里有一套《红楼梦》,但不许我看。偷着看了几次,怕被发现,都是匆匆地翻阅,没头没脑地打开快看,只觉得都是一些"家长里短",人物是些姥姥舅妈之类,情节是些吃饭喝酒之类,真使我废书而叹。认为这有什么看头,还值得那么神秘?后来知道,即是吃一桌饭,其中也有不少文章。例如"寿怡红"的"夜宴"(六十三回),哪个人坐在哪里,本是毫无可注的,也是并不须注的。但如果有人问起某个人为什么坐在某处,恐怕许多读者未必都考虑过。又如赵姨娘已生儿育女,在贾府是妾而非婢,她的娘家弟兄,当然是探春、贾环的亲舅舅,为什么探春在她亲娘面前却不承认,而说王子腾是她舅舅呢(五十五回)?按清代皇帝选妃是从内外各旗人的家中挑选,而贵族官僚则向他们的庄头家挑选。姨娘的父母兄弟,在主人家具有两重身份:在主人面前,甚至包括他们的外甥、外甥女或外孙、外孙女面前,他们是奴才;他们的家眷,在他们的女儿或姐妹的房中,不当着家长面,仍可以暂时按家人关系见礼。探春不承认庄头身份的亲舅舅,不但说明了阶级制度,即从探春的性格言,这一席对话,也正是探春的完整形象的一个组成部分。又清代贵族官僚家庭中,以至亲戚之间,"嫡出"的子女比"庶出"的子女被重视,常常有庶出子女生下后在旗下衙门报档子(档案,这里即户口簿)时冒称嫡出。探春公然自称是王子腾的外甥女,也就是庶出子女公然自居是嫡出的,有时也实有这种根据。还有旗人家庭中(恐不止旗人,我见到许多汉人官僚家庭也是如此),未出嫁的姑娘身份最高贵;大伯子对小姆必须十分有礼貌;嫂子对小叔子和侄辈,年龄尽管大不了几岁,她都可以老气横秋地对待他们,生活细节上,有时也不太按"礼防"来避忌。所以凤姐可以那样对待宝玉,也可以那样对待贾蓉。当贾蓉和凤姐纠缠时(六回)在程伟元、高鹗的再版刻本中(所谓"程乙本"),不知谁在"那凤姐只管慢慢吃茶,出了半日神"之下给加上了"忽然把脸一红"一句,大概修订者认为这样可以暗示她们之间有些暧昧,其实作者并不需要这类"廉价标签"来贴"意淫"情节。因为在习惯上,她

159

们之间本是许可接近的。即使面貌苍白，了无血色，要暧昧仍可暧昧。又如薛宝钗终于做了宝玉的配偶，这固然有悲剧故事情节的必要安排，也实有封建家庭的生活背景。黛玉是贾母的外孙女，宝钗是王夫人姐姐的女儿。封建家庭中，祖父祖母尽管是最高权威人物，但对"隔辈人"的婚姻，究竟要尊重孙子的父母的意见，尤其他母亲的意见，因为婆媳的关系是最要紧的。贾母爱孙子宝玉，当然也爱外孙女黛玉，何况黛玉父母已死，贾母对她的怜爱，不言而喻会更多些。如果勉强把她嫁给宝玉，自己死了以后，黛玉的命运还要操之于王夫人之手，贾母又何敢鲁莽从事呢？宝玉的婚姻即由王夫人做主，那么宝钗中选，自然是必然的结果。

这可以近代史中一事为例：慈禧太后找继承人，在她妹妹家中选择，还延续到下一代。这种关系之强而且固，不是非常明显的吗？另外从前习惯"中表不婚"，尤其是姑姑、舅舅的子女不婚。

如果姑姑的女儿嫁给舅舅的儿子，叫做"骨肉还家"，更犯大忌。血缘太近的人结婚，"其生不蕃"，这本是古代人从经验得来的结论，一直在民间流传着。本书的作者赋予书中的情节，又岂能例外！不管后四十回的作者是谁，我们也应该承认他处理得完全合乎当时的生活背景，而不是专为悲剧性质硬行安排的这种情节。了解这类的种种问题，对于读这部书是有帮助的。但又岂是注释体例所能担负得了的呢？

八、写实与虚构的问题：前边已经提过，作者虚构的手法，实是随处可见的。我曾把书中的年代、地方、官职、服妆、称呼、器物等方面虚构的情况加以分析和统计，见《读红楼梦札记》，现在不必重复。我们据此可以了解作者由于有所避忌，所以他不但要把

"真事隐去"，即在其他方面，小到器物之微，也不肯露出清朝特有的痕迹。从作者这个原则来看，又有一个问题值得研究了：大观园在哪里？作者是否敢于实写，或愿意实写呢？大观园如果确是某一家第宅园林的样子，难道作者就不怕那一家主人向他问罪吗？如果说是大观园偶合某家的园林，又怎能那么巧呢？无论南北，各处的园林都有它的特点，很少重复的。即如颐和园的谐趣园，大家都知道是模拟无锡寄畅园建造的，但游人共同见到，两个园子毕竟不同。像汉初建造了新丰，把丰邑原来的鸡犬搬去，它们仍一一认得自己的家。这只是夸张了的故事，而不会是生活中的事实。那么今天北京某个残存的某府第园林，又怎能随便指为即是大观园呢？如果说大观园即是作者自己家的园林，这固然无须作者有什么避忌。但北京几个残存的府第，递传的主人，都斑斑可考！没有哪一处是曾经曹氏居住过的。我有一位搞古建筑的朋友曾画大观园的平面图，按书中所写，排列各个房屋，始终对不起位置。比方说：乙处在甲处之右，丙在乙之后，丁在丙之左。找来找去，丁之前却又是乙。大观园为什么竟成了迷魂阵？不难理解，这正是作者有意的安排，如果今天有一处现有的园林完全符合大观园，或说大观园完全符合某一处现有的园林，那么大观园便不是曹雪芹所写的了！

　　自从脂砚斋批语发现之后，多少读者在其中寻找作者初稿的意图，例如秦可卿之死，"淫丧天香楼"如果算是实写，那么现在传本的写法便是虚写。但前边所举的那些问题，即使查遍各本的"脂批"，又怎能从中一一得到辨别呢？书中这些被作者所设的"障眼法"遮盖的东西，又是注释中最难处理的。

　　以上对八项问题的探讨，主要是想说明《红楼梦》一书需有

161

注释，而注释为体例所限，又不易把曲折复杂的事物一一详细说透。在一些分析批判思想性、艺术性的文章中，这类"细节"又常是"无关轻重"的。再加本书作者有许多故意隐晦的笔墨，半真半假的言辞，越发不易寻根究底了。虽然有这些困难，我们并不能就此放下手，尤其不能眼看着青年读者看不懂而置之不理。在我们能力所及和现有的条件下，要尽先写出可以初步供青年读者或在校的学员阅读这部伟大古典文学作品急需的参考用书。这部《红楼梦注释》即是为了这个目的编写的。

读《静农书艺集》

《颜氏家训》说："尺牍书疏，千里面目。"在思友怀人的时候，相晤无由，得到传来的片语只词，都感到极大的安慰。如果再看到亲笔的字迹，那种亲切感，确实有摄影相片所起不到的作用。

回忆我二十一周岁"初出茅庐"还是一个幼稚的青年时，到辅仁大学附中教初中一年的"国文"，第一个认识的，是牟润孙先生，第二个认识的，即是台静农先生。对我来说，他们真可算"平生风义兼师友"。牟润老比我大四岁，台静老则十年以长。他们对这个小弟弟，既关怀，又鼓励。回忆当时岁月中，有多少一生受用不尽的箴规、鼓舞，得知多少为学的门径。而由于当时不懂得重视，年长以后，再想质证所疑，甚至印证所得，都因远隔天涯，而求教无从了。

一个十年成长的政治脓包溃烂了，"四人帮"倒了，我才又和牟润老流泪聚首，每谈总提到静农先生，而他居住的距离更远一程，真是音尘渺然，心情是无法形容的沉重。今年春天，忽然由友人带来《静农书艺集》一大本，我拿到手后，高兴得几乎跳起来，因为这不只是片纸书疏，其中具有篆、隶、草、真各体俱备的书法，屏、联、扇、册长短俱备的格式。更重要的是从这些作品中看到书者的精神面目，一一跃然纸上。孔子说："父母之年不可不知也，一则以喜，一则以惧。"朋友的关系当然与父母有所不同，但关心的喜和惧，应是有共同之点的。我从册中各件作品上看，虽然不尽是一年所写，但大致上总属近年的作品。各件的书风，表现了写时的精神健旺。隶书的开扩，草书的顿挫，如果没有充沛的气力，是无法写出的，这是足以欣慰的一面；再看行书，有时以战掣表现苍劲，这种效果自然是出于主动要求，但谛观一些笔道，又实有自然颤抖处。在上年纪的人，手腕有些颤抖，并不奇怪，但这毕竟说明静老已到八十之外了。我这个五十年前的小青年，今年也周岁七十又三，每一念及，海峡两岸何时通航，生平老友何时聚首，又不能不使我心有"如擣"之感！

　　台先生从人品、性情、学问，以至他对文学艺术的兴趣和成就，可以说是综合而成的一位完美的艺术家，有时又天真得像一个小孩。记得那年他将到厦门大学去执教，束装待发之际，大家在他家吃饭送行，用大碗喝绍兴黄酒。谈起沈尹默先生的字，并涉及他的书斋平日所挂的那一幅尹老的条幅。这时早已装入行李箱中，捆得整齐。他为证明某些笔法，回手去翻，结果无从找到。

　　我记得五十多年前，他写一些瘦劲的字，并不多似古代某家某派，完全是学者的行书。抗战时他在四川江津白沙女子师范学院执教，余暇较多，一本本地临古帖。传到北京的一些自书"字课"，我见到一本临宋人尺牍。不求太似，又无不神似，得知他是以体味古代名家的精神入手的。稍后又见到用倪元璐、黄道周体写的诗，真是沉郁顿挫，与其说是写倪、黄的字体，不如说是写倪、黄的感情，一点一画，实际都是表达情感的艺术语言。

今年见到的这一册中的作品，和以前日本印的一小册合并来看，老而弥壮，意境又高了一层。具体说：从西汉的阳泉熏炉到新嘉量、《石门颂》，看出他对汉隶爱好的路子。再看形是汉隶的形，下笔之际，却不是俯首临摹的，而各有自己的气派。清代写隶书的，像邓石如、伊秉绶、何绍基，不能不说是大家，是巨擘，在他们之后写隶书，不难在精工，而难在脱俗。静老的作品，是《石门颂》，却不是李瑞清的《石门颂》；是隶书，却不是邓伊何的隶书。谁知从来没有疾言厉色的台先生，而有这等虎虎生气的字迹。"猛志固常在"，又岂止陶渊明呢？

至于行书，从外表看来，仍然是倪、黄风格为基础的，更多倪元璐法，这在他自序中也有明文。但如熟观倪书，便会发现他发展了倪法之处。清代商盘说过，陈洪绶的字如绳，倪元璐的字如菱。倪字结体极密，上下字紧紧衔接，但缺少左顾右盼的关系。倪字用笔圆熟，如非干笔处，便不见生辣之致。而台静老的字，一行之内，几行之间，信手而往，浩浩落落。到了醅适之处，真不知是倪是台，这种意境和乐趣，恐怕倪氏也不见得尝到的。

他的点画，下笔如刀切玉，常见毫无意识地带入汉隶的古拙笔意。我个人最不赞成那些有意识地在行楷中硬换入些汉隶笔画，但无意中自然融入的不在此例。所以雅俗之判，就在于此吧？

台先生最不喜王文治的字，常说他"侧媚"，予小子功，也写了几十年的字，到现在也冒得了一份"书家"的虚衔。回忆起来，也曾有过超越张照、王文治的妄想。但最近在友人家看到一本王文治自书诗册，不觉嗒焉若丧，原来今天我连侧媚的功力也有所不及。若干年来，总想念这位老朋友，更盼望再得相见。若从我这薄劣的书艺看，又不免有些怕见他了。

最后拿定主意，如果见到他，绝不把我的字拿给他看。

池塘春草、敕勒牛羊

昔人有从诗歌句律中窥测方音者。陆放翁《老学庵笔记》卷八云：

白乐天诗："四十着绯军司马，男儿官职未蹉跎"，"一为州司马，三见岁重阳"。本朝太宗时宋太素尚书自翰苑谪鄜州行军司马，有诗云："鄜州军司马，也好昼为屏。"又云："官为军司马，身是谪仙人。"盖北音司字作入声读。

此以三联格属律调，故知"司"字在作者实作仄声读也。又卷十五云：

世多言自乐天用"相"字多从俗语作"思文切"，如"为问长安月，如何不相离"是也。然北人大抵以"相"字作入声，至今犹然，不独乐天。老杜云："恰似春风相欺得，夜来吹折数枝花"，亦从入声读，乃不失律。俗谓南人入京师效北语，过相蓝辄读其榜曰"大厮国寺"，传以为笑。

　　此则据二联律调以知作者实以"互相"之"相"作仄声读也。

　　或谓此以近体格律推其字之声调，似不能依以推论古诗。如谢灵运"池塘生春草，园柳变鸣禽"，"春"字岂能读仄！

　　然世共知灵运得意此联，以为"对惠连辄有佳句"者也。六朝人偶见有符合律调之句，必赞叹以为精妙。盖只知其音律天成，而未悟其为律调耳。如沈约《宋书·谢灵运传·论》云：

　　子建函京之作，仲宣灞岸之篇，子荆零雨之章，正长朔风之句。并直举胸情，非傍诗史。正以音律调韵，取高前式。

按上举之例，乃曹植诗："从军度函谷，驱马过西京。"王粲诗："南登灞陵岸，回首望长安。"孙楚诗："晨风飘歧路，零雨被（读若'披'）秋草。"王赞诗："朔风动秋草，边马有归心。

　　又如钟嵘《诗品·序》云：

　　古曰诗颂，皆被之金竹，故非调五音，无以谐会。若"置酒高堂上"，"明月照高楼"；为韵之首。

按沈、钟二家所举十句，除"晨风飘歧路"一句非属律调外，其余九句，莫不合律。可知当时文人未知律调平仄结构之所以然，偶遇合乎律调者，或诧为"音律调韵"，或标为"为韵之首"，皆此故

166

耳。然则灵运之自诩为佳句者,安知非以其"音律调韵"乎?夫"春"字实具万物蠢动之义,安知灵运不曾依其方音读之为仄声乎?以白居易、李白、杜甫诸家之例衡之,谢灵运"春"作仄声,益为近理。如必取证古读,则《考工记·梓人》:"春以功。"注:"春读为蠢。"郑读宁不古于陆读乎?吾于是又深疑"晨风"句之"歧"字,安知作者不曾作仄读如"跂"乎?

今之言古音者,皆以《切韵》以及《唐韵》、《广韵》为依据,按陆法言裁定"南北异同,古今通塞",所谓"我辈数人,定则定矣"。于统一语音之事,其功自不可泯,而南北之方音,古今之时变,竟未加记录。遂使后世误以为《切韵》所记可该今古者有之,以为可概陆氏当时南北音者有之;是直未读《切韵·序》者矣。试思陆氏之时如无"南北异同,古今通塞",彼数人者,又何需为之"定则定矣"乎?

兹再依放翁所举之例,以论斛律金之《敕勒歌》。姑不论其歌为鲜卑语之汉译文,抑为斛律氏直用汉语所歌者。斛律金虽不能用汉字署"金"字,史固未言其不通汉语也。即使其为译文,亦出当时汉人之通鲜卑语者所为者。既以汉语成歌,必其音节有足谐汉音者。

敕勒川,阴山下。天似穹庐,笼盖四野。天苍苍,野茫茫,风吹草低见牛羊。

今日读之,音节铿锵,视近世之以汉语直译西方诗者,犹觉不背华言,况其未必果出译作乎?唯其末句云:

风吹草低见牛羊。

以视《西洲曲》之"海水梦悠悠",《木兰词》之"万里赴戎机"诸句,其音律之谐,未免多逊。其所以不谐者,在于"绿"字为平声耳。今检唐、宋以来韵书,此字固未有仄读者。然以得声之偏旁言,"底"、"抵",皆从氏声,而属仄调。独从"人"之"低",绝无仄读,此事理之可疑者一。

或谓字义不同,其调必异。今"抵"、"砥"二字既属另一义,则且置之。其"底"、"低"二字,固同"下"义,而分属二调,义果何居?"中兴",中间兴起也;"中"字自应平读;"中酒",为酒所中伤也,"中"字自应仄读。而唐人诗中,大抵相反:"中兴"之"中"作仄,"中酒"之"中"作平,可知后人以为音义相应者,于古固未尽然,此事理之可疑者二也。

又或以为放翁以格律定音读者,乃就唐、宋人之作而言,魏晋六朝,诗律未成,安可并论?然试观文人之作,则有沈约、钟嵘所举;民间歌曲,则有《西洲》、《木兰》之词。其中律调诸句,何以形成?此事理之可疑者三也。

今不妨判此"低"字,在北朝曾有仄声一读,即在陆氏所谓"南北异同"中,为其所削而不取者。则"风吹草低见牛羊",固无愧于"函京"、"灞岸"、"置酒"、"高楼"之取高前式者焉。

《敕勒》一歌,古今脍炙,《国风》之下,莫之与京。而白玉青蝇,尚有待于拂拭者在。

其歌"下"、"野"相谐,"苍"、"茫"、"羊"相谐,自韵脚言,由仄转平,和谐流走。唯"野"韵句式为三三四四,而"羊"韵句式则为三三七,读之似欠匀称。余故又疑"庐"字、"笼"字有一衍文,或其一为急读之衬字。又友人柴剑虹同志见告云:"明胡应麟《诗薮》卷三引此诗即无"笼"字。"不知明人所见果有无"笼"字之本,抑或此字为胡氏所删。苟出胡氏所删,盖亦依于理校者也。盖三三七字,为民间歌谣习用之句式,至今"数快板"者犹相沿不替,此又不待旁勘,而可知其至理者也。

虽然,此例固不可擅援也。譬之比事决狱,必其重证纷陈,情臻理至,始堪定案。否则宁从轻比,勿从重比也。

创造性的新诗子弟书

一 引言

唐诗、宋词、元曲、明传奇,在韵文方面,久已具有公认的评价,成为它们各自时代的一"绝"。有人谈起清代有哪一种作品可以和以上四种杰出的文艺相媲美?我的回答是"子弟书"。

子弟书是一种说唱文学形式,篇幅可长可短。各短篇联起来,又成为"成本大套"的巨著。它很像南方的评弹,在敷陈演说历史故事方面,又与《廿一史弹词》那一类作品相似。但子弟书又有它自己的特点,比评弹简洁细腻,比《廿一史弹词》又句式灵活而不失古典诗歌的传统特色。

子弟书的版本,在清代多是民间抄本。清末的"百本张"、"聚卷堂"等抄本流行最多。偶然有些刻本,比重几乎只是抄本的几万分之一。清末、民国初年有了石印、排印的出版物,所以一些,

"唱本"、"大鼓书词"等，又多粗制滥造，乱加作者姓名。由于出版者不在行。弄错了曲艺品种，妄标调名等现象，不一而足。这些毛病，当然不止出现在子弟书作品上，而若干子弟书好作品被混在这些杂乱唱本中，也蒙受了许多不白之冤。

郑振铎先生早年编印《世界文库》，后边有《东调选》、《西调选》两部分，传播了许多好作品。

但有些失去作者姓名的作品，却被题上姓名，可能是沿自坊本之误。像《西调选》中大多数题罗松窗，即是一例。但子弟书在出版物上首次列于世界习作之林，不能不归功于郑先生！

二 来源

我们伟大的中华国土上，自古以来，各兄弟民族一直是互相学习，互相影响。各民族的文化不断交流，不断融合，又一直在不断融合的过程中，吸收多方面的新血液，形成了永不凝固的中华民族文化。

东北地区，由周到今，肃慎、勃海、女真、满洲，东三省中兄弟民族，世代融合，互相汲取，出现过若干文化上的奇花异草。而这些文化遗产无论是用汉文写的，还是用少数民族文字写的，随时随处，无不显现出各民族相互影响的痕迹，子弟书即是这样的产物之一。它的发源以及提高，都与清代山海关内外的旗下子弟密切相关。

所谓子弟，广义的是对"父老"而言的，如说"子弟兵"；狭义的，在曲艺方面，是相对职业艺人而言，类似后来北方所称的"票友"，南方所说的"客串"。而职业艺人，则称为"老合"。

子弟当然比职业艺人有文化，但学的程度不深，而陷进框子也不深。那些半文半白的语言，无可多用的典故，正帮助了作品形成一种通俗而又新鲜的风格。

子弟书最早的作品不可考，可见到的刻本都刊行于清代中晚期。但这并不等于清代前期一定没有这种文学形式，正像古经典到了汉初才"著于竹帛"，我们不能说古经典出现于汉初一样。

三 形式和题材

子弟书的形式，基本上以七言诗句为基调。每句中常常衬垫一些字数不等的短句，比起元人散曲，在手法灵活上有相同之处，而子弟书却没有曲牌的限制。元散曲句式灵活而不离开它的曲牌，子弟书句式灵活而不离开七言句的基调。

它不分章节，起首处先用八句七言律诗，有"引子"的性质，很像"快书"前八句的"诗篇"，但没有"诗篇"的名称。以后接写下去，每四句或八句在语气上作一小收束，百句左右为一回，是一次大收束。每回也没有回目小标题，只标"第几回"就完了。一本书自一回至几回，也没有一定的限制，回与回之间情节可分可联，非常方便。

它的内容，大抵取材于著名小说的为多，也有历史故事，民间传说。佳人才子、儿女情长的固然占绝大数量，而慷慨动人的英雄故事也并不少。以讽刺世态炎凉为题材的也有一些，且有"入木三分"的佳作。至于黄色淫秽的，也曾秘密地授受流传，但收藏家不便登于目录，本不值得一提。这是市民文学的通病，亦不足怪。知此，也可有助于了解子弟书的文学属性。有一特点值

中篇 能与诸贤齐品目

得注意：子弟书中绝对没有"如油入面"的混合物，黄色作品，都独自为书。明清小说中《金瓶梅》不待言，即《红楼梦》中也不免混入泥沙，子弟书却是"弊绝风清"，这大约与登场演唱有关吧。

四　唱法

艺术不能逃乎时代，文辞接受"目染"，曲调接受"耳濡"。"小口大鼓"后称"京韵大鼓"，早期的民间腔调，到了刘宝全一变。他融入了皮黄的韵味，以及一些戏剧中的"发头卖相"，于是成了一派。到了现代，有些演员不知有意或无意地吸收了花腔女高音的唱法，又是一变了。我在十岁以前，所见"杂耍"场面上已经没有子弟书的位置了，只有家里常来的两位老盲艺人能唱。这种盲艺人，称为"门先儿"，即是做门客的先生。当时对盲人统称"先生"，说快了成为"先儿"。这些门先儿常在书房、客厅中陪着宾主坐着，有时参加谈天，有时自弹自唱。他们多能喝酒，会说笑话，会哄着小孩用骨牌"顶牛儿"，可以说是一些"盲清客"。每当他们拿起乐器来唱，我听到如果是唱子弟书，立即跑开玩去，可见这种唱法的沉闷程度。在我幼年时，北京能唱子弟书的老艺人，只剩了两位，现在这种曲调在北京绝响已经六十余年了，又没有谱子传下来，只能凭我的记忆回味它的大概。

可以说，当时有几个曲调品种接近子弟书；也可以说，它们是属于这一大类的。如"硬书"、"赞儿"等。石玉昆唱硬书出名，自成一派，于是硬书又分出"石玉昆"一调。这都和子弟书是"一家眷属"，也即是唱腔基调属于同类。多举几个相近的线索，可以帮助寻找一些"线头"，提供一些联想，这也是极不得已的办法。

子弟书唱起来每一字都很缓慢，即使懂得听的人，有时也找不准一个腔中的每一个字。我亲眼看见我先祖手执曲词本子在那里听唱，很像听昆曲的人拿着曲本听唱一样。我听昆曲，就拿着曲本，由于唱腔纡曲转折，时常听的腔对不上看的字。到了听硬书、赞儿等，觉字句之间，毕竟比子弟书紧凑。拖长腔、使转折的地方，并不随处都是，所以那时我还比较能够接受，这恐怕也是子弟书"广陵散绝矣"的因素之一。

因此悟得，皮黄腔、女高音，一再地变了小口大鼓，才使得小口大鼓得以存在。又悟得子弟书在今天竟和宋词、元曲同成案头文学，同为"绝调"，却又同成"绝响"的道理了。

还有所谓"东调"、"西调"，又称"东韵"、"西韵"，这种区分只不过是流派风格的差异，其间并没有截然分开的鸿沟。东、西的含义，是指北京的东城、西城，极像"清音大鼓"的南板、北板一样。清音大鼓本称"清音"，今称"梅花调"，南城唱腔变化较多，北城唱腔较为平顺重复。何以西城南城唱腔多繁音？凭我个人猜想，当时西城砖塔胡同一带多曲班妓馆，南城有八大胡同，更不待言。产生繁音缛节，是可以理解的。若论它们的基本腔调，其实并无大异。东调较低沉而刚劲，宜唱英雄悲壮故事；西调则较缠绵而又稍为开朗，宜唱儿女情长的故事。我幼年听西调，曾说它咩咩地像羊叫，虽遭到大人的哂笑和申斥，却也反映了它给人们的直觉印象。

东调伴奏用三弦，西调也用三弦，有时也用琵琶，我记忆中的差别，如此而已。

清末有一位文人名果勒敏，译音无定字，又作果尔敏。他字杏岑，旗下人，闻曾官遵化州马兰镇总兵。会作诗，有《洗俗斋诗集》。他对于子弟书的腔调有许多创造,教了几个官艺人,我幼年所听那两位门先儿所唱的,已是果杏岑的再传。可以肯定,他的创造无疑是向"雅"的方向去改的,事实证明极不成功,所以不到三传,就连整个的子弟书都"全军覆没"了。

五 平仄、用韵和句法基调

子弟书和元代北曲一样,平仄是按北方音来读的,特别是"入派三声",也有些字是故意用方音去读、去押,那是个别的例外。后边所录曲词中,入作平声的加括号标出,作上去的不标。

韵脚是"十三辙",只有一些较诙谐的作品,才用勾"小人辰"、"小言前"等儿化的"小辙",一般庄重的作品多不用小辙。

元曲是曲子的格式,所以三声通押;子弟书因是七言基调,所以一回中一韵到底,都是平声韵。如果换出,只有待到另一回。

所谓基调,是指子弟书的基本句型和调式。它们主要是用七言律诗句子,再用些其他字数的碎句作衬垫,这在下文还要详谈。现在先举一个起笔处来看:

《出塞》一篇,是写昭君的故事,首先八句律诗,直用杜甫的《咏怀古迹》一组诗中咏明妃的一首。诗是:

群山万壑赴荆门,生长明妃尚有村。

一去紫台连朔漠,独留青冢向黄昏。

画图省识春风面,环佩空归月夜魂。

千载琵琶作胡语,分明怨恨曲中论。

相传一个故事：有人见黄鹤楼上有崔颢题的诗，不敢再去题诗，因写一诗说：

> 一拳捶碎黄鹤楼，一脚踢翻鹦鹉洲。
> 眼前好景道不得，崔颢题诗在上头。

足见文人对前辈名家的态度，可以说尊敬，也可以说迷信。以一般的对联来说，一句如用古人成句，另一句也必要配古人成句。倘若用自己的句子去配古句，一定要被人耻笑。在杜诗之后，紧接自己续作的句子，这在修养深的正统文人，恐怕谁也不敢。而这篇《出塞》子弟书的作者，旧题为"罗松窗"的人，却毫无顾虑，放胆高歌地接着写道：

> 伤心千古断肠文，最是明妃出雁门。
> 南国佳人飘雉尾，北番戎服嫁昭君。
> ……

岂不正是因为修养不深，也就是较少地受框子的限制，才能有这样的胆力吗？其实杜甫作诗时也未必像解诗的人想的那么多。曹丕"受禅"后说"舜禹之事，我知之矣"，真是最坦白的至理名言，只苦了那些战战兢兢的文人。子弟书的成就，恰在于胆，也恰在于浅。

从这里看到它们的句法基调，扩而大之，也可以理解它们的艺术风格的基调。下边以《忆真妃》为例，看这种文艺作品"一回书"的全貌。

六　刻本《忆真妃》

　　前边已经说过,子弟书的刻本极少。十年浩劫前,我从老友韩济和先生处借阅过一个刻本子弟书,抄下了一个副本。浩劫中这本书已和韩先生所藏的大量曲艺册子(艺人称曲本为册子)同付劫灰,于是我的这个副本,真不亚于"影宋善本"了。

　　此书刻本序文是写刻行书体,书口上端一"序"字,下端"会文山房"四字。序文半页八行,行十五字。本文宋体字,半页四行,行二句,书口上书"忆真妃",下书"会文山房"。眉批每行四字,正文行间附刻圈点。

　　子弟书的句式行款,无论是抄本、刻本,都是每行两句,每句占七格,两句之间留出空隙。

　　每句字数不少于七字,不超过十四字。每七格中如安排多于七字的句子,就用夹行和单行并用的办法来处理。八字句如:

孤		雨	
儿照我人单影		儿同谁话五更	
灯		夜	

　　(按:这显曲词中,除非儿化小辙处的儿字外,都作一个音节或补垫的半个音节读。)

十字句如:

再不能		再不能	
观莲并蒂		谱调清平	
大液池		沉香亭	

十一字句如：

弓鞋儿懒	衫袖儿难
莫不是	莫不是
踏三更月	禁五夜风

十三字句如：

睁睁既不能救	恸恸将何以酬
眼	悲
你又不能替你	卿又何以对卿

举这一些，可概其余。后边附录全文，就只能单行横写了。

这本《忆真妃》未写刊刻年月。前有隆文序，首称“乙未夏”，是道光十五年。刻板也不会迟得过多。老友吴晓铃先生也惠示一份刻本，计曲本三种：一是《蝴蝶梦》子弟书，刻于同治甲戌；二是《谤可笑》单出影卷，亦同治甲戌刻；三是《金石语》单出影卷，刻于同治庚午。这三种都是春澍斋的作品。据二凌居士跋，知这时作者已死。可知作者生存的大略时代，也可见这时这类曲本才得有序有跋，登于梨枣。

“影卷”是皮影戏的剧本，《金石语》附有《上场人物表》，后书“二凌居士未儒流编辑”。按二凌当然是指大凌河、小凌河，说明他是辽东人；未儒流即未入流的谐音，他一定是一个沉于下僚而略有文学教养的人。子弟书的提高一步，大约也即在这段时间里。

七 《忆真妃》的作者

子弟书绝大多数没有作者可考。罗松窗和韩小窗并称二窗，但人们对罗松窗的身世几乎一无所知，他的作品也没有什么标志。韩小窗是韩济和先生的旁支远祖，我们还有些传闻可稽。他的作品，喜好在开端几句中嵌上"小窗"二字。

唯一有姓字可据的，是这本《忆真妃》的作者。从前的无作者姓名，正是一般文学艺术品的初期现象。到了有作者姓名，便已入了文人手中，处于提高的阶段了。

《忆真妃》刻本前有隆文的序，说："乙未夏，余由藏旋都，驻蜀之黄华馆。适澍斋同年，以别驾来省……以近作诸本赐观。"又说，"曾记共研时，霜桥孝廉戏澍斋云：'前有袁子才，后有春澍斋。'"款署"愚兄云章隆文拜读"。从这里得知作者春澍斋是隆文的同年，曾任四川某州的同知。按隆文字质存，号云章，正红旗满洲人。嘉庆十三年戊辰翰林，散馆改刑部主事，官至军机大臣、户部尚书，谥端毅。

《蝴蝶梦》有二凌居士跋云："爱新觉罗春澍斋先生，都门优贡生，宦游奉省年久，与余笔墨中最为知己中所著各种书词，向蒙指示。公寿逾古稀，精神健壮。临终先时，敬呈楹联十四字云：'公正廉明真学问，喜笑怒骂皆文章'。夫子赏鉴，遂以此书相赠，梓付手民，以志不忘云尔。二凌居士谨跋。"从这里得知春澍斋姓爱新觉罗，都门优贡生，（隆文所称同年，应是生员同年。）曾在奉天做官多年。年逾七十还精神健壮。临终以前，二凌居士得到书稿。《蝴蝶梦》刻于同治甲戌，假定春澍斋卒于这年，年约七十五，上推约生于嘉庆五年,在四川做同知时年约三十五,而《忆真妃》正是在蜀中所作。

　　清代旗下人的汉名,多是二字,并不连姓。普通即以名的上字代姓氏,如春某,字澍斋,即被人称春澍斋。他既姓爱新觉罗,当然可在《星源集庆》宗谱中查出,从水旁的"澍"字可以推出,他名的下字不离什么"霈""润""霖""泽"之类的字样。但还有特殊的情况:清代皇族都姓爱新觉罗,本无差别。但清初即曾经官定,本支称"宗室",旁支称"觉罗"。觉罗人士可以署名某某,也可署名觉罗某某。宗室则署某某或宗室某某。觉罗人士为了表示他也"系出天潢",有时也写"爱新觉罗某某",而宗室反倒不这样写。妇女称某氏,觉罗称"觉罗氏",宗室则称"宗室氏"。到了民国成立,袁世凯在所谓"优待条件"中曾有一条是要旗人名上冠以汉姓,清代的宗室人士为表示自己原有姓氏,因而自署"爱新觉罗某某"的,但这只在行文上出现,社会交际的名帖上并不这样写,别人口头也不这样称。以上是清初到清末和自民国初到一九四八年两段的情况。

　　春澍斋的这个"爱新觉罗"的姓,很可能标志着他是觉罗。如是觉罗,则须到《仙源集庆》宗谱中去查。问题还不止此,二凌居士跋中的斋上一字却是从木旁的"澍"字,这就更加不可捉摸了!

八　创造性的新诗体

　　子弟书虽然是歌唱的,但因为它是敷陈故事,属于鼓书一类性质,所以叫做"书",当时这些"书"的作者,极像宋元之间的戏曲作者"书会先生"。他们创作作品,称为"著书",所以隆文序中说春澍斋"尤善著书",即指撰写子弟书。

我对这个"书"字却有些意见,并非以为只有经史子集才配叫书,必作议论考据才配叫著书,而是觉得它应叫"子弟诗"才算名副其实。这个"诗"的含义,不止因它是韵语,而是因它在古典诗歌四言、五言、七言、杂言等路子几乎走穷时,创出来这种"不以句害意"的诗体。我们知道白居易的作品在唐代总算够自由和大胆的了,那些《长恨歌》、《琵琶行》,通俗性并不减于春澍斋、韩小窗的子弟书,但他还出现过把周师范这个人名在诗句中只称周师,自注"去范字升韵"直成了"杀头便冠,削足适履"。当然由于冠履小于头足,才去杀削,若有人能制出能伸缩、有松紧的冠履,头足也就无须杀削了。

古代诗从四言到杂言,字数由少到多,句式由固定到不固定,都是冠履由紧到松。但每放开不久,就又成了定型。杂言到了李白《蜀道难》,总算句式相当自由了,三、四、五、七、九言杂用,思路、形象跳跃,当然与句型的变化是尽力相应的。但由于时代差异,语言习惯发展,今天读起来,未免仍稍有生硬之感。欧阳修的《明妃曲》,出现"胡人以鞍马为家,狩猎为俗,泉甘草美无常处"的句式,实是以三四四的句子对七言句,但念起来远不如子弟书流畅,主要应由于"胡人以"处顿不开,便成了七四七的两句,相当拙涩了。

词、曲解放了一步,因为它们可以有衬字,但终究有曲牌的锁链松松地套着。到了衬字辨不出来时,就都变了正文,那松链又变成了紧链。偶然遇到苏轼的《水龙吟·杨花》、李清照的《声声慢》,能在紧链中任情高唱,大家不禁喝彩,可惜就只有这么几首中的几句。

到了元明剧曲中，衬字活的，能"不以词害句"；而定型了的，则多以文雅的辞藻、典故来堆衬，以救其"不成话"之穷，造成了"皮厚"（艺人称易懂的唱词为"皮薄"，难懂的唱词为"皮厚"）的唱词。西皮二黄唱词似乎可以无多顾忌了，但也出现了"翻身上了马能行"一类的句子。马而不能行，上它何为？实际"能行"只是凑数凑韵而已。

子弟书以七言律句为基调，以其他的长短碎句为衬垫，伸缩自如，没有受字数约束的句子，也就没有受句式约束的思想感情。虽也有打破三字脚的句子，但总以并列的四言镇住句尾。

在其他作品中，也有一句中以一个四言为句尾的，但这种句中上边总以松活的衬句领先，而且对句也必配得相称。绝没有"胡人——以——鞍马——为家"那样干巴巴的句子。至于：

似这般，不作美的金铃、不作美的雨；
怎当我，割不断的相思、割不断的情。

当然"不作美的雨"和"割不断的情"是五言句，实际上这两句是"作美金铃作美雨，不断相思不断情"。加上衬垫，就把五言、七言句子变得有如烟云舒卷、幻化无方了。又如蚯蚓有一般的长度，但禁得起切成碎段。断了再长，又成几条。这种既具有顽强的生命力，又具有多变的灵活性，归结还不离一般的长度和形态。这种诗，衬垫自然，不必用很多的"啊"、"哦"来烘托，才够诗的气氛；节约版面，也不必用阶梯式的写法，才成诗的形式；密味恬吟，更不必用大力高声，才合朗诵腔调。

另一方面，它的曲词又可随处移植：在演唱的场面上，从前听到清音大鼓拿它作唱词,后又听到小口大鼓拿它作唱词。可见它又没有唱法唱腔上的狭隘局限,岂不是一举数得的民族的、民间的、"雅俗共赏"的新体诗作吗!

九　子弟书与八股文

《忆真妃》隆文序中说:"余卒读之,纯是八股法为之。以史迁之笔,运熊、刘之气,来龙去脉,无不清真,而出落处,更属井井。至于意思新奇,字句典雅,又其余事。"

眉批不知出谁手,与隆文的序相印证,似即为隆氏所批。在"忙问道"二句上批:"此等度法,纯是天、崇、国初。"在"说这正是"句上批:"一'说'字入口气极妙。"

这里需要加以说明的,首先是"清真"。按八股向以"清真雅正"四字为标准。我所见到的最早露面处是在清代《钦定四书文•序》中,从此嚷了二百多年,谁也没能给这四字举出定义。

从字面上讲,"清"当然是清楚,不杂乱;"真"应是对伪而言的,也就是不做"歪体"、"伪体"(历史上文艺评论家所反对的不合正统的诗文),或指不说假话。"雅正"是俗邪的反面,比较易懂了。在八股家的评语中,提出清真二字,便是肯定文章合乎标准的同义语。至于"度法"一词,是指"度下"之法。何谓"度下"? 比如题为"甲乙",先说了甲后,过度到说乙时,这个过度部分的话,叫做度下(回顾上文,连击上文的话,叫做"挽上")。"入口气"也是八股的术语,例如题为"子曰什么",在作者用自己的、客观的说明交代完了之后,应该阐明孔子说什么的时候,即应用孔子的口气来说。开始用题中人物的语气来说话处,叫做"入口气"。

八股文曾为什么人服务及其功过是非等,都是不待言的,也是这里所不能谈得全的。而它的逻辑周延,推理精密,一个问题必须从各面说深说透,这种种文笔的技巧,则又是读过八股的人所共见的。作子弟书的人,生在科举考试用八股文的时代,必都学作过八股文,也是可以想见的。但子弟书并不等于八股文,运用八股文的某些技巧,也并不等于作八股文,这也是不言而喻的。清代中期学者焦循,曾因八股文代题中人物说话,把八股比作戏剧;还有人作不好八股,因读《牡丹亭》而文笔大进,这也都是八股技巧与戏曲有关的旁证。

这篇《忆真妃》还有一项最明显合乎八股文法处,却未被隆文指出的,即是这段故事内容是写杨妃死了以后,唐明皇在入蜀途中回忆杨妃的心情。所以有些传抄本题作《闻铃》或《剑阁闻铃》。这未必全出抄者臆改,可能是作者某次稿的旧题。有涉及杨妃死前事迹处,都是明皇心中悔恨的追忆,而不是作者客观的记述。如果实写了以前的事,叫做"犯上"。又末尾只写到天明起程,如用作者语气写出起程以后的事,便成了"犯下"。也不知是作者有意为之,还是习惯使然,居然丝毫未犯这种戒条。

有趣的是全篇想唐明皇之所想,细腻入微,面面俱到,几乎是滴水不漏了,然未免犹有令人遗憾处。如此心思玲珑剔透的作者,却没留下从杨妃那一面设想的作品。

十 《忆真妃》全文

乙未夏,余由藏旋都,驻蜀之黄华馆,适澍斋同年亦以别驾来省。他乡遇故知,诚为快事。澍斋诗文,固久矣脍炙人口,而尤善著书。如《忆真妃》、《蝴蝶梦》、《齐人叹》、《骂阿瞒》，及《醉打山门》诸作，都中争传，已非朝夕。兹长夏无事，欲解睡魔，澍斋因以近作诸本赐观。余卒读之，纯是八股法为之。以史迁之笔，运熊、刘之气，来龙去脉，无不清真，而出落处，更属井井。至于意思新奇，字句典雅，又其馀事。曾记共研时，霜桥孝廉戏澍斋句云："前有袁子才，后有春澍斋。"虽曰戏之，实堪赠之云。

愚兄云章隆文拜读

通首诗文，尚未之见。今观此本，已诚为文坛捷将矣。拜服，拜服！"晓瞻弟张日"拜读。

（按以上是序文和题辞，以下是全部曲词和批语）

马嵬坡下草青青，
今日犹存妃子陵。
题壁有诗皆抱憾，
入祠无客不伤情。

批：源源本本，高唱而入。（按：眉批原在上端，现为阅读方便，先出曲词，下注"批"字，再录批语。又正文句旁圈点，多为映照批语，今删。）

三郎甘弃鸾凰侣，
七夕空谈牛女星。
万里西行君请去，
何劳雨夜叹闻铃。

批："甘弃"二字、"谈"字、"请去"字、"何劳"字，春秋笔法，是老史断讼，盲者焉知。

杨贵妃，梨花树下香魂散，
陈元礼，带领着军（卒）才保驾行。

184

叹君王,万种凄凉,千般寂寞,

一心似醉,两相如倾。

愁漠漠,残月晓星初领略,

路迢迢,涉水登山那惯经。

好容易,盼到行宫,(歇歇)倦体,

偏遇着,冷雨凄风助惨情。

批:如此落题,是大家手段。

剑阁中,有怀不寐的唐天子,

听窗儿外,不住的叮咚作响声。

批:天衣无缝。

忙问道,外面的声音是何物也,

高力士奏,林中的雨点,和檐下的金铃。

批:苍老。此等度法,纯是天、崇、国初。(按:从前习惯"此和彼"的"和",多写作"合",今改。)

这君王,一闻此语长吁气,

说,这正是,断肠人听断肠声。

批:一"说"字入口气极妙。

似这般,不作美的金铃、不作美的雨,

怎当我,割不断的相思、割不断的情。

批:绝妙好词。

洒窗棂,点点敲人心欲碎,

摇落木,声声使我梦难成。

铛锒锒,惊魂响自檐前起,

冰凉凉,彻骨寒从被底生。

批:句句是情,句句是景。情中景,景中情,双管齐下,横扫五千。

孤灯儿，照我人单影，

雨夜儿，同谁话五更。

怎孤眠，岂是孤眠眠未惯，

恸泉下，有个孤眠和我同。

批：匪夷所思。

从古来，巫山曾入襄王梦，

我何以，欲梦卿时梦不成。

批：非情天孽海中人不能如此设想。

莫不是，弓鞋儿懒踏三更月，

莫不是，衫袖儿难禁五夜风。

莫不是，旅馆萧条卿厌恶，

莫不是，兵马奔驰你怕惊。

莫不是，芳卿意内怀余恨，

莫不是，薄幸心中少至诚。

批：六"莫不是"是六层，一层深似一层。雅人深致，绣口锦心。

既不然，神女因何，不离洛浦，

批：三字有千钧力。（按：三字指"既不然"，正文旁有密圈。）

空教我，流干了眼泪，盼断了魂灵。

一个儿，枕冷衾寒，卧红莲帐里，

一个儿，珠沉玉碎，埋黄土堆中。

连理枝，暴雨摧残分左右，

比翼鸟，狂风吹散各西东。

批："连理枝"、"比翼鸟"用在此处，确乎不拔。

料今生，璧合无期，珠还无日，

就只愿，泉下追随伴玉容。

186

料芳卿，自是嫦娥归月殿，

早知道，半途而废，又何必西行。

批："何必西行"，不错不错。

悔不该，兵权错付卿干子，

悔不该，国事全凭你令兄。

批：此等巧对，却在目前，他人万想不到。

细思量，都是奸贼他误国，

真冤枉，偏说妃子你倾城。

众三军，何恨何仇，和卿作对，

可愧我，要保你的残生也不能。

批：冤枉真冤枉，可愧真可愧。

可怜你，香魂一缕随风散，

致使我，血泪千行似雨倾。

恸临危，直瞪瞪的星眸，咯吱吱的皓齿，

战兢兢的玉体，惨淡淡的花容。

批：肖神之笔，写得怕人。

眼睁睁，既不能救你，又不能替你，

悲恸恸，将何以酬卿，又何以对卿。

批：无地自容。

嗳，最伤心，一年一度梨花放，

从今后，一见梨花一惨情。

妃子呀，我一时顾命，就耽搁了你，

好教我，追悔新情忆旧情。

批："顾命"二字，口气太毒，作书人应减寿十年。

再不能，太液池观莲并蒂，

再不能,沉香亭谱调清平。

再不能,玩月楼头同玩月,

再不能,长生殿里祝长生。

我二人,夜探私语到情浓处,

你还说,但愿恩爱夫妻和我世世同。

批:愈转愈曲,愈曲愈灵。

到如今,言犹在耳人何处,

几度思量几恸情。

那窗儿外,铃声儿断续,雨声儿更紧。

房儿内,残灯儿半减,冷榻儿如冰。

柔肠儿,九转百(结),(结结)欲断,

相珠儿,千行万点,点点通红。

批:到底不倦,何等力量。

这君王,一夜无眠,悲哀到晓。

猛听得,内官启奏,请驾登程。

批:"曲终人不见,江上数峰青。"

对书法专业师生的谈话(一)

我今天看了咱们这些位同学的作品,真好,我心里感觉到实在是兴奋。

现在有一种风气,字写得跟印版似的。明朝傅山傅青主先生，他说写字与其写得柔媚，取悦于人，不如干脆写得拙，写得丑，写得笨。他这个话是有感慨的，那个柔媚、秀气、好看的字指的是什么？就是写白折子、大卷子那种字，写得规规矩矩的。到了清朝就有四个字：黑、大、光、圆。墨要黑，字要大，要有亮光，要圆润，那就叫做"馆阁体"，就是写得跟印刷体一样的字。据说，有人请功夫深的人写个名片，写完了他不满意，再写一个，一个人把他前后写的两个摞起来一照，一个样，可见，他那手已经成了印刷机了。这种字就谈不上什么性格、风采了。事实上，这个傅青主先生是说，宁可写得丑恶，也比写他那个像印刷体一样的字强得多，是这个意思，并不是让人都有意写得丑恶。

现在还有一派，说字要写得涂涂改改。有人学习颜真卿《争座位帖》、《祭侄文稿》，都是涂涂改改的，这个《祭侄文稿》的墨迹咱们现在还有，他那个涂改不是有意的，是个底稿，他觉得这个字不好，换一个字，所以就涂改了。这个字从唐朝到现在一千多年了，大家还看他的用笔。那么，有人就写一张字，故意给涂了、改了就挂起来。我们要是给人写一封信，涂涂改改，让人家不认得，对人家是不敬，人家会说，你让我看，又涂成那个样子，我看不明白那是什么意思，所以，这还有一个让人能接受的问题，让人觉得心里踏实，人家看得起我。

我恭恭敬敬地写，并不一定表明写得跟印版一样，所以傅青主说，宁丑不要太媚，这个是由于有感慨才说的。我今天看诸位的字很满意，为什么？头一点我都认得写的是什么，这一点非常重要。文字代表一个民族的语言，民族的文化，我们得写得正规，写得让人家看见都能认得，这才能沟通我们的文化，沟通我们的思想。我写得了，你不认得，那就不是中国的文字，这个事情我觉得很重要。所以我今天看到咱们学校的风气,我觉得非常好。

现在还有人说,我们要创新。现在一天一天地在过去,就说现在十点钟吧,待一会儿就不是今天的十点钟了,那么,待一会儿的那个时间就是新的二十三号的时间。那么就是说,你要不前进、不创新,那不可能。我就在这儿坐着,一个钟头以后就不是一个钟头以前的我了,这个谁也扭转不了。有人说,我们要创新,他们那样写,我偏不那么写:这个纸我得横着写,这一个窄条的字,我都写出圈去……其实,你不那么写,它也在变。今天二十三号,到了晚上十二点以后,假定我还没有睡觉,那会儿已经不是二十三号了。万事万物都在变,今天的老百姓跟"文革"时的老百姓生活大不一样了,我们的时代,我们的环境,我们的领导,都在变。我这字写出来人家都不认得,我就新了? 那更糟糕,我这话说得有点不像话:写那种字,你们都不认得,就是我认得,那这个人比谁都糟糕!

我小时候学写字,老师、同学都说魏碑最好、最高,笔画都是刀斩斧切。有个说法叫做"始艮终乾","始艮",打这儿起,再"终乾",到那儿止,这笔这么样一来,往上一提,这么一抹,再到这部位,干什么? 把笔画写方了,据说古人的字笔画都是方的。我怎么写,人瞧都笑,说你这不是写字,是描字。所以说,这样写出来的字并不好看。后来,才明白这种笔画都是有意做成方的。就拿我们现在的报纸来说,也都是这样,横画末端有一个三角,怎么回事? 这笔一顿,它出一个大疙瘩,刻的时候就自然出一个三角了。竖画上头这么一个斜坡,也是这么回事,他那个方也是不得已切出来的。那么,我写不方,老师同学们都说,你这种写法不对,都得方。怎么写才能方? 我就使劲揉这个笔,可怎么也写不方,笔是

190

圆的，它怎么能写得方呢？所以我就写过一首诗，开玩笑，我说："救贫力不能，下策始卖字。碑刻临习勤，莫会刀锋意。及见古墨迹，略识书之秘。笔圆结体严，观者嗤以鼻。""救贫力不能"，穷，没钱，得想法子。"下策始卖字"，卖字可以救点穷，画个扇面，写个小条儿，钻到几幅，卖出去，拿着两块钱，就钻到对面书店去买本书回来。"碑刻临习勤，莫会刀锋意"，我临那碑都是方笔的，临得越多，就越不知道这方的笔画是怎么写出来的，其实，刀刻和笔写本来就是两回事。"及见古墨迹，略识书之秘"，看见古代的那个墨迹这才明白，古人写字并不那么方，于是才知道古人那个笔的意思。"笔圆结体严"，毛锥它本来是圆的，我们没用那扁片的笔写字，用扁片的笔写天然就是方的，而这圆锥形的笔它怎么也方不了。至于结体是怎么回事，下面我们再说。"观者嗤以鼻"，这叫什么？这笔都是方的，你为什么写成圆的？"哼"的一下子嗤之以鼻。我不跟他抬杠，你就老方着去，我不管。但我这种说法也有人相信，在座的各位也许觉得还有点道理。

关于这个字的结体，它有什么办法呢？我实验过，古人结字是符合黄金分割律的……这儿没黑板，将来我们再说，有本书里有这个。（秦永龙老师：您的"黄金律结字法"我们在课堂上给同学介绍过。）我不是在这卖弄我的发明权，我是偶然这么对出来的。有个外国电视片，全是介绍黄金分割律：我这儿插支钢笔，打这儿起是八，打这儿起是五；朝鲜族的妇女，裙子很高，系在这儿，底下是八，上边是五……这样的事多极了。为什么？它好看。所以我就想，有些办法是我们可以慢慢琢磨出来的。这个呢，我碰上了，蒙上了，我今天敢于在这再卖弄一次，因为同志们用过，觉得可以推行。

还有一个事，就是这个"文"。我们要写一首古诗，一段文章，总要稍微地了解这个文章的字句到哪儿可以截止。比如说，四句诗，我们要是写三句，念的人就觉得怎么像短了一句。有的碑帖的字是碎的，连不上，那么我们临的时候怎么办呢？就写上"临某碑残字"，说明是"残字"，读的人也就不要求它连贯了。所以，秦先生说，咱们从师范大学书法艺术班出来，人家一看，这是有中国文学、文化的根基的。

　　我今天想到什么就说什么，耽误大家很多时间，实在抱歉。以后有机会我要准备一点东西，请大家指正。

对书法专业师生的谈话（二）

　　今天，我既然到这儿来，就有责任说几句话，所以就说几句，我到这儿来特别兴奋。

　　我们不管学什么，都得有个过程。不能说小孩刚生下几个月，就瞧飞行员怎么开飞机，他脑子也不会理解那飞机怎么开，他就算有想要飞起来这种想法，我不晓得，几个月的小孩，两三岁、四五岁的小孩他就能够开飞机？我觉得不管是学习什么，它都有一个步骤。我们上楼梯，打第一层一直到多少层，他也得由第一步迈起。我们学写字也是如此，我们不能说一写就超过古代，超过仓颉。那仓颉什么样，谁也没见过，仓颉写的字什么样，也不知道，我就要超过仓颉，那倒很省事，瞎抹一阵子，仓颉也不认得。所以我觉得现在大家踏踏实实、由浅入深，我看着不管是一年级，还是几年级，这些同志写的字实在让我惊讶。

昨天我看赵孟頫写的《三清殿记》，那前边的碑额，这么大一个篆字，我瞧咱们这儿写得都比赵孟頫那《三清殿记》的碑额好。为什么？他写这么大的楷书，就拿那毛笔随便写一个篆书的碑额。所以看见这个碑额我们不能说："你看看，我比赵孟頫写得好。"那也不实际，他没在意，就写得差一点，这种情况也有。这可以鼓励我们，赵孟頫那么高明的书家，也有写得差一点的时候。所以我们自己更增加鼓励，我觉得这一点是我们值得自己安慰、值得自信的。由这个基础再往上多迈一步，那就好得很了。你们秦老师一步一步跟着我看展览，我眼睛有黄斑，看不清。我今天出来一忙，把那个放大镜落在家里了，但是大致还可以看出这个字来。这样子呢，我觉得第一步十分满意，第二步使我很兴奋。那么我们现在就在秦老师指导下继续努力，这不是我有意来这发动大家高兴，我不是这意思。

那么自己有这个基础，有这个环境，有这样的老师，有这样的样本、碑帖，大家更应该好好努力。从前一个无锡姓秦的有一本欧阳询的《九成宫碑》，他就找人细致地翻刻了一本，翻刻的《九成宫》，明摆着是翻刻的，却叫"秦刻本"，这个碑卖一百两银子。那时，一个教书的人，在地主官僚家里教小孩，一个月二两银子那就很了不起了。再高级，一个月要是四两银子，那就很不错了，是一个很肥的待遇了。那么，那时候一百两银子买一个翻刻本。后来我看见秦家这个底本，也值不了多少钱，当时就了不起了。一百两银子能买一个翻刻本，为什么？他就是想摹拟、临写。所以，我们现在有墨迹、照相，《九成宫碑》比那个"秦刻本"还要好得多得多，所以我们现在学写字，那个工具，笔、墨汁都很好。我眼睛虽不好，写大个的字还摸着写。人家找我写四个字，比如人家找我写"正大光明"四个字，我得写好多张，从中挑一张，因为这眼睛不行了。

今天我心里非常兴奋，我就愿意把我的情感表达出来：

第一，不用着急。现在有些青年——那不是青年了，写得很不错了，他也做到什么博士生导师这样的教授了，他们本来写得很规矩的，但还想再进一步，想创新，写了些自创的"书风"，拿去展览。我并不是贬低别人，这意思就是说，有些位书家有一种心情是好的：我想一步就迈过他：这个志愿是非常好的，但他采取的办法不是说按部就班。人家一天写成的，我三天写成总会比他好。如果不是这样，说我马上想一个怪办法，就超过他，想超过别人、超过前人。社会都是后人超越前人，这是毫无疑问的，问题在于你怎么超，你用什么方法超。你超了之后，今天我所管理的老百姓他们的生活是不是就比上代生活强，不一定。可是做父母的，做祖父母的，做师表的，都是想你马上就超过前人。还是那句话，意思、志愿都好，但是他不想北京这儿有句俗话，叫"胖子不是一口吃的"。别人吃四两米饭，我一个人一顿就要吃八两。好，吃！勉强塞下去，胃坏了，这事多极了。从前在辅仁大学，有个小伙子吃刀切馒头，人家吃三个、四个，他跟人家比赛，一顿吃了二十一个。坏了，手术拉开一瞧，胃撑裂了。把那些没消化的馒头掏出来，把胃又缝上，危险极了。要没有这样医学的手术，他非死不可，没有那么样"努力加餐饭"的。"努力加餐饭"是好事，但是没有说努力撑着吃馒头的，吃了二十一个，结果撑裂了胃。现在我不晓得有多少人就想：他吃二十一个，我能吃四十二个。你有那么大的胃吗？所以我觉得，我们志愿高是好事，也是应该有的，青年人没有志愿，没有前景，这不行的，问题是我们应刻想想怎么样才能办得到。那飞机也不是一个人站在地上胳膊当膀子就那么飞起来的，它也得有许许多多科学的条件、零件组成。我看见过一个气球拉着一个小船一样的东西在天上飞，我是民国元年生人，我几岁的时候看见天上有这种气球带着一个筐子，一个人飞起来，那也不晓得是试飞呀还是什么，后来就成为飞机。所以，这种情形是逐步的，一步一步飞起来的。我还坐过一回英国飞到法国的那个协和式客机，八小时的路程在空中飞三小时就到了，快得厉害。可见快是有，但有它还是有一定的手段，一定的方法，一定的科学的条件。所以现在我就想，我们要想一步迈出去，要先想怎么迈。比如人家长得个高、腿长，有九级的楼梯，他三步就上去了。我要一步一步地迈九步，我没有那么高的个，也没那么长的腿，那就没法子。所以我现在敬赠诸位同志一句话：欲速则不达。

现在同学们写的我很满意，我也写不了了，可是你们自己不要满意。自己今天写的跟昨天写的比有进步，这是值得满意的，但是不要以为我这就完全好了。我也有过这时候，写着写着就不满意了，这是为什么？我昨天写得比这好，我今天写的还不如昨天的呢！有没有这时侯？诸位如果有这种时候，不要灰心，这正是自己眼力高于手的力量，这个时候不要灰心，凡是有今天写的有不如昨天的地方的人，我向你祝贺，你是要有进步了。你发现毛病可以自己修改，所以自己写着写着进步了，满意，高兴。写着写着退步了，也不要灰心，那个退步正是进步的一个前兆。从前看不出怎么不好，今天眼睛有进步了，才发现昨天写得不好。我有些想法一时也说不尽，以后有机会，诸位愿意，我们再找时间，再找地方，咱们随便再聊一聊。

我也碰过钉子，自己觉得笔不好使，纸不好使，帖不好使，瞧瞧我写欧阳询这么不好，换一个，换颜真卿。我写篆书这么不好，再写个隶书……换是可以，但是你不要因为写不好，就怀疑那个帖不好。或者换一个帖、或者换一支笔，换一种纸，这都不是好办法。那么怎么样才能击换，自己要有个尺寸。我写这个比如说写了十遍，再换一个写试一试，那行，写第二种不合适，再拿起第一种再写，这个情形的变化很多很多。所以自己当时觉得好、觉得不好也不足为凭，那么随时有新的想法，新的看法，这个时候可以换，但是不要灰心，扔掉的那个帖也可以拿过来再写一回，那就有所不同了。这是我自己的一个曾经遇到过的情况，我愿意说一下，不要以为现在我怎么超不过他。

现在有些人写出字来仓颉也不认得。我那儿有一本书，今天没拿过来。一个英国人向我征集几张字借去展览，在大英博物馆里展览，展完了还给我。他还印了别的几篇，里头有个人是画连环画的。这个人画得很有意思，他拿一张纸，拿像扁刷的笔这么一抹，那个字仓颉也不认得，不知是什么，他也不认得。那么这样就是中国字？我觉得就不好。让西洋人觉得，中国人就这样，中国字就这样。这是骗西方人不认得中国字，这个行动，要一旦西方人知道中国字怎么写了，是一个什么心情，什么看法？所以说这是骗子，是欺骗我们。人家说这是创新，我们不去管它。不是我保守，连中国人都不认得，那能叫中国字吗？这个本子就放在我家楼下，待会儿拿来让大家看看。拿扁的板刷，这么一笔，这么一笔，不认得，外国人不认识中国字，但也知道哪是写得好的中国

196

字。现在西方拼命想学中国语言,想认中国字,趁他不认得,我就胡写,这不行的,早晚会被戳穿的。

我觉得今天的路不好走,等过些天,天晴了,我还要继续看同学们的展览。我们现在正在前途无量的一个时间里,一个年龄,一个精神,所以说这个时候不要着急,说我一步就迈过他去。迈过他去是准的, 我们的社会比古代的社会不知道迈了多少步了,但却不是一步所能迈到的。

《翰墨石影》出版发布会书面发言

将某人之生平事迹勒石刻碑,使其流传永久;书法家借以推广书艺,供人赏玩,此功德无量之事也。将碑石之字槌于纸上,流布天下,免去爱好者千里奔波之苦,躬身阅碑之劳,此又为功德无量之事也。将各种优秀之碑拓汇果为一册,使观之者一册在手,顷刻间即可遍览诸多之丰碑,犹如"一日看尽长安花",此尤为功德无量之事也。今河南省文史馆全体同仁,竭多年之努力,将馆藏之碑拓汇集成册,付梓发行,正所谓功德无量之尤者也,可喜可贺。此亦我文史馆责无旁贷之职责,贵馆此举必将带动全国各馆为保存发扬祖国传统文化作出更多务实之贡献。

启功自幼有观碑阅帖之癖,今获赐一份,时时展玩,不胜感激。所憾目力日衰,未能逐一拜阅。然功尝记多年前河南博物馆藏石曾在北京历史博物馆展出,后又将展出之碑文印成大开册

197

页，其中有后蜀孟昶墓志一通。孟昶后降宋，按历史之经验，虽为降臣，终难免受受降主之猜忌，而受降主惯用之伎俩便是在降主生日时赐毒酒令其自尽，故其丧日正其生日也。故此类碑志一可观其下场，一可知其生卒，颇有意义，孟昶碑自不例外。今翻阅此集，未见此碑志，不知何故，抑或此碑志本不在文史馆馆藏之内？此功或仁或智之一见也。

书法学国际研讨会上的讲话

时间很短，我说话不敢多占时间，因为我们这有校领导，还有国家文物局的领导，还有文史典籍研究方面的各级领导，今天都光临大会，都要赐教，所以我仅简单说一下我自己的感想。

我二十几岁被辅仁大学校长陈援庵先生提拔到辅仁大学教书。陈校长是我的恩师，他曾问我说："你写的字怎么样？"我说我写字丑恶得很。拿来请老师看，老师还加以格外的鼓励，说："写作俱佳。"我说我实在不敢当。陈先生就说："你现在要教大学一年级的国文，学生要两个礼拜写一篇作文，是用毛笔蘸墨写。你要在学生写的作文后面和篇头都写上批示，哪个字错了，哪句话不好，你来修改。"这后一句，我听着就震动得厉害，因为要是写得不好，就会被学生的字比下去，那你怎么能对得起处于被教导、被修改地位的学员呢？所以这对我是极大的鞭策，极大的鼓励。我因此就尽力写好字，一个字、一个字地认真写，总要至少比得过学员写的。就这样，我写了好几年，才可以作总的批语。批改学生的一篇篇作文，篇头上也要写上那句话怎么改，那个字要怎么改才正确。这样做了好几年，然后还做过讲演。有一次我把古代的碑帖拿来给观众看，当时，学生也有、教师也有。这也是普遍的对教师的宣传，做语文教师都要注意。这样，我讲碑帖怎么临，怎么写。当时陈校长拿一个木头片，在黑板上指着这个字怎么样，那个字怎么样。所以，我到现在还恍如当时，还记得那时的情景。这个就是我学习写字、练习写字，看古代人的碑帖墨迹的一个道路。这就是老校长在课堂上的亲自教导。当时有人用投影照在白幕上，用这个来看哪个碑、哪个帖、哪个笔怎么写，回忆起来，历历在目。所以，与其说我现在会写几个汉字，都是我二十几岁开始到辅仁大学教大学一年国文时，陈老师扳着手，教导我怎么样地为学生改卷子。

老师后来题了《礼记》里的一句话"教学相长"。教人是教学生，学生是从教师学来。这互相都有刺激，都有提高。到现在，我始终记得。好好想这句话怎么讲。"教学相长"，教书的人跟学作文的人，跟看卷子的人互相都有提高。所以现在与其说我对汉字书法有什么样的心得，与其说我有心得，应该说是陈老师辛苦地用古书的这句成语来教导我，也让我来教导同学。所以如果说我今天在这里向诸位同志，诸位前辈，诸位学长述说我怎么学，怎么经过，我不配。事实上都是当时老师的教导和学员的鼓励。"相长"这两个字很重要。我教导学生，我给学生批改作文，我负着很大责任。我写完了，总怕还不如同学的卷子面上的字。前年，有学员写文章，把当年卷子上的批语裁下来，照了相，我一看，我大吃一惊，这个批语如果要有哪个字写错了，哪个字写得不好，实在无地自容。后来看，勉强还够一个及格。但是可以跟同学写的卷面不相上下。我心里才稍微的踏实一点。

今天，我在这里向各位同志，还有各位前辈，各位老师，怎么样地表达我的心情呢？我就希望在座的不管年龄大小，都是我的老师。希望给我恳切的教导，不管我现在写的有多么丑恶，但是希望还有进步的可能。现在我的眼睛患黄斑病变，看东西相当吃力，但我拿硬笔还可以写汉字的结构。这样，我希望、要求在座的师长、同志给我恳切的教导，使我能够再有一寸一分的进益，那我就感谢不尽了。谢谢！

下篇

天地大观尽游览

中学生副教授博不精专不透名虽扬实不
够高不成低不就靠趋左派曾石画缴圆皮欠学
妻已亡女病女淩衰猫数病照旧六十六非不寿八
宾山渐相凑计平生滋日陋身与名一齐臭

金石书画漫谈

　　金石书画部分的内容比较多,这里只能作一个简括的介绍,谈谈个人的一点看法,研究方面的一点门径,一点线索。

　　伟大的中华民族文化,我认为好比一朵花,花蒂、花蕊、花瓣等,都是它的重要组成部分。这个文化史讲座的各个方面,好比是花的各个部分,金、石、书、画也是其中的一个部分。

　　金、石、书、画,本不是同一性质,同一用途,但在整个的中华民族文化中,这四项都成为中华民族艺术的特征,也可说是中华民族艺术所特有的。以下按次序作一些简单的介绍。

一　金

　　金就是金属,包括钣、铁等。这里是指用铜、铁等金属所制的器皿、器物,特别是古代的铜器。它们不管是作为实用的或是祭祀的,都是铜及其合金所制的器物。这些在商、周,人们往往说"三代",就是夏、商、周。其实夏到现在还没有十分弄清楚,一般认为夏文化是相当于龙山文化这一系,但夏的文化究竟是什么程度,还不甚清楚。所以"三代"文化,有把握的只能指商、周。古代把商、周的铜器叫做"吉金",就是好的金,吉祥的金。这种冶炼方法在当时已很发达,已能制造合金。制造出来的器皿,很多都有刻铸的文字。现在一般说的"金"是指金文,又叫"钟鼎文"。

商、周时代，诸侯贵族常常大批地制作铜器，上面刻铸铭文，现在陆续出土的不少。有时一个人只能铸一个器，有时又可一次铸好几个器。当时参与这种劳动的人民，大部分就是当时的奴隶。他们创作了千变万化的器形、妆饰图案，雕铸了种种文字铭记（记载谁、在哪年、为什么事情而制作这器）。这些器物，从商周以后长期沉埋在地下。许慎有"郡国亦往往于山川得鼎彝"的话，可见汉朝时已有出土的。

这种陆续的出土，到清朝末年，成为研究的大宗。拓本、实物，日呈纷纭，使人眼花缭乱，非常丰富多彩。到了现在，对于这方面的研究探讨就更加繁荣，方法也更加科学。从前的收藏家，不是官僚就是有钱人，他们的收藏，往往秘不示人。偶然有拓本流传出来，也不是人人可得而见之的。现在印刷术方便了，从器形到文字，大家都能看到，具有研究的条件，所以研究日见深入。发掘的方式，也愈有经验，愈加科学。从前出土的器物，辗转于古董商人与收藏家之间。它是哪里出土的？不知道。甚至一个器的盖子在一个人手里，而器本身则到另一个人手里。这种情况很多。一批出土有多少铜器？也不知道，都零零星星地散出去了。这在研究上是很费事的，因为缺乏许多辅助证据。许多奸商为了贪图得利，多卖钱，还卖到外国去。我们现在从发掘到整理、考定、印刷、编辑，都是有系统的，对于研究者有莫大的方便。可以取各个角度：器形、花纹、文字，以至它的历史背景、制作的人物、各诸侯封国的地理等，或者是有人想学写古篆字，也可以用来作范本。例如从制作来说，往往一个人所制的不止一件，我们只要看到各器上都有同一个人的名字，便可知道它们是属于同一个人制作的一套器物。这样，我们对于古代历史、古代人的各方面（包括生活习惯），就能有更清楚、更详细、更豁亮的了解。近年来在陕西发掘了许多成套成批的窖藏青铜器，大多是同一人或同一家族的，这样研究起来就很方便了。

从宋代到清代，大都把这类器物叫做"古董"，也叫"古玩"，是文人鉴赏的玩物。即或考证点文字，也是瞎猜。我们当然不能否认他们的考证功劳，但那是极其有限，远远不够的，还有许多错误。稍进一步的，把它们当做艺术品。西洋人、日本人买去中国的古铜器，研究它们的花纹。中国人也有研究花纹的。这种情形，始于二十世纪二十年代左右，这仍是停留在局部的研究，偶然有几个器皿作点比较。谈到全面地着手研究，我们不能不佩服近代的容庚（容希白）先生，他对于铜器研究的功劳是很大的。他著有《商周彝器通考》，连器形、花纹带铭文都加以研究；还著有《金文编》，把青铜器上的字按类按《说文》字序编排，例如不同器皿上的"天"字，都放在一块。这是近代真正下大气力全面地介绍和研究青铜器及金文的。此外，罗振玉的《三代吉金文存》，也是很重要的资料。现在已有人着手重新把至今出土的商周铜器铭文加以统编，这就更加全面了，只是现在还没有出版。

对于文字的考释，能令人心服口服的，首推不久前故去的于思泊（省吾）先生。他的考释最为扎实，决不穿凿附会。他还用古文字考证古书，成就比清末孙诒让等人大得多了。到今天为止，容、于两先生的著作以及罗的《三代吉金文存》等，仍是我们研究铜器和金文的重要参考材料。随着条件的改善，今后在这方面的研究一定会愈来愈完备，愈来愈深入。

甲骨文也被附在金文之后，讲金石的书往往连带讲甲骨，不是附在前头就是附在后头。其实甲骨应和铜器同样看待，甲骨文是金文的前身。商代刻在甲骨和铜器上的文字，往往有很大的相似，所以甲骨也应放在我们现在谈"金"的范围。现在出版了《甲骨文合集》，非常完备，研究起来不愁没有材料，不会被人垄断了。但甲骨文我不懂，不能随便说，只能谈到这里。

二　石

金、石常常并称。事实上金、石的性质、作用并不完全一样。古代的石刻有各方面的用途，所以它的形式和内容也就不同，文字因时代的关系也不同。汉朝也有铜器，但那上面的文字和商周铜器的文字迥然不同，一看就是汉朝的东西。此外，花纹和刻法也各不相同（商周铜器上的字，大部分是铸的，少部分是刻的）。

大批石刻的出现，应该说是从汉朝开始的。汉朝以前有没有石刻？有的，譬如说《石鼓文》。石鼓甭管它是什么年代的，总是秦统一天下以前的产物。唐朝人说是周宣王时制作的，也有人说是北周即宇文周时候制作的。后来马衡先生经过全面考证，确定它是秦的刻石。这个秦，不是统一中国的秦朝，而是在西北地区未统一中国以前的秦国。可是还有问题：秦什么公？这个公那个公，众说纷纭，到今天尚无定论。

汉以前的石刻，起码石鼓是比较完整的，有一个石鼓的文字已经脱落，但是拓本还保留着。近年在河北满城古代中山国的地区，发掘出古代中山王的墓，里头有中山王的铜器，外边有一块石头，上面有两行字，也是战国时的刻石，比石鼓晚一些，但也是汉朝以前的刻石。所以古代石刻应追溯到石鼓和中山王墓刻石。《三代吉金文存》后面附有一小块石刻，文字和铜器文字很相像。什么时候刻的？不知道。这块石头现在也不知道哪儿去了。

现在所谓的"石"，大致是指汉代及汉代以后的石刻。讲求、探讨的也比较多。汉朝的碑是比较多。其实，秦碑也有，只是不作

205

碑形，常常是在山岩上磨平一块石头刻字。现在秦碑的原刻几乎没有，留传的大多是翻刻的。原石保留下来的只有《琅琊台刻石》，保存在历史博物馆，上面的每个字都已经模糊了。还有《泰山刻石》，只剩下了几个字，残石还有泰山的岱庙里摆着。其余的都已毁掉了，只有汉碑算是大宗。

什么是碑？碑本来是坟墓竖立的一种标志。碑石有大有小，记载着墓主人的生平事迹。后来推而广之，不光是为死者立碑，也应用到生人，譬如一个官员调离，当地有人立碑为他歌功颂德。事实上这种大块的碑，就是石头做的大块布告牌，譬如修一座庙，前面立一块碑，说明庙的缘起；皇帝办了一件事，臣下恭维，或者皇帝自吹自擂，也刻一块，岂不是布告牌？像秦始皇、唐明皇，都曾经在摩崖上让臣下给刻上大块歌功颂德的文章，比后世大张纸贴的布告结实得多，意在留传千古，但事实上后来有的让人凿掉了，有的是山崖崩塌了。当初立碑的本意不过是歌颂、吹捧死者、官员乃至皇帝，但后来意料之外地被人注意，得以保存留传的，却不在于它那歌功颂德的内容，而在于它书写的文字。在于它保存了许许多多的书法。他们吹捧的内容，已无人注意。有人见到石刻残损文字而惋惜。我说，字少了，美术品少了一部分是坏事，但文辞少了，念不全了，未必不是被吹捧者的幸事，因为他可以少出些丑。从前人制作拓本，往往是为了碑上头刻的字写得好；或者是时代早，宝贵得不得了。比如汉朝在华山立了一块碑，叫《华山庙碑》，在清朝末年只保留下来三本拓本，后来又发现了一本，这四本都价值连城，后面有许多人的题跋。这也不在于它的内容（当然也有人考证），而在于它的字。许多古碑也是如此。以前人对于碑只是着眼于先拓后拓，多一字少一字，稍后对碑形、花纹、制作乃至于刻工等方面，也加以研究。这与上述对于商周铜器的研究过程很有相似之处。

汉碑这种字，不管它刻得精不精，毕竟是用刀刻出来之后，用墨拓下来的，从前得到一本都很难。今天我们看到出土的多少万支竹木简，都是汉朝人的墨迹，直接用墨写的。这在书法艺术上、史料价值上，比起汉碑来又不相同了，这待下面再说。所以说，以前的人很可怜，看到一本墨拓，就那么几个字，多一笔少一笔，这里坏一块，那里不坏，争论个不休。这是因为时代和条件都有其局限，出土的东西也少。

还有一种叫墓志，也是一大宗。坟里头埋块石头，写上这人是谁，预备日后坟让人不知道是谁了，挖开一瞧，知道是谁，人家好给他埋上。这用意是很天真的，没想到后来人家正因为他坟里有墓志，就来挖他的坟，这种情形多得很。墓志有长条的，也有方块的，汉朝还没有这种东西，从南北朝一直到唐宋，都是很盛行的。墓志也和碑的性质一样，记载着死者的事迹，也属碑刻的性质。

再有一方面是"帖"。什么叫帖？本来很简单，指的是一张纸条儿或纸片儿，多是彼此的通信。现在还有便条儿，随便的纸条儿（今天的名片，也是纸条儿）。上边的字，写得比较随便，不像写碑那么郑重其事，确实另有趣味，大家比较重视，把这些有趣味的东西汇集起来。因为古代没有影印技术，只好勾摹下来刻在石头上或木板上，再用纸和墨拓下来，等于刻木板印书的办法，这种印刷品被人称做"帖"。事实上帖本来不是指墨拓的东西，而是指被刻的内容，即没刻以前的原件（纸条儿）叫"帖"。好比这是一部书，叫做《诗经》或《左传》，不是说它这个书套子或部头叫《诗经》或《左传》，而是指它的文字内容。所以"帖"也是指的所摹刻的内容。这个意义扩大了，凡是墨拓的刻本，被人作为字样子来写，作为参考品的，都被称为"帖"。如有人说，"我这儿有一本帖"，打开一瞧，是个汉碑。为什么也把它叫做"帖"？因为它已经裁了条，裱成本，被人作为习字的范本，所以也被称做"帖"。因此说，"帖"的意义已经扩大了，凡是墨刻的、石刻的、裱成本的，大家都管它叫做"帖"。

帖写的多半是行书，随便写的；而碑版多半是很规矩很郑重的。所以一般又管写行书一派的叫"帖学"，管写楷书一派的叫"碑学"。这种说法，我认为是不太科学的。

现在，印刷技术方便了，碑帖的印本也多起来了，这里无法多举例，因为太多了。要论起整部的书来，比较方便查阅的，有清末民初的杨惺吾（守敬）编的一本《寰宇贞石图》，把整篇整幅的碑文影印出来，可以使我们看到碑版的全貌，很有用处；但是它是缩小的，碑有一丈、八尺，它也只能印成这么一张纸片儿，而且碑版的数量及文字说明也不多。近代赵万里先生辑有一部《魏晋南北朝墓志考释》，都是墓志，既影印拓本，也考释文辞，是很好的。讨论石刻，有一部书也很重要，就是清朝末年叶昌炽所编的《语石》，它从各个角度、各个方面来论述石刻：多少种类、多少样子，多少用途，多少文字，多少书家……分量不多，但内容极其丰富，所遗憾的是没有附插图，要是每谈一个问题每举一个例子，都附上插图，就方便多了。今天要是想给《语石》补插图，就有很大的困难，许多原石都已找不到了。我想将来会有人给它进行扩充的。《语石》这种书，现在的人不是不能做，因为现在所出土的汉魏六朝隋唐的碑和墓志极多，比当年叶昌炽所能看到的要多出若干倍，要是加以统编，细细研究，附上插图，那就太好了。最近上海要出一本"扩大石刻文字汇编"之类的书（名字还未定），不久出版，最为方便了。

叶昌炽在他的《语石》一书中说：我研究这些石刻，主要是为了它们的字写得好（大意）。字好，是碑存在的一个重要因素。立碑刻碑的人是为了歌颂他自己。人家保存这个碑，却是为了它写的字好。这是立碑、刻碑的人始料所不及的。由此可见，书法艺术自有它独立的、不能磨减的艺术价值。

三　书

"书"本是文字符号。现在提的"书"不是从文字符号讲，也不是从文字学讲，而是从书法艺术讲。书法在中华民族有很深远的影响，由于汉字不仅被汉族，也被少数民族不同程度地使用着，所以，书法在中华民族文华中占很重要的位置。曾经有人提出，书法不是艺术，理由是西洋古代没有一个国家、一个民族把书法当艺术的。其实，中国特有而外国没有的东西太多了，难道都不算艺术了吗？如《红楼梦》是中国特有的，外国没有，就不算文学了吗？现在，这种观点逐渐纠正过来了。大家知道，书法是一种艺术，并且是广大人民喜闻乐见、非常爱好的艺术。

中国的汉字（各个有文字的民族都一样）一出现，写字的人就有要"写得好看"的要求和欲望。如甲骨文就是如此，不论单个字还是全篇字，结构章法都很好看。可见，自从有写字的行动以来，就伴随着艺术的要求，美观的要求。

秦汉以来的墨迹，近年出土的非常多。这里面丰富多彩，字形、笔法、风格，变化极多。从前只看到汉简，现在可以看到秦代的了。如湖北睡虎地的秦简，全是秦隶。从前人看见一本残缺不全的汉碑拓本，便视为珍宝。现在可以看见汉朝人的亲笔墨迹。日本人用过一个词，把墨迹叫做"肉迹"，即有血有肉，痛痒相关，我很欣赏这个词，经常借用。现在可以看到成千上万的秦汉人的

"肉迹",这是我们研究文学、研究书法、研究古代历史的莫大的幸福。

不论是秦隶还是汉隶,都是刚从篆体演变过来的,写起来单调而且费事。所以到了晋朝后,真书(又叫楷书、正书)开始定型。虽然各家写法不同,风格不同,但字形的结构形式是一致的。各种字体所运用的时间都不如真书时间久,真书至今仍在运用。为什么真书能运用这么久,因为这种字形在组织上有它的优越性。字形准确,写起来方便,转折自然,可连写,甚至多写一笔少写一笔也容易被人发现。真书写得萦连一点就是行书,再写得快一点就是草书。当然,草书另有一个来源,是从汉朝的章草演变而来的。但到东晋以后就与真书合流了,是用真书的笔法写草书,与用汉隶的笔法写章草不同。

真书行书的系统既是多有方便,所以千姿百态的作品不断出现,风格多种多样,出现了各种字体(艺术风格上被称为字体),比如颜体、柳体、欧体、褚体等。为什么以前没有?因为以前没有人专职写字、专以书法著名的,就连王羲之也不是专职写字的人。古代也没有"书法艺术家"这个称呼。当时许多碑都是刻碑的工人写的,到了唐朝才有文人写碑。唐太宗自己爱写字,自己写了两个碑《晋祠铭》、《温泉铭》,还把这两个碑的拓本送外国使臣。当时的文人和名臣,如虞世南、欧阳询、褚遂良、薛稷、薛曜以及后来的颜真卿、柳公权等人都写碑。这样,书法的风格流派也逐渐增多了。其实,今天看见的敦煌、吐鲁番等地出土的文书、写经等,其水平真有远远超过写碑版的。唐朝一般人的文书里,行书的书法也有比《晋祠铭》好得多的,但那些皇帝、大官写出来的就被人重视。我们要知道,唐朝有许多无名的书法家的水平是很高的,写的字非常精美。晋唐留传下来的作品(不论是刻石还是墨迹)非常多,我们的眼福实在不浅。

　　附带说一下名称问题:古代称好的书法作品为"法书",是说这件作品足以为法;书法、书道、书艺是指书写的方法,现在合二而一了,一律叫做"书法"。把写的字也叫做"书法",省略了"作品"二字,可以说是"约定俗成"了。

　　如把"书"平列在"金"、"石"、"画"之间,那它的作用和用途就大多了,广多了。生活中的各个地方,没有与书法无关的,没有用不上书法的。也可以说,书法已经出现在任何地方,也发挥着极大的效用。从书法作品、实用的装饰品到书信往来,作为交际语言的记录工具,两人以至两国的信用证明(签字)都要用书法。书法活动既可以锻炼艺术情操,又可以调心养气,收到健身的效果。总而言之,今天看到书法有这样广大的爱好者,原因很简单,就是它和人们生活的关系十分密切。这种密切的关系又非常长久,北朝人曾经说过"尺牍书疏,千里面目"。给人写封信(尺牍)、写个条(书疏)等于相隔千里之远的两个人见面。现在有传真照相,可以寄照片,这是"千里面目"。但古代没有,看一封信,感到很亲切,如见其人。书法被人作为人格、形象的代表,自古以来就是这样。

　　有人常常问到什么是书法知识,说明需要抓紧编写学习书法的参考书。碑帖影印的很多了,但系统的讲解、分析是不很够的。怎么去写?大家很愿意了解。各家有各家的心得,这里就不多谈了。大家了解了书法的沿革,再多参考古代的碑帖,多看古代的墨迹,这样对书法的了解自然就会深刻,这样对写也有很多方便的地方。

211

四　画

画的起源，不用详谈。初民怎么画，只要看小孩怎么画就会明白。画很简单，可是有新鲜的趣味。看见什么就画什么，生活里面遇到什么，就随手画、刻到墙上，这是很自然的。值得特别注意的是，自从绘画成熟以后，形体逐渐地准确了，颜色也逐渐地丰富了。绘画成熟在什么时代？我们的估计往往是不对的。从近代科学考古发掘出的成果，可以看到这一点。画成熟的时代应该很早。古代的文化，从商周以来，不知经过多少次毁灭性的破坏，使后世无法看到。商周的铜器的铸造方法，近代很多人奇怪，那时就有那么高的合金技术；透光镜（铜镜子，可以透出光照到墙上），经过多少人研究，现代才发现有两种方案，但古人用哪一种方案，至今也不清楚。这说明我们有许多的科学发明、科学成就随着毁灭性的破坏而消失了。古代的绘画更脆弱了。一种是画在墙上，以为墙是结实的，但随着墙的毁坏，画也没有了。画在帛上的也不延年。唐宋人没见过古代的绘画，只看过武梁祠画像，根据这些推测判断汉朝绘画，以为汉朝绘画就是这样的。这样推论的起点太低了。不止绘画一种，我们对古代文化不了解的太多了。近代发现了汉朝墓壁里的壁画，大家的看法才有所改观，觉得从前的推测是错的。近年长沙马王堆出土了帛画，使人看到出丧幡上的帛画，精致极了，比武梁祠的画不知高出多少倍。假定帛画是一百分，武梁祠的画只能算不及格。人们看到马王堆的帛画，无不惊诧变色，这才知道古代绘画水平已达到什么地步。我们应该以这（西汉初年）作为起点，往上推溯商周绘画应该有什模样的成就。看到了马王堆出土的帛画以后，有人说，我们的绘画史应重新写,已写出的全错了。因为起点(最低点)定错了。

今天我们研究古代绘画,有这么丰富的材料,但我们必须有正确的看法,这才能进行研究。看法和起点要是错了,研究就得不到正确的结论。唐以前和唐人的好画,多画在墙壁上,大多数已随着建筑物的毁坏而无存了。幸亏西北有许多干燥的洞窟壁画。首先是敦煌,敦煌壁画给我们提供了极丰富的宝贵的材料。敦煌许多画在绸帛上的画被外国人掠夺走了。国内留传下来的只是一部分。现在西北出土的一些残缺的绢画,即使是零块,都是非常精美的。这些东西的保存,对今天探讨古代绘画的源流有很大的作用。现在有没有留传下来的古画算是唐代或唐以前的呢?有。但这些画事实上都是经过第二手摹下来的,很少有真正的唐朝人直接画了留下来的。即使画稿、形象,是某名家的作品,但画上的墨迹也不是作者本人的。古代没有别的办法,幸亏摹下副本,否则今天一点影子也看不到了。

我们对待古画要持科学态度:哪些是可信的古代人直接画下来的,哪些是后代人的复制品。但许多古董商人,不是从学术出发,而是从价值观念出发,顺口说这是唐朝的,那是宋朝的,时代越早越贵,可以多卖钱。事实上与学术无关。我们参考画风,研究画派,看这些摹本、仿本、临本不是不可以,但要知道是什么时代人临的、仿的,如果听信大古董商的说法,把宋元的硬说成唐宋的,这样科学系统就乱了。譬如看京戏,如果真承认那位男演员扮女角即是一个女子,一个花脸色角的演员本人真就长得脸上花红柳绿的,这便成了小孩或傻子了。

宋朝人的画,多半是室内装饰品,很大的大张挂在屋里,比画在墙上进了一步。元朝才多卷册小品,在桌上摆着,作为案头玩赏的东西。这如同戏剧底本由舞台到案头一样。原来剧本是舞台唱的,实用的,后来成为文人创作后摆在案头欣赏,并不是在舞台上演的。有许多只能在案头看,是舞台上唱不了的。我们明白了这个道理,知道哪是墙壁上的画,哪是案头上的画,这样才能探索宋元以来的画派、画风。大家总是谈论宋朝画如何,元朝画又怎么变,哪是匠人画,哪是画家画,哪是文人画,我们今天研究古代绘画的沿革,必须考虑到这一点:在墙上画是什么样子?画在绢上贴在墙上是什么样子?案头画的小品又是什么样子?这些问题必须弄清楚。

到了元朝以后出现一种文人画——案头的玩赏的小品(不管它多大张幅也是这个系统)。墙壁上的画,实际上和装饰画是一派。文人案头画是一派,对这一派也有许多争论,但它也有它的新趣味,不能一笔抹煞。这一种风格的影响有几百年。宋朝已经开始了!如苏东坡喜欢随便画点竹子,画树、画块石头。现在还有一件真迹,树画一个圈儿,底下是石头。按照画家的要求,这画画得非常外行,非常不及格,但这是真的。米芾画的《珊瑚笔架图》,笔道七扭八歪。这是文人游戏的笔墨。到了元朝才逐渐出现精美的文人画,影响一直到现在。这一派,这种创作方法,至今尚占很大的比重。

今天研究绘画确实方便多了,印刷品越来越精了,越来越多了。我们现在要想研究,有几点特别要注意。现在研究古代绘画,研究绘画沿革历史,必须从实物出发,得看到真正的原作(包括影印品),客观地比较,虚心地分析。只看书本上说的不行,只听别人讲的也不行,必须从实物出发,真正地客观地作了比较,我们才能得出正确的论断和新颖的见解。这种比较在古代,在从前印刷困难、地下出土的东西不多时是没有办法的。在今天,我们确实是方便多了。

现在研究古代的绘画，又出现了两种困难。一是出现了太窄的现象。我认为，研究绘画，研究绘画沿革，不论在中国在外国都出现了这样一个现象；研究一家，只抱住一家，翻来覆去地考证探索。须知这个作家不能独立存在，必须和当时的环境，当时的时代联系起来。"窄"还表现在只研究一家的一个方面，如一个画家又会画兰竹，又会画山水，又会画松树，却只是专门研究他画的竹子。这样就钻进了牛角尖而不自觉。另一方面，论据必须是真品。有许多是假的，是古董商人瞎吹的。你根据的真伪还不分，不能"去伪存真"，又怎么能"去粗取精"呢？首先要辨别真伪。这里就出现一个问题，今天辨别真伪的标准，也被古董商人搅乱了。从明清以来就有这种情况：真画儿换假跋，真跋配假画儿，哪个名气大，哪个大、哪个早、哪个值钱就写哪个。后来研究者也常陷入古董商人的这个标准。如评论是纸本还是绢本，质地颜色洁白还是昏黑，黑了就用漂白粉拼命冲洗，画儿的笔墨都不清楚了，底子可白了，那也要。因为"纸白版新"。这是古董商的标准。常见著录的书上说"这是上品"，但笔墨画法并不高明。为什么是上品？就因为"纸白"，其实那是用化学药品冲洗白的。又如完整还是破碎，中国藏还是外国藏等，有许多人认为是外国藏的就好，其实这是令人很痛心的事。我虽然也忝被列入了"鉴定家"的行列，但我"知物不知价"。"黑纸白版新'就好'"、"这个值钱多"……这些我一点儿也不懂，因为我没做过古董商人。

总之，今天研究绘画，必须根据可靠的、可信的资料，要辨别真伪；真到什么程度，是作者亲笔还是复制品？我们为研究一种风格，复制品也有价值。当然，从古董的价钱说，复制品与原作不同，但如从学术上讲，是有研究价值的。现在印刷品很多，有了彩色印刷，虽然比起原作还有差距，但无论如何比黑白的好多了。

215

我们受近代科学的嘉惠,受近代科学之赐,研究绘画更方便了。

今天研究金石书画的条件已千倍万倍地优于前人,我们研究的便利比古人要大得多。只要我们的观点是正确的,从实物而不是从现象出发,博学,广问,慎思,明辨,自己有一定的立脚点而不随声附和,我们的成绩会是无限的。

鉴定书画二三例

一

书画有伪作,自古已然,不胜枚举。梁武帝辨别不清王羲之的字,令陶弘景鉴定,大约可算专家鉴定文物的最早故事了。以后唐代的褚遂良等,宋代的米芾父子,元代的柯九思,明代的董其昌,清代的安岐,直到现代已故的张珩先生,都具有丰富的经验和敏锐的眼光。

既称为鉴定,当然须在眼见实物的条件下,才能作出判断,而事实却有许多有趣的例外。我曾听老辈说过康有为一件事:有人拿一卷字画请康题字,康即写"未开卷即知为真迹",见者无不大笑。原来求题的人完全是"附庸风雅",康又不便明说它是伪作,便用这种开玩笑的办法来应付藏者,也就是用"心照不宣"的办法来暗示识者。这种用 X 光式的肉眼来鉴定书画,恐怕要算文物界的奇闻吧?

相反的,未开卷即知为伪迹的,或者说未开卷即发现问题的,也不乏其例。假如有人拿来四条、八条颜真卿写的大屏,那还用打开看吗？

我曾从著录书上、法帖上看到两件古法书的问题，一件是米芾的《宝章待访录》，一件是张即之写的《汪氏报本庵记》。这两件的破绽，都是从一个"某"字上露出来的。

二

先要谈谈"某"字的意义和它的用法。

"某"是不知道一个人姓名、身份等，或不知一件事物的名称、性质等，找一个代称字，在古代也有用符号"△"的。陆游《老学庵笔记》卷六说："今人书某为△，皆以为从俗简便，其实古某字也。《谷梁·桓二年》化'蔡侯、郑伯会于邓。'范宁注曰：'邓△地。"陆德明《释文》曰：'不知其国，故云△地，本又作某。'"按：自广义来说，凡字都是符号；自狭义来说，"△"在六书里，无所归属，即说它是"从俗简便"，实在也没什么不可的。况且从校勘的逻辑上讲，陆放翁的话也有所不足。同一种书，有两个版本，甲本此字作 A，乙本此字作 B。A 之与 B 不同，可能是同一字的异体，也可能是另一字。用法相同的字，未必便算是同一字。但可见唐代以前，这"△"符号，已经流行使用了。

今天见到的唐代虞世南书《汝南公主墓志》草稿中，即把暂时不确知的年月写成"△年△月"以待填补。这卷草稿虽是后人钩摹的，但保存着原来的样式。

又有写作"△乙"符号的，有人认为即是"某乙"的简写，其实只是"△"号的略繁写法，如果是"某乙"，那怎么从来没见有将"某甲"写作"△甲"的呢？代称字用符号"△"，问题并不大，而"某"字却在后世发生了一些纠葛。

《论语》中"某在斯、某在斯"，是第一人对第二人称第三人的说法。古籍中凡第一页自称做"某"的，都是旁人记述这个人的话。因为古代人常自称己名，设有自用"某"字自作代称的。我们从古代人的书札或撰写的碑铭墓志的拓本中，都随处可以见到。例如苏轼自己称"轼"，朱熹自己称"熹"。

古代子孙口头、笔下都要避上辈的讳，虽有"临文不讳"的说法见于礼经明文，但后世习俗，越避越广，编上辈文集的人，常常把上辈自己书名处，也用"某"字代替。我们如拿文集的书本和其中同一文的碑铭石刻或书札墨迹比观，即不难看到改字的证据。

不知什么时候开始，有人自己称"某"。我们有时听到二人谈话，当自指本人时，常说："我张某人"、"我李某人"，他们确实不是要自讳其名，而是习而不察，成为惯例。

清代诗人王士禛，总不能算不学了吧？但他给林佶有几封书札，是林氏为他写《渔洋精华录》时，商量书写格式的，有一札嘱咐林氏在一处添上他的名字，原札这样写："钱牧翁先生见赠古诗，题下添注贱名二字。"此下便写出他要求添注的写法是："古诗一首赠王贻上"一行大字，又在这一行的右下边注两个小字"士○"。如果只看录文的书籍，必然要认为是刻书人避雍正的讳，画上一个圈。谁知即是王士禛自讳其名呢，刑部尚书大官对门生属吏的派头，在这小小一圈中已跃然纸上了。所以宋代田登作郡守，新春放灯三日，所出的告示中不许写"灯"字！

去掉"灯"字右半，只写"放火三日"。与此真可谓无独有偶。

三

宋代米芾好随手记录所见古代法书名画，记名画的书，题为《画史》，记法书的书，题为《书史》。

《书史》之外，还有一部记法书的书，叫做《宝章待访录》。这部书早已有刻本。明代末叶一个收藏鉴定家张丑，收到讪卷《宝章待访录》的墨迹，他相信是米芾的真迹，因而自号"米庵"。这卷墨迹的全文，他全抄录下来，附在他所编著的《清河书画舫》一书之中。这卷墨迹一直传到二十世纪二十年代初期，还在收藏鉴赏家景贤手中。景氏死后，已不知去向。

这卷墨迹，我没见到过，但从张丑抄录的文辞看，可以断定是一件伪作。理由是，其中凡米芾提到自己处，都不作"芾"，而作"某"。

我们今天看到许多米芾的真迹，凡自称名处，全都作"黻"或"芾"，他记录所见书画的零条札记，留传的有墨迹也有石刻，石刻如《英光堂帖》、《群玉堂帖》等，都没有自己称名作"某"字的。可知这卷墨迹必是出自米氏子孙手所抄。北京图书馆藏米芾之孙米宪所辑《宝晋山林集拾遗》宋刻原本，有写刻米宪自书的序，字体十分肖似他的祖父，比米友仁还像得多，那么安知不是米宪这样手笔所抄的？如果出自米宪诸人，也可算"买王得羊"，"不失所望"了。谁知卷尾还有一行，是："元祐丙寅八月九日米芾元章譔"，这便坏了，姑先不论元祐丙寅年时他署名用"黻"或用"芾"，即从卷中自避其名，而卷尾忽署名与字这点上看，也是自相矛盾的。

现在还留有一线希望，如果这末行名款与卷中全文不是一手所写，而属后添，那么全卷正文或出自米氏子孙所录，不失为宋人手迹，本无真伪之可言；如果末行名款与正文是一手所写，那便是照着刻本仿效米芾字体，抄录而成，可算彻底伪物了。好事的富人收藏伪物，本是合情合理的，但张丑、景贤，一向被认为是有眼力的鉴赏家，也竟自如此上当受骗，岂非咄咄怪事乎？

四

又南宋张即之书《汪氏报本庵记》，载在《石渠宝笈》，刻在《墨妙轩帖》，原迹曾经延光室摄影发售，解放后又影印在《辽宁博物馆藏法书》中。全卷书法，结体用笔，转折顿挫，与张氏其他真迹无不相符,但文中遇到撰文者自称名处,都作"某"。这当然不能是张即之自己撰著的文章了。在一九七三年以前,张氏一家墓志还没发掘出来时! 张氏与汪氏有无亲戚关系,还不知道,无法从文中所述亲戚关系来作考察。看到末尾,署名处作"即之记"三字。记是记载,是撰著文章的用词,与抄、录、书、写的意义不同,那么难道南宋人已有自称为"某"像"我张某人"的情况了吗?这个疑团曾和故友张珩先生谈起。张先生一次到辽宁鉴定书画,回来告诉我,说"即之记"三字是挖嵌在那里的。可能全卷不止这一篇,或者文后还有跋语,作伪者把这三个字从旁处移来,嵌在这里,便成了张即之撰文自称为"某"了。究竟文章是谁做的呢?友人徐邦达先生在楼钥的《攻媿集》中找到了,那么这个"某"字原来是楼氏子孙代替"钥"字用的。这一件似真而假,又似假而真的张即之墨迹公案,到此真相才算完全大白了。

五

还有古画名款问题。在那十年中"征集"到的各地文物,曾在北京故宫博物院中展出。有一幅宋人画的雪景山水,山头密林丛郁,确是范宽画法。三拼绢幅,更不是宋以后画所有的。宋人画多半无款,这也是文物鉴赏方面的常识。但这幅画中一棵大树干上不知何时何人写上"臣范宽制"四个字,便成画蛇添足了。

按宋人郭若虚《图画见闻志》中说得非常明白,范宽名中正,字中(仲)立。性温厚,所以当时人称他为"范宽"。可见宽是他的一个诨号。正如舞台上的包拯,都化装黑脸,小说中便有"包黑"的诨号。有农村说书人讲包拯故事,说到他见皇帝时,自称"臣包黑见驾",这事早已传为笑谈。有人问我那张范宽画是真是假,我回答是真正宋代范派的画。问者又不满足于"范派"二字,以为分明有款,怎么还有笼统讲的余地?我回答是,如不提到款字,只看作品的风格,我倒可以承认它是范宽,如以款字为根据,那便与"臣包黑见驾"同一逻辑了。

所以在摄影印刷技术没有发达之前,古书画全凭文字记载,称为"著录"。见于著名收藏鉴赏家著录的作品,有时声价十倍。其实著录中也不知误收多少伪作品、或冤屈了多少好作品。

例如前边所谈的《宝章待访录》,如果看到原件,印证末行款字是否后人妄加,它可能不失为一件宋代米氏后人传录之本;《汪氏报本庵记》如果仅凭《石渠宝笈》和《墨妙轩帖》,它便成了伪作;宋人雪景山水,如果有详细著录像《江村销夏录》的体例,也只能录下"臣范宽制"四个款字,倘若原画沉埋,那不但成了一桩古画"冤案",而且还成了"包黑"之外的又一笑柄。

从这里得到三条经验:古代书画不是一个"真"字或一个"假"字所能概括;"著录"书也在可凭不可凭之间;古书画的鉴定,有许多问题是在书画本身以外的。

书画鉴定三议

一 书画鉴定有一定的"模糊度"

古代名人书画有真伪问题,因之就有价值和价钱问题。我每遇到有人拿旧字画来找我看的时候,首先提出的问题,不是想知道它的优劣美恶,而常是先问真伪,再问值多少钱。又在一般鉴定工作中，无论是公家的还是私人的，又有许多"世故人情"搀在其间。如果查查私人收藏著录，无论是历代哪个大收藏鉴定名家，从孙承泽、高士奇的书以至《石渠宝笈》，其中的漏洞破绽，已然不一而足；即是解放后人民的文物单位所有鉴定记录中，难道都没有矛盾、混乱、武断、模糊的问题吗？这方面的工作，我个人大多参加过，所以有可得而知的。但"求同存异"、"多闻缺疑"，本是科学态度，是一切工作所不可免，并且是应该允许的。只是在今天，一切宝贵文物都是人民的公共财富，人民就都应知道所谓鉴定的方法。鉴定工作都有一定的"模糊度"，而这方面的工作者、研究者、学习者、典守者，都宜心中有数，就是说，知道有这个"度"，才是真正向人民负责。

鉴定方法，在近代确实有很大的进步。因为摄影印刷的进展，提供了鉴定的比较资料；科学摄影可以照出昏暗不清的部分，使被掩盖的款识重新显现，等等。研究者又在鉴定方法上更加细密，比起前代"鉴赏家"那套玄虚的理论、"望气"的办法，无疑进了几大步。但个人的爱好，师友的传习，地方的风尚，古代某种理论的影响，外国某种理论的比附，都是不可完全避免的。因之任何一位现今的鉴定家，如果要说没有丝毫的局限性，是不可能的。如说"我独无"，这句话恐怕就是不够科学的。记得清代梁章钜《制艺丛话》曾记一个考官出题为《盖有之矣》（见《论语》），考生作八股破题是："凡人莫不有盖"，考官见了大怒，批曰"我独无"。往下看起讲是："凡自言无盖者，其盖必大"，考官赶紧又将前边批语涂去。往下再看是："凡自言有盖者，其盖必多。"

这是清代科举考试中的实事，足见"我独无"三字是不宜随便说的！

有人会问：怎么才更科学，或说还有什么更好的科学方法？我个人觉得首先是辩证法的深入掌握，然后才可以更多地泯除成见，虚心地尊重科学。其次是电脑的发展，必然可以用到书画鉴定方法的研究上。例如用笔的压力，行笔习惯的侧重方向、字的行距、画的构图以及印章的校对等，如果通过电脑来比较，自比肉眼和人脑要准确得多。已知的还有用电脑测视种种图像的技术，更可使模糊的图像复原近真，这比前些年用红外线摄影又前进了一大步。再加上材料的凑集排比，可以看出其一家书画风格的形成过程，从笔力特点印证作者体力的强弱，以及他年寿的长短。至于纸绢的年代，我相信，将来必会有比"碳十四"测定年限更精密的办法，测出几百年中间的时间差异。人的经验又可与科学工具相辅相成。不妨说，人的经验是软件，或说软件是据人的经验制定的，而工具是硬件，若干不同的软件方案所得的结论，再经比较，那结论一定会更科学。从这个角度说，"肉眼一观"、"人脑一想"，是否"万无一失"，自是不言可喻的！

二 鉴定不只是"真伪"的判别

从古留传下来的书画，有许多情况，不只是"真"、"伪"两端所能概括的。如把真伪二字套到历代一切书画作品上，也是与情理不符合，逻辑不周延的。

譬如我们拿一张张三的照片说是李四，这是误指、误认；如说是张三，对了。再问是真张三吗，答说是的。这个"真"字、"是"字，就有问题了。照片是一张纸，真张三是个肉体，纸片怎能算真肉体？那么不怕废话，应该说是张三的真影、张三的真像等才算合理。书画的"真""伪"者，也有若干成因。据此时想到的略举几例。

一、古法书复制品：古代称为"华本"；在没有摄影技术时，一件好法书，由后人用较透明的油纸、腊纸罩在原迹上勾画，摹法忠实;连纸上的破损痕迹都——描出。这是古代的复制法,又称为"向拓",并非有意冒充。后世有人得到摹本,称它为原迹,摹者并不负责的。

二、古画的摹本:宋人记载常见有华扬名画的事,但它不像法书那样把破损之处用细线勾出,因而辨认是不容易的。在今天如果遇到两件相同的宋画,其中必有一件是摹本,或者两件都是摹本。即使已知其中一件是摹本,那件也出宋人之手,也应以宋画的条件对待它。

三、无款的古画,妄加名款:何以没有款?原因可能很多,既然不存在了,谁也无法妄加推测。但常见有人追问:"这到底是谁画的?"这个没有理由的问题,本不值得一答。古画却常因此造成冤案:所谓"好事者"或"有钱无眼"的地主老财们,没名的画他便不要,于是谋利的画商,就给画上乱加名款。及至加了名款后,别人看见款字和画法不相应,便"鉴定"它是一件假画。这种张冠李戴的画,如把一个"假"字简单地派到它头上,是不合逻辑的。

四、拼配:真画、真字配假跋,或假画、假字配真跋。有注重书画本身的人,商人即把真本假跋的卖给他;有注重题跋的人,商人即把伪本真跋的卖给他。还有挖掉小名头的本款,改题大名头的假款,如此等等。从故友张珩先生遗著《怎样鉴定书画》一书问世之后,陆续有好几位朋友撰写这方面的专著,各列例证,这里不必详举了。

五、直接作伪:彻头彻尾的硬造,就更不必说了。

六、代笔:这是最麻烦的问题,这种作品往往是半真半假的混合物。写字找人代笔,有的是完全不管代笔人风格是否相似,只有那个人的姓名就够了。最可笑的是旧时代官僚死了,门前竖立"铭旌",中间写死者的官衔和姓名,旁边写另一个大官僚的官衔和姓名，下写"顿首拜题"，看那字迹，则是扁而齐的木刻字体，这是那个大官僚不会写的，就是他的代笔人什么文案秘书之类的人，也不会写，只有刻字工人才专能写它。这可算代笔的第一类。还有代笔人专门学习那位官僚或名家的风格，写出来，旁人是不易辨认的；且印章真确，作品实出那官僚或名家之家，甚至还有当时得者的题跋。这可算代笔的第二类，在鉴定结论上，已难处理。

至于画的代笔，比字的代笔更复杂。一件作品从头至尾都出代笔人，也还罢了；竟有本人画一部分，别人补一部分的，我曾见董其昌画的半成品，而未经补全的几开册页，各开都是半成品，我还曾看到过溥心畬先生在纸绢上画树木枝干、房屋间架、山石轮廓后即加款盖印的半、成品，不待别人给补全就被人拿去了。可见（至少这两家）名人画迹中有两层重叠的混合物。

还有原纸霉烂了多处，重裱补纸之后，裱工"全补"（裱工专门术语，即是用颜色染上残缺部分的纸地，使之一色，再仿着画者的笔墨，补足画上缺损的部分）。补缺处时，有时也牵连改动未损部分，以使笔法统一。这实际也是一种重叠的混合物。这可算代笔的第三类，在鉴定结论上更难处理。即以前边所举几例来看，"真伪"二字很难概括书画的一切问题，还有鉴定者的见闻、学问，各有不同，某甲熟悉某家某派，某乙就可能熟悉另一家一派。

还有人随着年龄的不同，经历的变化，眼光也会有所差异。例如恽南田记王烟客早年见到黄子久《秋山图》以为"骇心洞目"，乃至晚年再见，便觉索然无味，但那件画"是真一峰也"。如果烟客早年作鉴定记录，一定把它列入特级品，晚年作记录，恐要列入参考品了吧！我二十多岁时在秦仲文先生家看见一幅黄谷原绢本设色山水，觉得是精彩绝伦，回家去心摹手追，真有望

225

尘莫及之叹。后在四十余岁时又在秦先生家谈到这幅画,秦先生说:"你现在看就不同了。"及至展观,我的失望神情又使秦先生不觉大笑。这和《秋山图》的事正是同一道理,属于年龄与眼力同步提高的例子。

另有一位老前辈,从前在鉴定家中间公推为泰山北斗,晚年收一幅清代人的画。在元代,有一个和这清人同名的画家,有人便在这幅清人画上伪造一段明代人的题,说是元代那个画家的作品。不但入藏,还把它影印出来。我和王畅安先生曾写文章提到它是清人所画而非元人的制作。这位老先生大怒。还有几位好友,在中年收过许多好书画,及至渐老,却把真品卖去,买了许多伪品。不难理解,只是年衰眼力亦退而已。

我听到刘盼遂先生谈过,王静安先生对学生所提出研究的结果或考证的问题时,常用不同的三个字为答:一是"弗晓得",一是"弗的确",一是"不见得"。王先生的学术水平,比我们这些所谓"鉴定家"们(笔者也不例外)的鉴定水平(学术种类不同。这里专指质量水平),恐怕谁也无法说低吧?我现在几乎可以说:凡有时肯说或敢说自己有"不清楚"、"没懂得"、"待研究"的人,必定是一位真正的伟大鉴定家。

三 鉴定中有"世故人情"

鉴定工作,本应是"铁面无私"的,从种种角度"侦破",按极公正的情理"宣判"。但它究竟不同于自然科学,"一加二是三","氢二氧一是水",即使嬴政、项羽出来,也无法推翻。而鉴定上作,则常有许许多多社会阻力,使得结论不正确、不公平。不正不公的,固然有时限于鉴者的认识,这里所指的是"屈心"作出的一些结论。因此我初步得出了八条：一皇威、二挟贵、三挟长、四护短、五尊贤、六远害、七忘形、八容众。前七项是造成不正不公的原因，后一种是工作者应自我警惕保持的态度。

一、皇威。是指古代皇帝所喜好所肯定的东西，谁也不敢否定。乾隆得了一卷仿得很不像样的黄子久《富春山居图》作了许多诗、题了若干次。后来得到真本，不好转还了，便命梁诗主在真本上题说它是伪本。这种瞪着眼睛说谎话的事，在历代最高权力的集中者皇帝口中，本不稀奇写但在真伪是非问题上，却是冤案。

康熙时陈邦彦学董其昌的字最逼真，康熙也最喜爱董字。一次康熙把各省官员"进呈"的许多董字拿出命陈邦彦看，问他这里边有哪些件是他仿写的，陈邦彦看了之后说他自己也分不出了，康熙大笑（见《庸闲斋笔记》）。自己临写过的乃至自己造的伪品，焉能自己都看不出。无疑，如果指出，那"进呈"人的"礼品价值"就会降低，陈和他也会结了冤家。说自己也看不出，又显得自己书法"乱真"。这个答案，一举两得，但这能算公平正确的吗？

二、挟贵。贵人有权有势有钱，谁也不便甚至不敢说"扫兴"的话，这种常情，不待详说。最有趣的一次，是笔者从前在一个官僚家中看画，他首先挂出一条既伪且劣的龚贤名款的画，他说："这一幅你们随便说假，我不心疼，因为我买的最便宜（价最低）。"大家一笑，也就心照不宣。下边再看多少件，都一律说是真品了。

三、挟长。前边谈到的那位前辈，误信伪题，把清人画认为元人画。王畅安先生和我惹他生气，他把我们叫去训斥，然后说："你们还淘气不淘气了？"这是管教小孩的用语，也足见这位老先生和我们的关系。我们回答："不淘气了。"老人一笑，这画也就是元人的了。

四、护短。一件书画，一人看为假，旁人说他真，还不要紧，至少表现说假者眼光高、要求严。如一人说真，旁人说假，则显得说真者眼力弱、水平低，常致大吵一番。如属真理所在的大问题，或有真凭实据的宝贝，即争一番，甚至像卞和抱玉刖足，也算值得，否则谁又愿惹闲气呢？

五、尊贤。有一件旧仿褚遂良体写的大字《阴符经》，有一位我们尊敬的老前辈从书法艺术上特别喜爱它。有人指出书艺虽高但未必果然出于褚手。老先生反问："你说是谁写的呢？谁能写到这个样子呢？"这个问题答不出，这件的书写权便判归了褚遂良。

六、远害。旧社会常有富贵人买古书画，但不知真伪，商人借此卖给他假物，假物卖真价当然可赚大钱。买者请人鉴定，商人如果串通常给他鉴定的人，把假说真，这是骗局一类，可以不谈。难在公正的鉴定家，如果指出是伪物，买者"退货"，常常引鉴者的判断为证，这便与那个商人结了仇。曾有流氓掮客，声称找鉴者寻衅，所以多数鉴定者省得麻烦，便敷衍了事。从商人方面讲，旧社会的商人如买了假货，会遭到经理的责备甚至解雇；一般通情达理的顾客，也不随便闲评商店中的藏品。这种情况相通于文物单位，如果某个单位"掌眼"的是个集体，评论起来，顾忌不多；如果只有少数鉴家，极易伤及威信和尊严，弄成不愉快。

七、忘形。笔者一次在朋友家聚集看画，见到一件佳品，一时忘形地攘臂而呼："真的！"还和旁人强辩一番。有人便写给我一首打油诗说："独立扬新令，真假一言定。不同意见人，打成反革命。"我才凛然自省，向人道歉，认识到应该如何尊重群众！

八、容众。一次外地收到一册宋人书札，拿到北京故宫嘱为鉴定。唐兰先生、徐邦达先生、刘九庵先生，还有几位年轻同志看了，意见不完拿一致，共同研究，极为和谐。为了集思广益，把我找去。我提出些备参考的意见，他们几位以为理由可取，就定为真迹，请外地单位收购。最后唐先生说："你这一言，定则定矣。"不由得触到我那次目无群众的旧事，急忙加以说明，是大家的共同意见，并非是我"一言堂"。我说："先生漏了一句：'定则定矣'之上还有'我辈数人'呢。"这两句原是陆法言《切韵序》中的话，唐先生是极熟悉的，于是仰面大笑，我也如释重负。颜鲁公说："齐桓公九合诸侯，一匡天下，葵丘之会，微有振矜，叛者九国。故曰行百里者半九十里，言晚节末路之难也。"这话何等沉痛，我辈可不戒哉！

以上诸例，都是有根有据的真人真事。仿章学诚《古文十弊》的例子，略述如此。坚持真理是社会主义的新道德；牵就世故是旧社会的残余意识。今天在还有贯彻新道德的余地的情况下，注意讲求，深入贯彻，仍是建设精神文明的一个重要环节，也是值得今天作鉴定工作的同志们共勉的！

关于法书墨迹和碑帖

一

谈起这方面的事，首先碰到书法问题。

中国的汉字，虽然有表形、表声、表意种种不同的构成部分，但总的是可以姑且叫做"方块字"，辨认起来，仍是以这整块形状为主。因此这种形状的语言符号的书写，便随着中国（包括汉族和用汉字的各族人民）的文化发展而日趋美化。所以凡用这种字体的民族,都在使用过程中把写法美化放在一个重要位置。

　　这个道理并不奇怪,即是使用拼音符号的字种,也没见有以特别写得不好看为前提的,同时生活习惯不同的民族之间,他们文化传统不同,不能相比,也不必硬比。比方西洋人不用筷子吃饭,而筷子并没失去它在用它的民族中的作用和地位。又如不是手写的字,像木刻板本或铅字印模,尚且有整齐、清晰、美观这些最起码的要求。就像纯粹用声音的口头语言,也还要求字音语调的和谐。我们人类没有一天离得开文字,它是人类文化的标帜,是社会生活中一个重要的交际工具,和服装、建筑、器具等一样,有它辉煌的历史,并且人类对它有美化的迫切要求。

　　当然,只为了追求字体的美观,以致妨碍书写的速度及文字及时表达思想的效用,是"因噎废食",是应该反对的。同时所谓书法美的标准,虽在我们今天的观点下,也可能有某些好恶的不齐,但是那些不调和的笔画和使人认不清的字形,总归不会受人欢迎。难道专写过分难辨的字,使读稿或排字的人花费过多的猜度时间,可以算得艺术的高手吗?

　　有人说汉字正在改革简化,逐渐走上拼音化的道路,人们都习用钢笔,还谈什么书法! 其实这是不相悖触的。研究成为文化遗产和历史资料的古人书写遗迹,和文字改革固不相妨,而且将来每字即便简化到一点一画,以及只用机器记录,恐怕在点画之间未尝没有美丑的区别,何况简体或拼音符号还不见得都是一个点儿或一个零落的笔道儿呢?

　　以前确也有些人把书法说得过分神秘:什么晋法、唐法,什么神品、逸品,以及许多奇怪的比喻(当然如果作为一种专门技术的分析或评判的术语,那另是一回事,只是以此要求或教导一切使用汉字的人,是不必要的);在学习方法上,提倡机械的临摹或唯心的标准；在搜集范本、辨别时代上的烦琐考证；这等等现象使人迷惑，甚至引人厌恶。从前有人称碑帖拓本为"黑老虎"，这个语词的涵义，是不难寻味的。但我们不能因此迁怒而无视法书墨迹和碑帖本身的真正价值。相反的，对于如何批判地接受这宗遗产，在书写上怎样美化我们祖国的汉字，在研究上怎样充分利用这些遗物，并给它们以恰当的评价，则是非常重要的。

二

对于书法这宗遗产的精华，在今天如何汲取的问题，不是简单篇幅所能详论，现在试就墨迹和碑帖谈一下它们的艺术方面、文献方面的价值和功用。

法书墨迹和碑帖的区别何在？法书这个称呼，是前代对于有名的好字迹而言。墨迹是统指直接书写（包括双钩、临、摹等）的笔迹，有些写的并不完全好而由于其他条件被保存的。以上算一类。碑帖是指石刻和它们的拓本。这两种，在我们的文化史上都具有悠久传统和丰富的数量。先从墨迹方面来看：

殷墟出土的甲骨和玉器上就已有朱、墨写的字，殷代既已有文字，保存下来，并不奇怪，可惊的是那些字的笔画圆润而有弹性，墨痕因之也有轻重，分明必须是一种精制的毛笔才能写出的。笔画力量的控制，结构疏密的安排，都显示出写者具有深湛的锻炼和丰富的经验。可见当时书法已经绝不仅仅是记事的简单号码，而是有美化要求的。战国帛书、竹简的字迹，更见到书写技术的发展。至于汉代墨迹，近年出土更多，我们从竹简、陶器以及纸张上看到各种不同用途、不同风格的字迹：精美工整的"名片"（"春君"等简）；仓皇中的草写军书；陶制明器上公文律令式的题字；简册上抄写的古书籍（《论语》、《急就章》等）等。笔势和字体都表现不同的精神，使我们很亲切地看到汉代人一部分生活风貌。

汉以后的墨迹，从埋藏中发现的更多。先就地上留传的法书真迹来看：从晋、唐到明、清，各代各家的作品，真是五光十色。书法的美妙，自然是它们的共同条件之一，而通过各件作品，不但可以看到写者以及他所写给的对方的形象，还可以提供我们了解古代社会生活多方面的资料。至于因不同的用途而书写成不同的字体，不同的时代有不同的书风，更可以作考古和文物鉴别上许多有力的证据。

举故宫博物院现存的藏品为例：像张伯驹先生捐献的一批古法书里的陆机《平复帖》，以前人不太细认那些字，几乎视同一件半磨灭的古董，现在看来，他开篇就说："彦先羸瘵，恐难平复。"陆机的那位好友贺循的病况消息，仿佛今天刚刚报到我们耳边，而在读过《文赋》的人，更不难联想到这位大文豪兼理论家在当时是怎样起草他那些不朽作品的。王珣《伯远帖》、王献之《中秋帖》，在当时不过是一封普通的信礼，简单和程度，仿佛现在所写的一般"便条"，但是写得那样讲究，一个个的字都像是有血有肉有个性的人物。这种书札写法的传统，直到近代还没有完全失掉。较后的像五代杨凝式《夏热帖》和宋代苏轼、米芾、元代赵孟頫等名家所写的手割，不但件件精美，即在留传的他们的作品中，都占绝大数量。这种手剖历代所以多被人保存，原因当然很多，其一便是书法的赏玩。

文学作家亲笔写的作品，我们读着分外能多体会到他们的思想感情。从唐杜牧的《张好好诗》，宋范仲淹的《道服赞》，林逋、苏轼、王诜等的自书诗词里看到他们是如何严肃而愉快地书写自己的作品。黄庭坚的《诸上座帖》，是一卷禅宗的语录，虽然是狂草所书，但那不同于潦草乱涂，而是纸作氍毹，笔为舞女，在那里跳着富有旋律、转动照人的舞蹈。南宋陆游自书诗,从自跋里看到他谦辞中隐约的得意心情,字迹的情调也是那么轻松流利,诵读这卷真迹时,便觉得像是作者亲手从旁指点一样。这又不仅止书法精美一端了。再像张即之寸大楷字的写经,赵孟頫写的大字碑文或长篇小楷,动辄成千累万的字,则首尾一致,精神贯注,也看见他们的写字功夫,甚至可以恭维一下他们的劳动态度。

至于双钩临摹,虽不是原来的真迹,但钩摹忠实的仍有很高的价值。像王羲之的《兰亭序》,原本早已不存,而故宫博物院所藏有"神龙"半印的那卷,便是唐人摹本中最好的一个。无论"行气"、"笔势"的自然生动,就连墨色都填出浓淡的分别。大家都知道王羲之原稿添了"崇山"二字,涂了"良可"二字,还改了"外、于今、哀、也、作"六字为"因、向之、痛、夫、文",现在从这个摹本上又见到"每览昔人兴感之由"的"每"字原来是个"一"字,就是"每"字中间的一大横画,这笔用的重墨,而用淡墨加上其他各笔。在文章的语言上,"一览"确是不如"每览"所包括的时间广阔,口气灵活而感情深厚。所以说,明明是复制品,也有它们的价值。同时著名作家的手稿,虽然涂改得狼藉满纸,却能透露他们构思的过程。甚至有人说,越是草稿,书写越不矜持,字迹越富有自然的美。所以纵然涂抹纵横的字纸,也不宜随便轻视,而要有所区别。

怎么说书法上能看出书者的个性呢?即如"十年一觉扬州梦,赢得青楼薄幸名"的杜牧,笔迹也是那么流动;而能使"西贼闻之惊破胆"的范仲淹,笔迹便是那么端重;佯狂自晦的杨疯子(凝式),从笔迹上也看到他"抑塞磊落"的心情;玩世不恭的米颠(芾),最擅长运用毛笔的机能,自称为"刷字",笔法变化多端,而且写着写着,高兴起来便画个插图,如《珊瑚帖》的笔架。这把戏

233

他还不止搞过一次，相传他给蔡京写信告帮求助，说自己一家行旅艰难，只有一只小船，随着便画一只小船，还加说明是"如许大"，使得蔡京啼笑皆非。至于林逋字清疏瘦劲；苏轼字的丰腴开朗，而结构上又深深表现出巧妙的机智。这等等例子，真是数不完的。尤其是人民所景仰的伟大人物，他们的片纸只字，即使写得并不精工，也都成了巍峨的纪念塔。像元代农民保存文天祥字的故事，便是一个例证。

三

谈到碑帖，碑、帖同是石刻，而有区别。分别并不在石头的横竖形式，而在它们的性质和用途。刻碑（包括墓志等）的目的主要是把文辞内容告诉观者，比如名人的事迹、名胜的沿革，以及政令、禁约等。这上边书法的讲求，是为起美化、装饰甚至引人阅读、保存作用的。帖则是把著名的书迹摹刻留传的一种复制品。凡碑帖石刻里当然并不完全是够好的字，从前"金石家"收藏多是讲求资料，"鉴赏家"收藏多是讲求字迹、拓工。我们现在则应该兼容并包，一齐重视。

首先从书法看，古碑中像唐宋以来著名的刻本，多半是名手所写，而唐以前的则署名的较少，但字法的精美多彩，却是"各有千秋"。帖更是为书法而刻的，所以碑帖的价值，字迹的美好，先占一个重要地位。

其次刻法、拓法的精工，也值得注意，看从汉碑到唐碑原石的刀口，是那么精确，看唐拓《温泉铭》几乎可以使人错认为白粉所写的真迹。古代一般的碑志还是直接写在石上，至于把纸上的字移刻到石上去就更难了，从油纸双钩起到拓出、装裱止，要经过至少七道手续，但我们拿唐代僧怀仁集王羲之字的《圣教序》、宋代的《大观帖》、明代的《真赏斋帖》、《快雪堂帖》等来和某些见到墨迹的字来比较，都是非常忠实，有的甚至除了墨色浓淡无法传出外，其余几乎没有两样。这是我们文化史、雕刻史、工艺史上成就的一个组成部分，是不应该忽视的。

碑帖的文献性（或说资料性）是更大的。用"石经"校经，用碑志证史、补史，以及校文、补文的，前代早已有人注意做过，但所做的还远远不俗。何况后来继续发现的愈来愈多！例如：唐欧阳询写的《九成宫醴泉铭》的"高阁周建，长廊四起"的"四"字，所传的古拓本都残损了下半，上边还有一个泐痕，很像"穴字头"。（翻造伪本，虽有全字，而不被人相信）于是有人怀疑也许是"突起"吧？我也觉得有些道理。最近张明善先生捐献国家一册最早拓本，那"四"字完整无缺，回想起来，所猜十分可笑，"长廊"焉能"突起"呢？这和唐摹兰亭的"每"字正有同类的价值（而这本笔画精神的丰满更是说不尽的），古拓本是如何的可贵！

再次像唐李邕写的《岳麓山寺碑》，到了清代，虽然有剥落，而存字并不太少。清修《全唐文》把它收入，但字数竟自漏了若干。所以一本普通常见的碑，也有校订的用处。又如其他许多文学家像庾信、贺知章、樊宗师等所撰的墓志铭，也都有发现，有的和集本有异文，有的便是集外文，如果把无论名家或非名家的文章一同抄录起来，那么"全各代文"不知要多出多少！还有名家所写的，也有新发现，在书法方面，即非名家所写，也常多有可观的。即是不好的，也何尝不可作研究书法字体沿革的资料呢！

至于从碑志中参究史事的记录，更是非常重要，也多到不胜列举，姑且提一两个：欧阳修作《五代史》不敢给他立传的"韩瞠眼"（通），到了元代修《宋史》才被表彰，列入"周三臣传"，而他们夫妇的墓志近年出土，还完好无缺。这位并不知名的撰文人，真使欧阳公向他负愧。又如"旗亭画壁"的诗人王之涣，到今天诗止剩了六首,事迹也茫无可考,已经不幸了。而旗亭这一次吐气的事,又还被明胡应麟加以否定,现在从他的墓志里得到有关诗人当日诗名和遭遇的丰富材料。

至于帖类里,更是收罗了无数名家、多种风格的字迹。从书法方面看,自是丰富多彩。尤其许多书迹的原本已经不存,只靠帖来留下个影子。再从它的文献性(或说资料性)方面,也是足以惊人的。宋代的《钟鼎款识》帖,刻了许多古金文,《甲秀堂帖》缩摹了《石鼓文》,保存了古代的金石文字资料。又如宋《淳熙秘阁续帖》所刻的李白自写的诗,龙蛇飞舞,使我们更得印证了诗人的性格。白居易给刘禹锡的长信,也是集外的重要文章。《凤墅帖》里刻有岳飞的信札,是可信的真笔。其他名人的集外诗文,或不同性质的社会史、艺术史的资料更是丰富,只看我们从什么角度去利用罢了。我常想:假如把历代的墨迹和石刻的书札合拢起来,还不用看书法,即仅仅抄文,加以研究,已经不知有多少珍奇宝贵的矿藏了。

从墨迹上可以看到书写的时代特征,碑帖上的字迹自然也不例外,同时刻法上也有各时代的风气。两方面结合起来看,条件更加充足,这在对文物的时代鉴定上是极关重要的一个环节。比如试拿敦煌写本看,各朝代都有其特点,即仅以唐代一朝,初、盛、中、晚也不难分别。现在常听到从画风上研究敦煌画的各个时代,这自然重要,其实如果把画上题字的书法特点来结合印证,结论的精确性自必更会增强的。再缩小到每个人的笔迹,如果认清他的个性,不管什么字、什么体,也能辨别。要不,为什么签字在法律上会能生效呢?

四

总起来说,书法的技艺、法书墨迹、碑帖的原石和拓本这一大宗遗产,是非常丰富而重要,研究整理的工作在我们的文化事业中关系也是很大。我个人不成熟的看法,以为这方面大家应做、可做而且待做的,至少有三点:

(一)书法的考查,分析它的发展源流,影印重要墨迹、碑帖,以供参考。

(二)文字变迁的研究。整理记录各代、各体以至各个字的发展变迁。编成专书。

(三)文献资料的整理。将所有的法书墨迹(包括出土的古文件)、碑帖(包括甲骨、金文)逐步的从编目、录文,达到摄影、出版。

当然这绝非一朝一夕和一人所能做到的事,但是问题不在能不能,而在做不做。现在对于书法有研究的人,是减多增少,而碑帖拓本逃出"花炮作坊"渐向不同的各地图书文物的库房集中,这是非常可喜的。但跟着发生的便是利用上如何方便的问题,当然今天在人民的库房中根本上绝不会"岁久化为尘",只是能使得向科学进军的小卒们不致于望着有用的资料发生"盈盈一水间,脉脉不得语"的感觉,那就更好了!

书法入门二讲

第一讲 入门须知

不管从事什么工作,都须先对它有一个正确的认识,学习书法、欣赏书法当然也如此,这似乎是一个无须多言的话题。但是这里面有许多看似简单的问题实际并不简单,看似不成为问题,实则大有问题。特别是有些"理论"、"观点"是自古传下来的,有很多还是出于权威的书法家、书法理论家之口,看似是金科玉律,颇能唬人,其实大谬不然,必须正名。否则必将被这些貌似权威的理论所欺,走入歧途。

一、书法的特点和特殊功能

这里所说的书法指汉字书法。字是记录语言的,而汉字又是由象形等的方块字组成的,较之其他文字最具有图画性,因而它才能形成所谓书法这一门艺术。作为文字,它有它基本的功能,即以书面的符号形式把语言词汇记录下来给人看。这时文字就代表了语言,书面的功能就代表了口头的功能。比如在古代,你要与远方的朋友交流,就不能靠语言,因为他听不到,所以只能通过写信靠文字传达。又比如古人要与后人交流,也不能靠语言,因为它不能保留,所以也只能把它们转变为能长期保留的文字符号。这是文字的一般功能和普通功能。

但文字,特别是汉字还有它的特殊功能,即它能非常鲜明地反映书写者的个性。比如某甲所写的字就代表了某甲的个性,具备某甲的特点,而某乙所写的字就代表了某乙的个性,具备某乙的特点。二者决不会混同,即使互相仿效也决不会完全相同。比如某乙学某甲的签名,虽然写的同是一个"甲"字,但写出来的效果总与某甲写的"甲"字不同。这是为什么呢?因为文字只要是由人拿起笔写出来而不是由统一的机器印出来的,它就必然带有人的个性。人与人手上的习惯、特点总不会完全相同。比如结字、笔画、以至用笔的力度等都会有所不同,再刻意地模仿也总会露出破绽,不会完全一样。正像哲学家所说的,世界上没有绝对相

238

同的两片树叶;刑侦学家所说的,世界上没有绝对相同的两个指纹。所以用文字来签字、签押、押属才会有法律效用。文字如果没有这种功能,银行决不会凭签字让你领钱。否则,那岂不是乱了套吗?当然,不认真判别,有时确能蒙蔽某些人,但这不是文字本身所具有的不可混淆的个性出了问题,而是辨别文字时出了问题,其实只要认真辨别总会发现它们之间的差别。五十年代有人妄图冒充某领导人的签名到银行支取巨额现金,最终还是没能得逞,就是一个很好的例证。同样,契约、合同也都需签字后才会在法律上生效,也是基于书写的这种特殊功能。更有趣的是,对不会写字的文盲,照样可以让他们签字画押,名字不会写,就让他们画"十",比如连当事人、经办人、保人一共有好几个,但最后画出的那些"十"字没有一个相同。"十"字尚且如此,何况较它们更复杂的文字了!所以从这个意义上说,汉字所具有的这种独特的个性尤为鲜明。

明乎此,就可以明白临帖时可能出现的一系列问题,临帖的人如此,教人临帖的亦如此。其主要表现有三:

(一)常有人失望地问我:"我临帖为什么总临不像?"我总这样回答他:"这就对了。不但现在像不了,再练一辈子也像不了。不像才是正常的;全像了,不但不可能,而且就不正常了,银行该不答应了。你大可不必为临得不像而失去临帖的信心。"这决不是安慰之语,更不是搪塞之语。试想,为什么自古以来书法流派那么多?字的不同写法那么多?同一个"天"字能写出那么多样?为什么一看便知这是这个书法家所写,那是那个书法家所写?为什么不会把某乙有意师法某甲的作品就误作为某甲的作品?其根本的原因就在于每个书法家手下都有自己独特的习惯和个性。这些个性是永远不能划一的,正所谓"性相近,习相远"也,这样的例子非常多。

如苏东坡的弟弟苏辙苏子由，以及东坡的儿子，都有几件书法作品留传下来，我们看他们的作品，虽与东坡有若干相近之处，但总是有明显的不同。又如米友仁不但是著名的书法家，而且是著名的鉴定家，宋高宗特意让他来鉴定秘阁所藏的法书，鉴定后都要在作品的后面留下正式的评语，足见其有极高的鉴赏能力，对书法流派烂熟于胸。但他写字也未完全继承其父米元章的风格，明眼人一看便知米元章就是米元章，米友仁就是米友仁。这正应了曹丕《典论·论文》中的那句话："虽在父兄，不能以移子弟。"因为每个人写文章的观点和构思都不一样，兄弟父子之间都很难完全传授。写字尤其如此。文章有时还可以偷偷地抄袭一番，但字却无法抄袭，因为抄也抄不像。既然高明的古人想"移"都移不了，我们就大可不必为临得不像而苦恼了。当然对老师责怪你临得不像，你也大可不必放在心上。

（二）有人常懊悔地对我说："我写字没有幼功。"这就涉及如何对待教小孩子学习书法的问题了。有的人索性认为小孩子根本不必临帖。说这种话的人都是自己已经临过帖了，他已经知道帖上的笔画是如何安排的了，所以他才觉得再没必要了。但对小孩子却不然。比如你告诉他"人"字是一撇一捺，但他不看帖就可能写成同是一撇一捺组成的"八"字、"入"字、"乂"字。所以必须让他看看字样，这就是临帖。临帖的目的并不是让他从此一辈子练那些永远模仿不像的前人的字形字体，也不是让他通过这种办法将来当书法家，而是让他熟悉字的基本结构、笔顺等。如写"三"要先写上面一横，再写中间一横，最后写下面一横；写"川"先写左面的一竖，再写中间的一竖，最后写右面的一竖。让他养成正确的习惯，写得顺手，写得容易。这对刚刚接触汉字的小孩

240

子是必要的。我小时常遇到因写字不对而遭到老师惩罚的时候，惩罚的办法就是每字罚写几十遍，其实老师的目的不在这几十遍，而是让你通过反复的练习去记住它应该怎样写。

于是又有些人认为习字必须从小时开始，进而认为必须天天苦练，打下"幼功"才行，这又是一种极端的认识。写字不同于练杂技和练武术。杂技与武术确实需要有"幼功"，因为有些动作只能从小练起，大了现学根本做不出来。但书法不是这么回事，什么时候开始拿起笔练字都可以，不会因为你没有"幼功"，到大了手腕僵得连笔都拿不起来。不但不需"幼功"，我认为小孩子没有必要花过多的时间去临帖、练字。因为一来如前所云，帖是一辈子也临不像的，在这上面花死工夫，非要求像是没必要的。二来书法既然是艺术，就要对它的艺术美有所体悟才行，而这种体悟是需要随着年龄的增加、见识的增长来培养的。小孩子连字还认不全，基本结构还弄不太清，他是很难体会诸如风格特点这些更深层次的内涵的。如果再赶上教小孩子"幼功"的是一位庸师，那就更麻烦了，那还不如没有"幼功"。

（三）随之而来的问题是应该用什么帖。这里面又有很多误解需要辨明澄清。有人说临帖必须先临谁，后临谁，比如先临柳公权，再临颜真卿，对这种说法我实在不敢苟同。因为所谓"帖"，不过就是写得准确好看的字样子而已。只要它能达到这样的效果即可，不在于笔画的姿势、特点。尤其是对小孩子更是如此，只要求其大致准确即可。相反，如果非执著学某一家，倒反而容易学偏。有人学柳公权，非要在笔画的拐弯处带出一个疙瘩，学颜真卿非要在捺脚处带出虚尖。出不来这样的效果怎么办？就只好在拐变处使劲地蹾、使劲地揉，写出来好像是"拐棒儿骨"；在捺脚处后添上虚尖，好像是"三尾蛐蛐"。殊不知柳公权、颜真卿这

241

样的效果是和他们当时用的笔有关系，后人不知，强求其似，岂不可笑！

　　还有人认为要按照字体产生的次序练字，先学篆书，篆书学好后再学隶书，隶书学好后再学楷书（实际应叫真书，所谓"楷"本指工整，后来习惯用来代指真书），楷书学好了再学行书，行书学好了再学草书。这更是谬说。照这样说，古人在文字产生以前靠结绳记事，难道我们在练字之前先要练好结绳才行吗？再说什么叫学好了？标准是什么？这和一年级上完了再上二年级是两码事。以篆书为例，它又分大篆、小篆、古篆等，有人写一辈子篆书，如清代的邓石如，更何况有些人写一辈子也未见能写好一种字体。照这样推算，什么时候才能写上隶书和楷书？其实，在隶书之后，唐代的颜、柳那类楷书之前，已经有了草书。汉代与隶书并行的就有草书（章草），后来在真书、行书的基础上才有了今草。古人并没有这样教条，可现在有些人却如此教条，岂不愚蠢？总而言之，字体的发展次序与我们练字的次序没有必然的联系。还有人更绝对地认为临帖只能临某一派，并说某派是创新，某派是保守，只能学这一派而不能学那一派，学那一派就会把手学坏了。难道不学那一派就能把手学好了吗？这样只能增加无谓的门户观。须知，临帖只是一种入门路径，无须为它成为某派的信徒。你的风格喜好接近哪一派，你就可以临摹学习那一派，如此而已，岂有他哉？千万不要受这些所谓"理论"的摆布。

二、关于写字时用笔的方舍

　　其实写字的"方法"并没什么一定之规，没什么神秘可言，不过就是用手拿住笔在纸上写而已。其实往什么上写都可以，比如移树，人们习惯在树干朝南的方向写一个"南"字，以便确定它移栽后的朝向；又比如盖房，人们习惯在房桄上写上"左"、"右"，以便确定它上梁后的位置。不用"毛笔"写也可以，只要用一个工具把字写在一个东西上都叫写字。所以一定不要把写字看得太神秘。当然要把字写好也要有一定的技巧。元代大书法家赵孟頫曾说："书法以用笔为上，而结字亦须用功。"玩其口气，他虽然二者并提，但是把用笔的技巧放在第一位，而把结字的艺术放在第二位。这种排列是否恰当，这里暂且不谈，先谈一谈所谓的"用笔"，因为有些人一把用笔看得太高，就产生种种误解，种种猜测，以此教人就会谬种流传，贻害无穷。

（一）关于握笔的手势

现在我们用毛笔写字的握笔方法一般是食指、中指在外，拇指在里，无名指在里，用它的外侧轻轻托住笔管。但要注意这种握笔方法是以坐在高桌前、将纸铺在水平桌面之上为前提的。古人，特别是宋以前，在没有高桌、席地而坐（跪）写字时，他们采用的是"三指握管法"。何谓"三指握管法"？古人虽没有为我们特意留下清晰的图例，但我们还是可以根据一些图画资料推测出来：原来"三指握管法"是特指席地而坐时书写的方法。古人席地而坐时，左手执卷，右手执笔，卷是朝斜上方倾斜的，笔也向斜上方倾斜，这样卷与笔恰好成垂直状态。此时握笔最省事、最自然、也是最实用的方法就是用拇指和食指从里外分别握住笔管，再用中指托住笔管，无名指和小指则仅向掌心弯曲而已，并不起握管的作用，这就是所谓的"三指握管法"，与今日我们握钢笔、铅笔的方法一样。这样的图画资料可见于宋人画的《北齐校书图》（现藏美国波士顿博物馆），画面上校书者执笔的形象即如此。另外，敦煌壁画上也有类似的形象。日本学者根据敦煌壁画所著的《敦煌画之研究》就影印出敦煌画上一只手握笔的形象。现在有些日本人坐（跪）在席上写字仍如此，我亲眼看到著名的书法家伊藤东海就是这样握笔，与唐宋古画上一样。

但有些人不知道这种握笔方法的前提是席地而坐，左手执卷；在宋初高桌出现以后，在高桌上书写时，纸和笔本身已经成为垂直的角度，所以这时握笔最自然的方法就是一开始所说的方法。如果仍坚持这种"三指握管法"，反而不利于保持这种垂直的角度，这只要看一看现在拿钢笔和铅笔的姿势都是与纸面成斜角就能明白。为了使这种握笔的姿势与纸保持垂直，就只好凭想象、凭推测，把中指也放在外面，死板地用拇指、食指、中指的三个指尖握笔。并巧立名目地把三指往掌心收，使其与掌心形成圆形称之为"龙睛法"，把三指伸开，使其与掌心成扁形称之为"凤眼法"，十分荒唐可笑。最可笑的是包世臣《艺舟双楫》所记的刘墉写字的情景：刘墉为了在外人面前表示自己有古法，故意用"龙睛法"唬人，还要不断地转动笔管，以至把笔都转掉了。刘塘的书法看起来非常拘谨，大概"龙睛法"握笔在其中作祟是重要的原因之一吧。

(二)关于握笔的力量

由握笔的姿势又引出一个相应的问题，即握笔需要多大的力量。这里又有误解。有人以为越用力越好，还有很有据地引用这样的故事：说王羲之看儿子在写字，便在后面突然抽他的笔，结果没抽下来，便大大称赞之。孙过庭的《书谱》就有这样的记载。包世臣据此还在《艺舟双楫》中提出"指实掌虚"的说法，这种说法本不错，但也要正确理解。指不实怎么握笔呢？特别是这个"掌虚"，本指无名指和小指不要太往掌心抠，否则字的右下部分写起来很容易局促，比如宋高宗赵构的字就是如此，他字的右下角都往里缩，就是因为这造成的。但因此又造成误解，有人说掌应虚到什么程度才算够呢？要能放下一个鸡蛋。"指"要"实"到什么程度呢？包世臣说要恨不得"握碎此管"才行。这又无异于笑谈。其实儿子的笔没被抽出，是小孩子伶俐和专心的结果，有的人就误认为要用力，而且力量越大越好。对此，苏东坡有一段妙谈，他说："献之少时学书，逸少（王羲之）从后取其笔而不可，知其长大必能名世。仆以为不然。知书不在于笔牢，浩然听笔之所之而不失法度，乃为得之。然逸少重其不可取者，独以其小儿子用意精至，猝然掩之，而意未始不在笔，不然，则是天下有力者莫不能书也。"苏轼的见解可谓精辟之至。

（三）关于悬腕

有些古人的字，尽管笔画看起来不太稳，但并不影响它的匀称灵活，其原因就是笔尖和纸是保持垂直的，不管是古人席地而坐的"三指握管法"，还是后来有如现在的握笔法。否则，把笔尖侧躺向纸，写出的笔画必定是一面光而齐，一面麻而毛，或者一面湿润，一面干燥，不会匀称。古人有"屋漏痕"、"折钗股"（有人称"股钗脚"）之说，"屋漏痕"说的是笔画要如屋漏时留在墙上的痕迹那样自然圆润，"折钗股"虽不知具体所指（大约指钗用的时间长了，钗脚的虚尖被磨得圆滑了），但意思也是如此。为了达到这个目的，于是有人就特意强调写字要悬腕，并认为此也是古法。殊不知，在没有高桌之前，古人席地而坐，直接用右手往左手所持的卷上书写，右手本无桌面可倚，当然要悬腕，想不悬腕也不行。但在有了高桌之后，情形就不同了。不可否认，悬腕运起笔来当然活，但也带来相应的问题，就是不稳、易颤，因此要区别对待。在写小一点字的时候，本可以轻轻地用腕子倚着桌面，只要不死贴在上面即可。写大字时自然要把腕子离开桌面，不离开，笔画就延伸不了那么远，特别是字的右下角部分简直就无法写，所以死贴在桌上当然不行。但也无须刻意地去悬腕，这样只能使肩臂发僵,更没必要想着这可是"古法",必须遵从。一切以自然舒服为准则,能将笔随意方便地运用开即可,即使用枕腕待将左手轻轻地垫在右腕之下也无不可。

还有人在悬腕的同时特别讲究"提按"。这也是由不理解古人是席地书写而产生的误解。古人席地书写,用笔自然有提按,但改为高桌书写之后情况又有所不同。很多人不把提按当成是一种自然的力量,而当成有意为之的手法,这就错了。反正我个人有这样的体会:如果想我这回要"提按"了,这字写得一定不自然。

所以顺其自然是根本原则,古代的大书法家并没有我们今天这么多的清规戒律,并不像我们今天这样机械死板地非要悬腕,非要提按,都是根据个人的习惯而来。比如苏东坡就明确地说过自己写字并不悬腕,所以他的字显得非常凝重稳健,字形比较扁;而黄庭坚就喜欢悬腕,所以他的字显得很奔放,撇、捺都很长。苏黄二人曾互相谐讽,黄讥苏书为"石压蛤蟆",苏讥黄书为"枯梢挂蛇",但这都不妨碍他们成为大书法家。

与此相关,宋人还有这样一种说法,叫"题壁",比如大书法家米元章就主张练字要采取题写墙壁的方法,认为这样可以练习悬腕的功夫。其实,古人席地执卷书写就类似题壁。只不过题壁的"壁"是垂直的,古人左手所执之卷是斜的,右手所执之笔也是斜的,而斜笔与斜卷之间又恰成垂直的,这种垂直是很自然的,便于书写,即使写很长的竖亦便于掌握;而题壁时,笔要与墙垂直,腕子就要翘起,难免僵直。特别是写长竖时,笔就有要离开墙壁的感觉。所以这种练习方法也有问题,它带给人的感觉与古人席地而坐的悬腕终究不太一样。看来到了米元章时代,已经对唐和唐以前人如何写字不甚了了,甚至有些误解了。米元章的字有时给人以上边重，下边轻的感觉，如竖钩在写到钩时就变细了，这可能与他平日的这种练习方法有关。

总之，千万不要像包世臣在《艺舟双楫》中所记的王鸿绪那样，为了悬腕，特意从房梁上系下一个绳套，把腕子伸到套里边吊起，腕子倒是悬起来了，但又被绳子限制在另一个平面上，不能随意上下提按了，这岂不等于不悬？这种对古人习惯的误解，只能徒为笑谈。

我在《论书札记》中有一小段文，可作这一观点的总结：

古人席地而坐，左执纸卷，右操笔管，肘与腕具无着处。故笔在空中，可作六面行动，即前后左右，以及提按也。迨宋世既有高桌椅，肘腕贴案，不复空灵，乃有悬肘悬腕之说。肘腕平悬，则肩臂俱僵矣。如知此理，纵自贴案，而指腕不死，亦足得佳书。

（四）关于"回腕"和"平腕"

由悬腕又引出回腕和平腕。有些人不但强调悬腕，还强调"回腕"，且又错误地理解回腕。其实回腕是为了强调腕子的回转灵活，古人在席地而坐书写时，由于自然悬腕，所以腕子可以自然回转，有如我们现在炒菜，手都是自然离开锅台，所以手可以随意来回扒拉，这就是回腕。但坐在高桌椅上之后，有些人不理解回腕的真正含义，就望文生义地把"回"理解为尽量把手指往里收，笔往怀里卷，腕子往外拱。何绍基在他的书中还特意画出这样一幅示意图。试想，这样死板拘谨地握笔还能写出好字吗？如果和所谓的"龙睛法"、"凤眼法"并列，我可以给它起一个雅号，叫"猪蹄法"。

还有人强调要"平腕"。古人席地而坐书写，当然只能悬腕，而谈不到"平腕"，改在高桌椅上书写后，有人不但坚持要悬腕，而且还要把腕子悬平。这显然是违反常态的。按现在正确的握笔

247

方法,腕子是不可能平的,要想平,只能把肩臂生硬地端起来。有人教人写字,要用手摸人的腕子平不平,更有甚者,训练学生要在腕子上放一杯水,真是迂腐得可笑。试想,让人手作"龙睛法"或"凤眼法",掌中还要握一个鸡蛋;腕作"猪蹄法",还要翻平,上放一杯水,这是写字呢?还是练杂技呢?

　　随之而来的是如何正确理解所谓的"八面玲珑"和"笔笔中锋"。古人席地而坐时书写都是自然地悬腕,写出的字不会出现一面光溜,一面干的现象,自然是八面玲珑。到了后来米元章仍强调写字要"八面玲珑"。古人所说的"八面"本指东、西、南、北、东南、东北、西南、西北,米元章这里是借以形容要笔笔流转。米元章的字也确实有这一特点,如他的《秋深帖》"秋深不审气力复何如也"十字,一气呵成,真可谓"八面玲珑"。他还曾临过王羲之的七种帖,宋高宗曾让米元章的儿子米友仁为此作跋。米友仁跋中称赞的"此字有云烟卷舒翔动之气",亦是从这种观点立论,而他的这些临本确实比一般的刻本自然流畅。能达到这种效果是因为他能把笔悬起来灵活自如地使用,如果腕子死贴在桌面上,自然不会有这样的效果。要只注意悬腕,写起来灵活倒是灵活了,但掌握不好字体的美观也不行。

　　还有人认为要想达到"八面玲珑"的效果,就要"笔笔中锋",这又是一种误解。只要笔画有肥有瘦,就决不可能是纯中锋,瘦处是将笔提起来,只将笔的主毫着纸,这可叫"中锋";但只要有肥处,就说明在按笔时,主毫旁边的副毫落在纸上了。如果要笔笔中锋,就只能画细道,打乌丝格,就不成为字了。这和刻字一样,如果只拿刀刃正面刻,就只能刻细道。要想刻出粗道,只能用双刀法。我曾看过齐白石刻字,他就是斜着一刀下去,结果是一面平,一面麻,但他名气大,可以不管这一套。因此,对中锋的正

248

确理解是笔拿得正,不要让它侧躺,出现一面光一面麻的现象,而不是只用笔尖。但由此又生出误解。当年唐穆宗问柳公权怎样才能笔正,柳公权说"心正才能笔正",这其实只是对唐穆宗心不要邪的劝谏,有人拿它大做文章就未免迂腐了。文天祥心最正,字未见有多好;严嵩心最不正,字不是写得也很好吗?

三、关于书写的工具

书写的主要工具不外乎笔、墨、纸、砚,即所谓的文房四宝。这其中最主要的当然是笔。从出土文物中可知笔产生的年代相当久远。笔一般都用动物毫(毛)制成,诸如兔毫,白居易有《紫毫笔》诗,描写的就是兔子毛制成的毛笔,因此这种笔又称紫毫笔;还有狼毫,这里所说的狼毫指的是黄鼠狼(学名黄鼬)尾上的毛;还有鼠须及鸡毫;最常见的是羊毫。还有兼毫,如七紫三羊、五紫五羊、三紫七羊等,书写者可以根据自己喜好来选择。另外还有用特殊材料制成的笔,如茅草和麻等。也有在羊毫中加麻(苎麻)的,称"笔衬",可以使笔更加挺括。总之,这里面的讲究很多,但好的笔工往往秘而不宣。如果写特别大的字,大到用现在的抓笔都写不了, 那也不妨用布团蘸墨写,写完之后再用笔描一描即可。对笔的选择完全要看个人的喜好和需要,什么顺手就用什么。苏东坡有一句名言,使人不觉得手中有笔,就是最好的笔。比如我写小字喜欢用硬一点的狼毫,写大字喜欢用软一点的羊毫。我有一段时间喜欢用衡水出产的麻制笔,才七分钱一支,也很好使。用什么笔和学习书法的过程没什么关系,与书法造诣的水平更没什么关系。对此也有误会,比如褚遂良曾说"善书者不择笔",于是有人就说不能挑笔,一挑笔就是水平低。这毫无道理,不同的习惯,不同的手感当然可以选择不同的笔。又说某某能写纯羊毫,就好像多了不起;又说东坡的《寒食帖》是用鸡毫写的,所以本事大，这是没有任何根据的。

现在我们可以根据有关的记载得知唐朝人制笔的方法：先选择几根最长的主毫，放在正中，然后选择几根稍短一点的做第一层副毫，扎在主毫周围，再选一些稍短的做第二层副毫，再扎在周围。在层与层之间还可以里上一层纸。依次类推就制成了半枣核状的笔，日本有《槿笔谱》一书，就记载了这一过程。笔的这种制造工艺直接影响到字的书写效果。有人特意学颜真卿写捺时的"三尾蛐蛐"式的虚尖，其实他的这种虚尖是与他所用之笔主毫较长的特点有关。有的人不明白这个道理，故意地去添虚尖，很可笑。有人对泡笔时，是否全发开也挺讲究，认为哪种就算高级的，哪种就算低级的。这也毫无根据，完全由个人习惯而定。

古代没有现成的墨汁，所以很讲究用墨。现在有了墨汁还有人非要坚持磨墨，这似乎没必要。但墨汁的好坏直接影响到装裱时是否洇纸，所以要有所选择。现在北京出的一得阁墨汁，安徽出的曹素功墨汁都很好用。

纸的种类当然很多，难以一一列举。用什么纸与书法水平也没有关系。我是得什么纸用什么纸，有时觉得在包装纸上写似乎更顺手，因为没负担；越用好纸越紧张。我这种感觉和很多古人一样，当年很多人都不敢在名贵的印有乌丝格的蜀缣上写，只有米元章照写不误，看来还是他的本领大。

至于砚就更无所谓了，如果用墨汁，它简直就可有可无。砚对现在书法而言，大约工艺价值远远超过使用价值。

总而言之，这一讲讲的问题虽多，但中心思想却是一个，即不要被那些穿凿附会、貌似神秘的说法所蒙蔽，不管这种说法是古人所说，还是权威所说。这些说法很多都是不了解古代的实际情况而想当然，然后又以讹传讹，谬种流传。不破除这些迷信，就会被他们蒙住而无法学好书法。

第二讲 碑帖样本

上讲说过写字不见得都需有幼功,临帖也不必都求其全似,因为本来就不可能全似,但对学习书法的人来说,临帖是非常必要的。它是一种最基本的方法的练习。正像练钢琴,没有一个不是从基本曲目开始的,总是随手乱弹,一辈子也成不了钢琴家;写字也一样,总是随手写来,即使号称这是"创新",也成不了书法家。书法中的横、竖、点、撇、捺、挑、折,就相当于西洋音乐中的1、2、3、4、5、6、7,中国音乐中的合、四、一、上、尺、工凡、六、五,只有把每个音节都唱得很准了,音节与音节之间的组合变化掌握得都很熟练了,才能唱出优美的乐章;同样,只有把基本笔画的基本形状及其组合掌握得都十分准确、十分自如,才能写出好字。这就需要临帖,因为帖就是好的字样子。小孩子临帖,并不是让他三天成为王羲之,也不能奢求他对书法艺术有多高的理解,而是让他熟悉笔画的基本形状、方向,以及字的结构布局,从而打好基本功。大人也需要时时临帖,即使达到了相当的水平也如此,正像钢琴演奏家在演出之前也需练习一样,它可以使你越练越熟。更何况它是一项很好的文化娱乐活动,是一项很好的审美创作练习,当你把写出的字挂起来欣赏的时候,你会从中发现很多乐趣。

那么临帖需先搞清哪些问题呢?大概有以下几点:

一、先要认清碑帖上的字相对原来的墨迹有失真之处。因为碑帖上的字是我们模仿的字样子,所以很多人就认为它是最准确的了,认为当时书法家写到石碑或木板上的就是那样,因而对碑帖上呈现出的每一细微处都觉得是必须效法的。其实并非如此。刻出来的字与手写的字不但有误差、有失真，而且有好几层误差与失真。这只需搞清碑帖的制作过程就能明了。

第一个过程是用笔蘸朱砂写在石头上，称"书丹"，因为朱砂比墨在石头上更显眼，便于雕刻。第二道工序是刻。刻的时候就以红道为据。我曾在河南的"关林"看到很多出土的碑，因为书丹时有的笔道很肥，刻完之后，刀口的外面还残留着朱砂的颜色。可见刀刻的痕迹与第一道工序——书丹的痕迹已不完全相符了，有的可能没到位，有的可能过头了，这是第一次失真。再好的刻工也不能与书丹时完全一样。在留传下来的碑刻中，刻得最好的是唐太宗的《温泉铭》，现在见到的敦煌本《温泉铭》，笔锋及其转折简直就和用笔写的一样，我在《论书绝句》中曾这样称赞它："细处入于毫芒，肥处弥见浓郁，展观之际，但觉一方黑漆版上用白粉书写而水边未干也。"但这样的精品终究是极少数，从道理上讲，刀刻的效果总不能把笔写的效果全部表现出来，比如不管是蘸墨也好，蘸朱砂也好，色泽的浓淡、笔画的干湿、以至笔势的顿挫淋漓就是刀工所不能表现的。用笔写的时候可能会出现"燥锋"和"飞白"，即墨色比较干时，笔道会随运笔的方向出现空白，这就不好刻了。没办法，所以定武本的《兰亭序》就只好在这地方刻两条细道，表明此处是由燥锋所出现的飞白，其实原字的飞白并不止两道。我曾拿唐人写经中的精品来和唐碑加以比较，明显感到写经的笔毫使转、墨痕浓淡一一可按，但碑经刻拓，则锋颖无存。两相此较，才悟出古人笔法、墨法的奥妙。又曾看到智永的《千字文》真迹，其墨迹的光亮至今还非常鲜明，这是碑帖无论如何也表现不出的。

第三道工序是拓碑，拓时先用湿纸铺在碑上，然后垫上毡子往下按，这样，碑上凹下的笔画就在纸背上被按成凸出的笔画了，再在上面刷上墨，凹下的地方因沾不上墨，所以就成为黑纸白字了。但按的时候力量不会绝对匀，力量不到、按得不瓷实的地方就会使拓出来的笔道变细。这是第二次失真。刷墨的时候也不会绝对的均匀，再加上墨如果比较湿，或者纸比较湿，就会洇到凹下去的部分，这样笔画的粗细与形状也会与原字不同，这是第三次失真。

第四道工序是把纸揭下来装裱。裱时要将纸抻平，这样一来笔道又会被抻开，这是第四次失真。碑帖留传的时间过长会破旧损坏，需要重裱，这是第五次失真。

而更糟糕的是有的碑也会损坏，如毁于战火、毁于雷电，或者被拓的次数过多而将碑面损坏，于是只好根据现有的拓片重新翻刻。拓片已经失真，根据失真的东西翻刻岂能不再次失真？这是第六次失真。当然，好的翻刻本也有。如乾隆年间无锡秦家，根据宋拓本翻刻《九成宫》，在当时可以卖到一百两银子一本。因为当时的科举考试非常重视书法，当时书法的标准为"黑大光圆"，于是人们就不惜重金来买好碑帖。

试想，轮到你手中的碑帖不知已失真多少次。最好刻的真书尚且如此，不用说更富于使转变化的行书与草书了，如果你还认为古人最初写的真书、行书、草书本来就如此，甚至把走形失真之处也揣测成是古人力求毫锋饱满、中画坚实，于是一味地亦步亦趋、死板模仿，以至有意求拙，以充古趣，岂不过于胶柱鼓瑟？

碑如此，帖亦如此。好的帖讲究用枣木板，硬，不易走形损坏。帖刻的工艺也有好有坏。有著名的宋代的淳化阁帖，本身刻得很粗糙，但宋徽宗的以淳化阁帖为底本的大观帖却刻得十分精致，几乎和写的一样。但它们的制作工艺与碑大致相同，故而再好也无法表现墨色的浓淡、干湿，并存在多次失真的情况。总而言之，不管碑也好，帖也好，我们千万别以为古人最初的墨迹即如此，否则就会把失真与差误的地方也当成真谛与优长加以学习了。其结果只能像我在《论书绝句》中所云："传习但凭石刻，学人模拟，如为桃梗土偶写照，举动毫无，何论神态？"

这里需顺便指出的是，有人对碑与帖的关系又产生了一些无意或有意的误解，如认为碑上的字是高级的，帖上的字是低级的；写碑是根底，写帖是补充。比如康有为就特别提倡"尊碑"，他所著的《广艺舟双楫》中就专有一章谈这方面的内容。他写字也专学《石门铭》。还有人从而又生发出所谓的"碑学"与"帖学"，好像加上一个"学"字，就成为一种专门的学问了。这是无稽之谈。对于初学写字的人来说，碑由于字比较大而清楚，且楷书居多，学起来容易掌握；帖行草居多，经常有连笔和干笔带来的空白，对连字的基本形状结构都还不很分明的人来说，自然更难掌握。就这层关系而言，临碑确实是根底，但有了一定的基础后，二者就无所谓谁高谁低了。究竟是临碑还是临帖，全看自己的爱好。再说，碑里面因刻工技术的高低，刻工水平的好坏，也有优劣之分。如柳公权的《神策军碑》刻得非常好，虽然干湿浓淡无法表现，但笔画字形刻得极其精致周到；但同是柳公权的《玄秘塔》就刻得相对粗糙。又如颜真卿，楷书大前缀推《告身帖》，所谓"告身"就相当于今日的委任状，按情理说，颜真卿不可能为自己写委任状，故此帖肯定是学他书法、且学得极其神似的人所写，但此帖的风格与颜真卿的《颜家庙碑》、《郭家庙碑》等都属一类，但我们随便拿一本宋拓的碑，远远不如《告身帖》看得这样分明真切。所以真假暂且不论，但从学习写法来看，《告身帖》要优于一般的碑。又如古代有所谓的"向拓本"，所谓"向拓"是指用透明的油纸或腊纸蒙在原迹上向着光亮处，将它用双钩法将原迹的字钩出来,再填上墨。唐人已有这种方法,宋人也用这种方法,但不如唐摹得精细。有的唐摹本相当的好,如《万岁通天帖》和神龙本的《兰亭序》,连碑中不能表现的墨色的浓淡干湿都能有所表现。但这都属于"帖"类,谁又能说它比碑低级呢?

　　我虽然始终强调"师笔不师刀"——强调临摹墨迹比临摹碑帖要好,并在上文列举了碑帖的那么多问题,但并不是一概地反对临摹碑帖。因为一来好的墨迹原件终究不是所有人都能见到的,当年乾隆皇帝曾拿出过一次秘藏的王羲之的《快雪时晴帖》给大臣看,大臣无不感到受宠若惊。大臣尚且如此,何况一般的平民百姓?二来即使有了好的墨本真迹,谁又舍得成天地摩挲把玩?三来好的刻本终究能表现出原边的基本面貌,尤其是字样的美观,结构的美观,终不可被某些局部的失真所掩。但我们一定先要明白碑帖与原迹的区别。正如我在《论书绝句》中所云:"余非谓石刻必不可临,唯心目能辨刀与毫者,始足以言临刻本。否则见口技演员学百禽之语,遂谓其人之语言本来如此,不亦堪发大噱乎?"如果你看过一些好的墨迹本并能在石碑帖时发挥想象"透过刀锋看笔锋"——透过碑版上的刀锋依稀想见那使转淋漓的笔锋,那就更好了。那就如我在《论书绝句》中所说:"如观灯影中之李夫人,竟可破帏而出矣。"——当年汉武帝非常思念死去的李夫人,方士云能致将李夫人的魂魄来,届时汉武帝果然在帏帐的灯影中见到李夫人——只要我们能将本来死板的碑帖借助感性的想象,把它看活,将它尽量变成一幅活的墨迹就成了。

　　以上所说都是以现代影印卫尚未出现为前提的。古时人们得不到真迹做范本,怎么办呢?最好的办法是找钩摹的向拓本。但这也很难得,所以对一般人来说只好凭借好的刻本,再等而下之，就只好凭借翻刻本了。有的人称好的刻本为"下真迹一等"，这已是夸奖的话了，陶祖光甚至更夸张地说好的拓本可"上真迹一等"，因为真迹已死无对证，无从查找了。但在现代精良的影印术发明之后，好的影印本确实可"上真迹一等"，因为一来它确实和原迹一模一样，包括墨色的浓淡干湿、枯笔的飞白效果与原件毫无二致，这一点是"向拓本"无法比拟的。二来便于使用，你可以将它置于案头随时把玩，不必担心它的损坏，因此它的收藏价值虽不如真迹，但实用价值确实大于真迹。我家长年挂着影印的米元章和王铎的作品，要是真迹，我舍得随便挂吗？因此现代影印术的发明，真是书法爱好者的一大福音，它为我们轻而易举地提供了最理想的范本，这可是古人梦寐难求的啊。

二、何谓碑、何谓帖

"碑"字从"石"、从"卑"，原指坟前的矮石桩，最初上面还有一个窟窿，原用于下葬时系棺椁用，也可以用来系葬礼时的牺牲品，如猪羊之类。后来在上面刻上墓主的名字，碑石也变得越来越大，碑文也变得越来越多，内容也越来越丰富，不但可以用来记载死者的有关情况，而且凡纪念功德的纪念性文字都可以书碑。汉代就有著名的《石门颂》，北魏时有《石门铭》，记载褒斜一带的有关情况。到唐代，开始多求名人书写，甚至皇帝自己写。唐太宗就写过两个碑，一为《温泉铭》，歌颂他洗澡的温泉如何好，如何有利于健康，此碑早已不存，现有敦煌的孤本残帖；一为《晋祠铭》，纪念周成王分封其幼弟叔虞于唐之事，晋祠即指叔虞的庙。后来李唐王朝之所以称"唐"，是因为他们自视为叔虞的后代，所以《晋祠铭》兼有歌颂大唐王朝立国之意。唐高宗效法其父，写过《李积碑》，武则天则为其面首张昌宗写过《升仙太子碑》，硬说他是仙人王乔王子晋的后身，立于河南缑山。此碑现在

256

还有,碑旁已砌上砖墙加以保护。

碑的歌颂纪念性质决定它多以郑重的字体来书写,这样也便于读碑的人都看得清。汉时多用隶书,唐时多用楷书。我们今天见到的虞世南、欧阳询、柳公权、颜真卿的碑无一例外,全是用楷书来写,字又大又清楚,所以便于成为后来学习楷书的范本。只有皇帝例外,他们至高无上的地位可以不受这一限制,爱怎么写就怎么写,所以唐太宗、唐高宗就用行书写,武则天甚至用草书写,草得有些字都很难辨认。

帖,最初指古人随手写的"字帖子",也称"帖子",实际上就相当于今天所说的便条、字条、条子,所以写起来比较随便,字往往很少,有的就一两行,如著名的《快雪时晴帖》就三行。淳化阁帖中有很多这样的作品。用于拜见主人时,称"名帖"、"投名帖",最初是折起来,因而也称"折子",里面就写一行字,说明自己的姓名、身份,后来变成单片的,称"单帖"。我见过清朝人的单帖,官越大,头衔多的,字反而越小,官越小的字反而越大。外边还可以用一个皮夹子装着,称"护书",由跟班的拿着。到了被拜访人的家,由跟班的拿出来,交给门房,门房收下后,举到到二门,朝上房喊"某大人(或某老爷)到。"主人听到后说声"请"。然后门房回来也向客人说声"请"。便可以领着他去见主人了。如果是下级呈递上级的公文,则称"手本",按一定宽度折成一小本。还有信,其实也属于帖,比如现在留传的王羲之的几种帖,大部分都是他当时写的信,《快雪时晴帖》实际上也是信。有时写给大官的信,大官可能在信后随手批几句批语,有如皇帝在大臣的奏折上批上(知道了"云云,那也属于帖。《书谱》曾记载,王献之曾郑重其事地给谢安写过一封信,并自认谢安"想必存录",但没想到谢安只是于原信上"批尾答之",令王献之大为失望。在古人看来,这些都属于帖。《兰亭序》虽然比较长,但它仍属帖,因为它是文稿子,上面还有改动涂抹的痕迹。因此我们可以给帖下一个广泛的定义:凡碑之外的、随手写的都可称帖。后来这些帖不管用钩摹的办法,还是刻板的办法保留、留传下来,人们仍然称它为"帖"。有人说竖石叫碑,横石叫帖,这并不准确,其实,墓前的横石也叫碑。

　　既然是便条的性质,所以写起来就比较随便,文辞既很简单,所用的字体也多属行书或草书。当然,帖中也有用较正规的字体的,如王羲之的《快雪时晴帖》,正像碑中也偶尔有用行草的。因此碑与帖的区别,主要是当初用途的不同与由此而来的所选用的字体的不同。碑是树立在醒目的地方供人看的,它唯恐别人看不清,所以字往往选用又大又清楚的楷书、隶书;帖多数是一个人写给另一个人的,只要两人之间能看懂即可,所以字体可以随便。在秘而不宣时(这种情况是很多的,如有人在信中附上一句"阅后付丙"——阅后请烧掉,就是明证),恨不得写出的字除对方外,谁也看不懂,不懂得像密码一样才好。

　　现在有人从碑中和帖中字体的不同引出"碑学"、"帖学"这一概念,这其实并不准确。如果我们把研究碑和帖是怎样来的,又是怎样发展变化的,里面有多少种类,汉碑是怎么回事,魏碑是怎么回事,称为"碑学"、"帖学"尚可,但如果把研究碑上的字称为"碑学",把研究帖上的字称为"帖学",就不准确了。还有人把研究"写经"上的字称为"经学"、"经体",这就更不准确了,经学哪里是指这个? 不管是研究碑上的字,还是研究帖上的字,或是研究写经上的字,都是书法学。我们不能把碑上的字与帖上的字,或写经上的字截然分开,然后一个称"碑学",一个称"帖学",一个称"经学",这容易引起歧义。

三、对碑帖及临写碑帖时的一些误解

在第一讲中我已指出由握笔等书写方法的误解而造成的书写时的一些错误，这里我想再着重谈谈由对碑帖的误解而造成的错误。这些错误大致又分两类。

第一类是由于不知道碑帖的失真而造成的对碑帖死板机械的临摹。

比如，你如果不知道墨迹本来是很圆润的笔画，只是经刀刻以后才变成方笔，于是不加分辨地机械模仿，把笔画都写成"方头体"，甚至把它当成古意和高雅来刻意追求，这就错了。有人还因此把没拓秃的魏碑称为"方笔派"，把拓秃了的魏碑称"圆笔派"，这就更属无稽之谈了，他们不知道像龙门造像中的那些方笔其实都是刀刻的结果。龙门那里的石头很硬，不好刻，比如要刻一横，只能两头各一刀，上下各一刀，它自然成为方的了，古人用毛锥笔是写不出来那么方的笔书的。清末的陶濬宣（心耘）就专写这种方笔字。还有张裕钊（廉卿）写横折时，都让它成为外方内圆的，真难为他怎么转的笔，我把它戏称为"烟灰缸体"。碑帖中确实有这样的字体，但外边的方是刀刻所致，里边的圆可能是刀口旁边有剥落所致。他不知道这一点而去机械地模仿就很无谓了。更令人遗憾的是，有些人还专门学张裕钊的这种写法，他的一些学生，有中国的，也有日本的，就专跟他学这种写法，至今已流传两三代了。我还曾遇到过这样一件事。一天，一位自称老书法爱好者的人驾临寒舍，称他收藏有最好的欧帖，并终生临摹不已，边说边打开摞什袭包里的碑帖。我一看真为他惋惜，他自认为最好的这些碑帖，实际不过是专出《三字经》、《百家姓》、《千字文》（合称"三、百、千"）之类的"打磨厂"（北京的一个地名，内有一些印制碑帖、年画、红模子的小作坊）一级的东西，粗糙得

很，笔道都是明显的刀刻的方头，字形都已明显变形。试想，以此为范本用功一生，还自谓得到了欧体的精华，岂不可惜？

又比如有的碑上的字，字口旁有缺损剥落，于是拓下来的字便会在字口旁出现一些多余的部分。有的人不明白这是怎么回事，便在临摹时在笔道旁故意顿挫出一些刺状的虚道，我戏称它为"海参体"。又如碑上的细笔道在拓时因用力不匀或用墨过浓，都容易拓断，有人认为古人在写时原本如此，在临摹时也跟着故意断。这种断笔、残笔在小楷的碑帖中更易出现。因为原本刻得字就小，笔道就浅，拓多了自然更易模糊。如宋人刻过很多附会为王羲之的小楷帖，像《黄庭经》、《乐毅论》、《东方画赞》等。这些帖中，"人"字一捺的上尖往往拓不上，于是变成了"八"字，"十"字一横的左半部分拓不上，于是变成了"卜"字。我小时曾看到兄弟俩一起面对面地坐在桌子的两旁认真临帖，都用我前边说过的自认为颇具古意的"猪蹄法"握笔，而且每写到碑上出现拓残的断笔时，哥儿俩就互相提醒，嘴里还念念有词，"断，断"，显然是把它当成一种古人有意为之的特殊笔法加以模仿。当时我还小，不知怎么回事，只觉得很奇怪，后来弄清楚怎么回事后，觉得这兄弟俩真可笑。其实，不用说一般人了，就连很多书法家亦如此，比如明代的祝允明、王宠等就有意这样写，因此他们的字往往有这样的断笔。

第二类是概念上的错误。有些人因看到碑上的字多是方笔，为了刻意仿效它，就制造出一些莫名其妙的书写理论和书写方法，以期达到这样的效果。还有人因看到碑上的字多是方笔，便误认为所有的字都应如此，不如此就连是否是真的都值得怀疑了。

如清朝的包世臣，在其所著的《艺舟双楫》中记载，他曾从黄小仲(黄景仁字仲则之子)那里听说过一个关于用笔的很高深的理论,叫"始艮终乾",当他想进一步向他请教何谓"始艮终乾"时,他则笑而不答,以示高深。其实这是一种想把笔画写成方笔的用笔方法。如果我们把一横看成是三间坐北朝南的大北房,古人心里的地图是上南下北,那么按照八卦的排列它的西北角叫乾,正北叫坎,东北角叫艮,正东叫震,东南角叫巽,正南叫离,西南角叫坤,正西叫兑。所谓"始艮终乾"指从东北角艮位下笔,往上一提,然后描到东南角的巽位,然后平着从中间拉到西边,把笔提到西南角的坤位,最后将笔落到西北角的乾位,这样一来就能把笔画描成方的了。这不叫写字,这叫描方块儿,比"海参体"更等而下之了。总之,想要硬用毛锥笔写方笔字,必定会出现很多怪现象。

又如清朝还有一个叫李文田的人,专门学写碑。他曾在浙江做考官,在回来路过扬州时,为汪中所藏的《兰亭序》作了一大段跋。其中心观点是,《兰亭序》不是王羲之所写,理由是晋朝人的碑中没有这样的字。他不知道晋朝的碑本来就不可能有这样的行书字,因为那时碑上的字都是工工整整的,一直到唐朝欧、柳等人莫不如此,只有皇帝老儿的碑才偶尔有行书字。不用说古人的碑了,就是现在人在门口上贴一个"闲人免进"的条,也要写得工工整整的才行,才能达到让人看清从而不进的目的,否则,写得太潦草,岂不是还要在旁边加上释文?换言之,他们不懂得书写的形状和书写的用途是有密切关系的。我们知道汉朝郑重的字都用隶书,而现在看到的出土的汉代永元年间的兵器簿全是草书,敦煌发现的汉简中,有关军事的也全是草书。为什么?因为军中讲究快,为了这个目的,所以就要选用与之相适应的字体。直到今天亦如此,比如报头为了美观醒目,可以用各种字体,但到了里面的正文,必定还用最易辨认的宋体或楷体。《兰亭序》本来是书稿,它当然会选用行书字,而不用当时工工整整的正体。正像我们今天随便写一个便条,谁会把它描成通行于书报上的宋体字呢?因而岂能用碑中没有这样的字就说《兰亭序》是假的呢?他还用《世说新语》所引的注与《兰亭序》有出入为据,来论证《兰亭序》为假,殊不知古人以引文作注本来可以撮其原文之大意,他不说所引简略,而反过来怀疑原文,更是无知。

这种观点后来又得到某些人的发挥,他们看到南京出土的晋朝的《王兴之墓志》等都是方块笔,认为《兰亭序》都应该是这样的才对。还说如果真有《兰亭序》,其笔法必定带有"隶意"才对。如果没有"隶意"必定是假的。殊不知这些碑的方笔画都是刀刻出来的效果,当然会是刀斩斧齐,但拿毛锥笔去写,无论如何是写不出这样的效果的。再说唐人管楷书就叫"今体隶书",《唐六典》中就有这样的记载。唐朝的《舍利函铭》的跋中就有"赵超越隶书"之语,而所用之字,全是标准的楷书。虽然都叫隶书,但汉隶与唐楷(唐人称"今体隶书")是名同实异的。李文田要求晋朝的行书要有汉碑隶书的笔意,这也是一种误解。我们不能死板地理解这些名词,应该根据具体情况去正确理解。比如张芝曾写过这样的话:"草草不及草书",这里的草书实际应是起草的意思,如果把它理解为草体书,说我来不及了,不能写草书了,只能一笔一画给你工整地写楷书,这合逻辑吗?又比如某人小时挺胖,大家都管他叫"胖子",但到大了,他不胖了,我们能说他不是那个人了吗?同样的道理,如果还把这里的"隶"理解为蚕头燕尾式的笔画,硬要从《九成宫》甚至《兰亭序》中去找这种隶意,找不到就瞎附会,看到那一笔比较平,就说那就是隶意,岂不可笑?

破除迷信——和学习书法的青年朋友谈心

这回讲的是有关书法的问题。书法一向有论著,包括从古以来的,到了近代像包世臣的《艺舟双楫》,还有康有为的《广艺舟双楫》。这些看来都比较神秘,比较文雅,用的词都比较古奥。按照那些个词句来实际用笔,练习写字,就会感觉到有许多的问题,感到词不达意,表现不出真实情况来。我现在讲的,是我平常的一些理解,现在就分这十几个项目来谈一谈。我的总题目叫做"破除迷信"。书法书上有许多的词,有修养的人,读过许多古书的人,对于所用的词汇,所用的解释都可以体会得出来,但到了实践中未必能表现出来。那么就有人将其穿凿附会,就走上了岔路,就得越来越神秘,那么操作也越来越神秘。因此,我所谓要破除的迷信,就是指古代人解释书法上重要问题时那些个误解。事实上人家原来的话都是比较明白的,只是被后人误解了。我这里有个副标题即小标题,是我想与学习书法的朋友谈谈心,就是谈我的体会、我的理解是什么。这是我要讲的目的和内容。

第一章 迷信由于误解

在这一章里要讲几个问题。首先,文字是语言的符号,写字是要把语言记录下来。但是由于种种的缘故,写成了书面的语言,写成书面语言组成的文章,它的作用是表达语言。那我们写书法,学习写书法所写的字就要人们共同都认识。我写完长篇大论,读的人全不认识,那就失去了文字沟通语言的作用了,这是第一点。文字总要和语言相结合,总要让读的人看的人懂得你写的是什么。写完之后人都不认识,那么再高也只能是一种"天书",人们不懂。

第二点,就是书法是艺术又是技术。讲起艺术两个字来,又很玄妙。但是它总需要有书写的方法,怎么样写出来即在字义上让人们认识理解,写法上也很美观。在这样情况下,书法的技术是不能不讲的。当然技术并不等于艺术,技术表现不出书法特点的时候,那也就提不到艺术了。但是我觉得书法的技术,还是很重要的。尽管理论家认为技术是艺术里头的低层次,是入门的东西。不过我觉得由低到高,上多少层楼,你也得从第一层迈起。

第三点,文字本来就是语言的符号。中国古代第一部纯粹讲文字的书《说文解字》,说的是那个"文",解的是那个"字"。但是他有一个目的,一个原则,那就是为了讲经学,不用管他是孔孟还是谁,反正是古代圣人留下的经书。《说文解字》这本书,就是为人读经书、解释经书服务的。《说文解字》我们说应该就是解释人间日常用的语言的那个符号,可是他给解释成全是讲经学所用的词和所用的字了。这就一下子把文字提高得非常之高。文字本来是记录我们发出的声音的符号。一提至经书,那就不得了了,被认为是日常用语不足以表达、不够资格表达的理论。这样,文字以至于写字的技术就是书法,就与经学拉上了关系,于是这个文字与书法的地位一下子就提高了,这是第一步。汉朝那个时候,写字都得提到文字是表达圣人的思想意识的高度来认识的。这样文字的价值就不是记载普通语言的,而是解释经学的了。

第四点,除了讲经学之外,后来又把书写文字跟科举结合起来了。科举是什么呢？科，说这个人有什么特殊的学问，有什么特殊的品德，给他定出一个名目来，这叫"科"；"举"，是由地方上荐举出来，提出来，某某人、某某学者俗这个资格，然后朝廷再考试，定出来这个人够做什么官的资格。古代我们就不说了，到明代、清朝就是这样的。从小时候进学当秀才，再高一层当举人，再高一层当进士，都要考试。进士里头又分两类：一类专入翰林，一类分到各部各县去做官。这种科举制度，原本应该是皇帝出了题目（当然也是文臣出题目），让这些人做，看这些人对政治解释得清楚不清楚。后来就要看他写的字整齐不整齐。所以科举的卷面要有四个字"黑、大、光、圆"，黑色要黑，字要饱满，要撑满了格，笔画要光溜圆满，这个圆又讲笔道的效果。这样，书法又抬高了一步，几乎与经学，与政治思想、政治才能都不相干了，就看成一种敲门的技术。我到那儿打打门，人家出来了，我能进去了，就是这么个手段。这种影响一直到了今天，还有许多家长对孩子提出不切实际的要求。孩子怎么有出息，怎么叫他们将来成为社会有用的人才不去多考虑，不让小孩去学德、智、体、美，很多应该打基础的东西。他让小孩子干吗呢？许多家长让孩子写字。我不反对让小孩子去写字，小孩写字可以巩固对文字的认识，拿笔写一写印象会更牢固，让小孩学写字并没有错处。但是要孩子写出来与某某科的翰林、某个文人写的字一个样，我觉得这个距离就差得比较远了。甚至于许多小孩得过一次奖，就给小孩加上一个包袱，说我的书法得了一个头等奖，得了一个二等奖。他那个奖在他那个年龄里头，是在那个年龄程度里头选拔出来的，他算第一二等奖。过了几年小孩大了，由小学到初中，由高中到大学，他那个标准就不够了。大学生要是写出小学生的字来，甭说得头等奖了，我看应该罚他了。有的家长就是要把这个包袱给小孩加上。

我在一个地方遇到一个人，这个人让小孩下学回来得写十篇大字，短一篇不给饭吃。我拍着桌子跟他嚷起来，我说："孩子是你的不是我的，你让他饿死我也不管。那你一天要孩子写十篇大字，你的目的是要干什么呢？"我现在跟朋友谈心，谈书法，但是我首先要破除这个做家长的错误认识。从前科举时代，从小孩就练，写得了之后，这科举那些个卷折，白折子大卷子写的那个字呀，都跟印刷体一个样。某个字，哪一撇儿长一点儿都不行，哪一笔应该断开没断开也不行。这种苛求的弊病就不言而喻了。所以我觉得这第四点是说明书法被无限地抬到了非常高的挡次，这个不太适宜。

书法是艺术，这与它是不是经学，与它够不够翰林是两回事，跟得不得什么杯，得不得大奖赛的头等奖也是两回事。明白了这一点，家长对书法的认识，对小孩学书法的目的，就不一样了。

第五点，是说艺术理论家把书法和其他艺术相结合，因而书法也就高起来。比如现在有许多的艺术理论家来讲书法，我不懂由这个书法怎么是艺术。我就知道书法同是一个人写，这篇写得挂起来很好看，那篇写得挂起来不好看，说它怎么就好看了，我觉得并不是没有方法解剖的。

但是要提高到艺术理论上解释，还有待将来吧。

第六点，封建士大夫把书法的地位抬高，拿来对别的艺术贬低，或者轻视，说书法是最高的艺术。这句话要是作为艺术理论家来看，那我不知道对不对；要是作为书法家来看，说我这个就比你那个高，我觉得首先说这句话的人，他这个想法就有问题。孔子说："如有周公之才之美，使骄且吝，其余不足观也矣。"《论语·泰伯》）说是像周公那样高明的圣人，假如他做人方面，思想方面又骄傲又吝啬,这样其余再有什么本事也不足观了。如果说一个书法家,自称我的书法是最高的艺术,我觉得这样对他自己并没有什么抬高的作用,而使人觉得这个人太浅了。

第七点,是说最近书法有一种思潮,就是革新派,想超越习惯。我认为一切事情你不革新它也革新。今天是几月几号,到了明天就不是这号了,不是这月这个日子了。一切事情都是往前进的,都是改变的。我这个人今年多大岁数,到明年我长了一岁了,这也是个记号,不过是拿年龄来记录罢了。事实上我们每一个人,过了一天,我们这个身体的机能、健康各方面,都有变化。小孩是日见成长,老年人是日见衰退,这是自然的规律。书法这东西,我们看起来,自古至今变化了多少种形式,所以书法的革新是毫不待言的,你不革它也新。问题是现在国外有这么几派思想,最近也影响到我们国内来,是什么呢?有一种少字派,写字不多写,就写一个字,最多写两个字,这叫少字派。他的目的是什么?怎么来的?怎么想的呢?他是说书法总跟诗文联系着,我要写篇《兰亭序》,写首唐诗,这总跟诗文联着。我想把书法跟诗文脱离关系,怎么办呢?我就写一个"天",写个"地",写个"山",写个"树",这不就脱离文句了吗?不是一首诗了,也不是一篇文章了。这个人的想法是对的,是脱离长篇大论的文章了。但是一个字也仍然有一个意思,我写个"山",说这个你在书里找不着,也不知这山说的是什么?我想没那事,只要一写底下一横上头三根岔,谁都知道像个山。那么人的脑子里就立刻联想起山的形象,所以这还是白费劲。这是一个。还有一派呢想摆脱字形,又是一个变化了。这个变化是什么呢?就干脆不要字形了,有的人写这个"字"呀,他就拿颜色什么的在一张不干的纸上画出一个圆圈来,或画出一个直道来,然后把水汪在这个纸上,水不渗下去,把颜色往里灌，一个笔道里灌一段红，灌一段绿，灌一段黄，灌一段白，灌一段什么。这样一个圈里有各种颜色，变成这么一个花环，这样就摆脱了字形了。我见过一本这样的著作，这样的作品，是印刷品。还有把这个笔画一排，很匀的一排，全是道儿，不管横道还是竖道，它也是各种颜色都有，还说这东西古代也有，就是所谓"折钗股"、"屋漏痕"。雨水从房顶上流下来，在墙上形成黄颜色的那么一道痕迹，这本来是古代人所用的一种比喻，是说写字不要把笔毛起止的痕迹都给人看得那么清楚，你下笔怎么描怎么圈，怎么转折，让人看着很自然就那么一道下来，仿佛你都看不见开始那笔道是怎么写的，收笔的时候是怎么收，就是自然的那么一道，像旧房子漏了雨，在墙上留下水的痕迹一样。这古代的"屋漏痕"只不过是个比喻，说写字的笔画要纯出自然，没有描摩的痕迹。满墙泼下来那水也不一定有那么听话，一道道的都是直流下来的。摆脱字的形体而成为另一种的笔画，这就与字形脱离，脱离倒是脱离了，你这是干什么呢？那有什么用处呢？在纸上横七竖八画了许多道儿，反正我绝不在墙上挂那么一张画，我也不知道是什么。我最近头晕，我要看这个呢，那会增加我的头晕，有什么好处呢？所以我觉得创新、革新是有它的自然规律的。革新尽管革新，革新是人有意去"革"是一种，自然的进步改革这又是一种。有意的总不如无意的，有意的里头总有使人觉得是有意造作的地方。这是第一章讲的这些个小点，就是我认为写字先要破除迷信。破除迷信这个想法将贯穿在我这十几章里头。

第二章　字形构造应该尊重习惯

字形是大家公认的，不是哪一个人创造出来的。古代传说，

268

仓颉造字，仓颉一个人闭门造车，让天下人都认得，这都是哪儿的事情呢？并且说"仓颉四目"，拿眼睛四下看，看天下山川草木、人物鸟兽，看见什么东西然后就创作出什么文字来。事实上是没有一个人能创作出大家公认的东西来的，必定是经过多少年的考验，经过多少人共同的认识，共同的理解才成为一个定论。说仓颉拿眼睛四处看，可见仓颉也不只是只看一点儿就成为仓颉，他必定把社会各方面都看到了，他才能造出、编出初步的字形。那么后来画仓颉像也罢，塑造仓颉的泥像也罢，都长着四只眼，这实在是挖苦仓颉。古书上说仓颉四下里看变成了四只眼看，你就知道人们对仓颉理解到了什么程度，又把仓颉挖苦到什么程度呢？所以我觉得文字不可能是一个人关门造出来的。这是第一点。

　　字形从古到今有几大类，最古是像大汶口等这些地方出土的瓦器上那些个刻划的符号，有人说这就是文字最早的初期的符号，那我们就不管了。后来到了甲骨文，还有手写的。殷也罢，商也罢，只是称谓那个时代的代号吧。甲骨上刻那些个字，现在我们考证出来前期、中期、后期，它的风格也有所不同，但是毕竟是一个总的殷商时期的文字。那么殷商这个时代，后来和周又有搭上的部分，就是金文（铜器上的文字），跟兽骨龟甲上的不一样。在今天看来，甲骨文、金文，都缺一个统一的写法，它有极其近似的各种写法，可没有像后来的各类楷书、草书那样一定要怎么写，还缺少那么一个绝对的规定。但是现在研究甲骨金文的人，也考证出来，它在这种不稳定的范围里头，还有一个相对稳定的"例谱"可以寻找，这个是我们请教那些古文字学家，他们都可以说得清楚的，这个东西是有共同之处的。甲骨文是先用笔写在甲骨上，然后拿刀子刻，有的刻完了还填上朱砂，为好看好认识；还有拿朱笔拿墨写出来的字没刻的。这些你问古文字学家，他们也都能找出在不稳定的范围里头所存在的共同的相对稳定的部分。为什么呢？要是一点儿都不稳定，那后人就没法子认识这些个文字倒底是什么字了，现在甲骨文、金文那些个字还是可以考得出来的。比方说，甲骨文现在有许许多多的考证，有许多认识了的字，还有许多字好多专家还在"存疑"，还有争论，可绝大部分现在都考出来了。又比如金文，像容庚先生的《金文编》，那也是个很大的工程，金文里头绝大多数的字基本上认识得了。至于说他那里头一点儿失误、一点儿讨论的余地都没有了吗？那谁也不敢说，可总算是在不稳定的范围里头还仍然有它使人共同认识的地方。

这些共同可认识的地方缘何而来呢？就是由于习惯而来。所以我说字形构造，它有一个几千年传下来的习惯。那么我们现在要写字，人家都用那么几笔代表这个意思，代表这个内容，代表这个物体，我偏不那么写，那是自己找麻烦。你写出来人家都不认识，你要干什么呢？我在门口贴个条儿，请人干个什么事情或者说我不在家，我出门了，请你下午来，我写的字人家一个也不认识。我约人下午来，人家下午没来。我写个条让人家办个什么事情，人家都不认得，那又有什么必要写这个条呢？我讲这中心的用意，就是说字形构造应该尊重习惯。不管你写哪一种字形，写篆书你可以找《说文解字》，后来什么《说文古籀补》、《续补》，三补几补，后来还有什么篆书大字典、隶书大字典等，现在越编，印刷技术越高明，编辑体例也越完备，都可以查找。草书、真书、行书这些个印刷的东西很多。你不能认为我们遵从了这些习惯的写法，我们就是"书奴"，写的就是"奴书"，说这就是奴隶性质的，盲从的，跟着人家后头走的，恐怕不然。为什么呢？因为我们

270

都穿衣裳,上面穿衣裳,下面穿裤子。你说偏要倒过来,裤腿当袖筒,那脑袋从哪出来呢?这个事就麻烦了。无论如何你得裤子当裤子穿,衣服当衣服穿,帽子当帽子戴,鞋当鞋来穿。所以我觉得这个不是什么书奴不书奴的问题。从前有人说写得不好是书奴,是只做古人的奴隶,其实应用文字不存在这个问题。我写字就让你们不认得,那好了,你一个人孤家寡人,你爱怎么写就怎么写,与我没关系。那你就永远不用想跟别人沟通意识了,沟通思想了。所以我觉得写出字来要使看者认识,这是第二点。

第三点,长期以来,在不少人的头脑中有一种根深蒂固的想法,就是古的篆书一定高于隶书,真书一定低于隶书,草书章草古,今草狂草就低、就今、就近,这就又形成一个高的古的就雅,近的低的就俗的观念。这个观念如不破除,你永远也写不好字。为什么有人把同是汉碑,就因为甲碑比乙碑晚,就说你要先学乙碑,写完了才能够得上去学甲碑呢?那甲碑比乙碑晚,他的意思到底是先学那个晚的呢,还是先学早的呢?他的意思是由浅入深,由低到高,先写浅近的,写那个俗的,再写那个高雅的。我先问他同是汉碑,谁给定出高或低的呢?谁给定出雅的俗的呢?这个思想是说王羲之是爸爸,王献之是儿子,你要学王献之就不如学王羲之,因为他是爸爸。我爱学谁学谁,你管得着吗?王羲之要是复活了,他也没法来讨伐我,说你怎么先学我的儿子呀?真是莫名其妙。从前有一个朋友会画马,他说他和他的学生一块开一个展览,说是学生只能画赵孟頫,再高一点的学生只能画李公麟,他只能画韩干、曹霸。韩干的画还留下来几个摹本,那个曹霸一个也没有了。那他说,我应该学曹霸,你查不出那个曹霸什么样来,那我就是最高的了。如果有个学生说,我要学韩干,这个师傅就说你不能学韩干,我配学韩干,你只配学任仁发、赵孟頫。真

271

是莫名其妙。那个曹霸他学得究竟像不像，谁也不知道。如果说你是初中的学生，不能念高中的课本，这我知道，因为他没到那个文化程度、教育的程度。但是这不一样，艺术你爱学谁学谁，爱临谁临谁，我就临那个王献之，你管得着吗，是不是？所以这种事情，这种思想，一直到了今天，我不敢说一点都没有了。我开头所说的破除迷信，这也是一条。

　　第四点，还有一个文字书，就是古代的字书，比如说《说文解字》，里头有哪个字是古文，哪个字是籀文，哪个字是小篆，哪个字是小篆的别体，哪个字是新附新加上去的，这本书里有很多。到了唐朝有一个人叫颜元孙的，他写了一部书，叫《干禄字书》，干禄就是求奉绿，做官去写字要按那个书的标准，哪个字是正体，哪个字是通用，哪个字是俗体，它每一个字都给列出这么几个等级来。颜元孙是颜真卿的长一辈的人，拿颜真卿的一个个字跟他上辈的书来对照，可以看出颜真卿写的那些碑，并不完全按他那个规范的雅的写，一点没有通用字，也没有那个俗字，并不然。可见他家的人，他的子侄辈也没有完全按照他那个写法。像六朝人，有许多别字，比方像造像，造像一躯的"躯"，后来身子没了，只作"区"。六朝别字里真奇怪，这个区字的写法就有十几种，有的写成區，有的写成区。那么这区字倒底是什么呢？不过它还是有个大概轮廓，人一看见这区字，或许会说这个写字的人大概眼睛迷糊了，花了。多写了一个口字，少写两个口字，还可以蒙出来，猜出来，仍然是区。这种字有人单编成书叫《碑别字》，在清朝后期有赵之谦的《六朝别字记》，现在有秦公同志写的两本书叫《增补碑别字》，他就看古代石刻碑上的别字，但是他怎么还认得它是那个字写法呢？可见在不一样的写法里头，还可以使人理解、猜想，认识它是什么字，可见最脱离标准写法的时候，它还有一个遵守习惯范围的写法。还有篆书,有人说篆书一定要查《说文解字》,有本书叫《六书通》,它把许多汉印上的字都收进来了。有人说《六书通》里的字不能信,因为许多字不合《说文》,他没想到《说文解字》序里头就有一条叫缪篆这样一种字体,"缪篆所以摹印也",缪篆是不合规范的小篆,拿它干什么呢,是为了摹印的。可见摹印又是一体,就是许可它有变化的。你拿《说文解字》里的字都刻到印里头来,未必都好看。说《六书通》的字不合说文,那是没有读懂这句话。还有后来《草字汇》,草字的许多写法,比如说"天"是三笔,"之"也是三笔,"与"也是,不过稍微有点不同,可是那点不同它就说明问题。"之"字上头那一点,写时可以不完全离开,上头一点,下面两个转弯,有的人也带一点儿牵丝连贯下来。你说它一定不是之,你从语言环境可以看出来,所谓呼出来,懵出来,猜出来,你不用管怎么出来,它也是语言环境里应该用的字。既然这样,可见那个语言。环境也证明是习惯。现在写字不管这个,说"我这是艺术",那不行,别的艺术,比如我画个人他总得有鼻子有眼睛。如果你画一只眼,画几只眼,那是神是鬼我不管,问题你要画人像总得画两只眼,即使是侧面你也是眼睛是眼睛的位置,不能眼睛在嘴底下。字还是得遵从书写的习惯,那么别人也会有个共同的认识,这样才能通行。要不然你一个人闭门造车,那我们就管不了。这是第二章。

第三章 碑和帖

这两个字需要解释一下。什么叫碑?碑本来是一个矮的石头,在什么上用呢?是坟墓前面立这么一块石头,原来是为拴绳索好把棺材放到坑里去,这个用途先不管它了。这块石头桩子上刻上字,说明这是谁的坟,就是这么一个意思。后来又扩大了,这人活着给他立个碑,因为他在这儿做过官,拍这个官的马屁,歌颂他这个官怎么怎么有德政,然后是又怎么样,这么一个纪念性质的碑,这上面刻着的字就是碑文。为什么在这上刻字,就是为让过路的人看明白,这是为谁立的碑。这样碑上的字尽力要写得让大家都认得,都是当时通行的大家公认的字。在最初写这碑的人并不一定是什么名家,什么书法家,什么学者,什么官,把它写清楚了,就行了。如果写出来人都不认识,那就麻烦了,就会发生误会,所以碑上的字呢,都是当时正规的字体。到了唐朝初年,唐太宗爱写字,学王羲之,他就写行书字,他可能不大会写楷书字,或者他写楷书字不是他的拿手好戏。他写了两个碑,一个叫做《温泉铭》,一个叫《晋祠铭》,就用行书字书写。他的儿子李治也用他这个字体给许多大臣写碑,也都是行书字体。唐朝初年,李世民父子都用行书写碑,这是用行书入碑的一个开始。武则天为她的面首(什么叫面首呢?就是她的情人吧)张昌宗立碑,说张昌宗是王子晋的灵魂脱生的,就在东山这地方把传说是王子晋的坟给挖出来了,挖出来一瞧,也不能证明是王子晋,就在那儿立了个碑,叫《升仙太子碑》,是完全用草书写的,被称为草书写碑的开端。从这以后,抄写书,抄写文章,抄写佛经的论,都用草书来写。孙过庭的《书谱》是草书写的,慈恩宗的那个法象那些个论都是草书。虽然有这么一个时代,有这么一个风气,就影响一段时间里的字体。但是,碑还是以楷书为主要的。为什么?他要写了行书草书,就失去了广大读者认识的作用。后来赵孟頫写楷书总带点行书味道,他不是一笔一画死猫瞪眼的那种楷书字,就是六朝的造像那种方头方脑的字。再后来特别是清朝末年,就特别提倡写碑,这个碑就是方头方脑的字。把写碑的叫碑学。打阮元起,就是道光年间,就有这种提法了。后来像叶昌炽,像杨守敬,一直到康有为,都是讲碑字好,是至高无尚的,完美无缺的。其实碑字本身的历史也有变化。原来是楷书字,后来有行书字,有草书字,那碑字并不能纯代表六朝的那些字体。可是他们这些讲碑的,难道碑上字都是标准的吗?那么武则天的"升仙太子碑"他怎么看?《温泉铭》、《晋祠铭》又怎么看呢?所以他叫碑学,这种说法本身就不完备,逻辑就不周密。我们现在讲帖,什么叫帖?帖本来是一个"字条";北京话叫便条,随便写的小纸条。我给某人写一个简单的小便条,说我什么时候有工夫,咱们什么时候见个面,就这么几句话,这种东西的名称叫"帖儿",原是给朋友看的,不是郑重其事的,是很随便的。六朝时,留传下来许多王羲之的字条,三行两行,甚至一行也有。有的"帖儿"甚至是给某人写一封信送去了,他要是个大官呢,就在那信的尾上给你批回话,比如人家说请你来一趟,他批"即刻去"三个字,也就是答复那个意见。这种东西叫"字帖儿"。这种东西本来和碑不是一回事,碑本来是让人认识,起告诉别人作用的。字帖呢,无所谓。咱俩你写给我我写给你,两个人心里明白,心照不宣。多草的字,只要这两人认识不就完了吗?那么帖留传下来就一张纸片,很容易丢失。唐太宗喜欢王羲之的字,就搜集王羲之的字。其实打梁武帝那儿已经就喜欢搜集了。零七八碎的条给他裱成这么一个卷儿。由于有这么一个帖,一丈多长,是王羲之写给四川一个地方官叫周甫的信,开篇有"十七日",写的是日子,今儿个几号,后来管它叫《十七帖》,这就不通了。不是十七张字帖,而是十七日写的帖儿,起头一个名就叫做十七帖。这东西是许多小字条儿,两行也有,三行也有,就打那儿起就有好些帖了。到宋朝有《淳化阁帖》,就是把许多的六朝人的字,汉朝人的字,还有仓颉的字编在一起。有

275

的是假的，胡给你凑上的。这个东西原来是淳化年间刻在阁（皇帝秘密藏书的书馆）里的，叫《淳化阁法帖》，后来简称为《阁贴》。这里摹刻了许许多多连真带假的古代人的字迹。《淳化阁帖》刻得既潦草，翻刻的又很多，越来越多，后来就说它没有一个刻得好的、逼真的、表现很美的那种字，都是大陆货。所以这个碑和帖的问题，并不是说帖就是低的，碑就是高的；也并不是说王羲之那个时候一定都得写成那个方头方脑的字才是王羲之。说《兰亭序》是假的，前一段时间不是有过辩论吗？有人说它是假的，就是因为它的字不是方头方脑的。这个咱就不谈了。

碑和帖的作用就是这样的。并不一定写碑就是高尚的，就是正统的。有人把碑上字拿来写信，写便条，那非常可笑，一笔一画地写，写了半天，人说你怎么这么费劲呀？还有清朝有个人叫江声，他干脆给人写信都用篆书。给他的一个听差写个条，让听差的买东西去，他用隶书来写，让大师傅去买菜，开个菜单，大师傅说你这是什么菜呀，我不认识。他说隶书呀，就是给你们奴隶们看的字，你们连隶书都不认得，那你不配给我做奴隶、做大师傅。江声就有这样一个笑话。你说我写个便条"请你来一趟"，这五个字都要写得跟六朝造像碑一个样，那算干什么呢？帖本来就是两个人认识，朋友之间，熟人之间互相写，我写得再草，写成密码，只要他认识不就完了吗。当然，写这种帖的草书便条也还有一个共同认识的标准、习惯。所以碑和帖没有谁低谁高的不同，只有用途上的不同。说是我要喝汤，拿着调羹拿着勺。我要夹个菜，我拿着两根筷子夹。那不能说汤勺是高，筷子就低，问题是你吃饭时，是勺和筷子都要用的。这种事情多了。服装上，用具上，下雨我打伞，不下雨我就不打伞，那么说打伞就是高明的，不打伞就是俗人，没有这个道理。这里只是一个工具、符号、用途的不同，比如说，记音乐的谱子，有简谱，1、2、3、4，还有五线谱，那么后来有留声盘，再后有录音带，再后有光盘，有光盘，你说这谁古？可以说最早的是工尺谱，一个字旁边注明唱工尺……就代表这个字唱的时候是这个音。那么工尺谱、简谱、五线谱、留声盘、录音带、光盘，你说谁古谁雅？工尺谱最古，是不是最雅？那么现在唱古调，已经有光盘了，你非得回过去，用工尺谱给它记下来，就雅了吗？我认为这个高雅与低俗完全不能这样往上套。

艺术风格是随人的爱好而定的。我不反对已有的艺术风格，比如说，我们现在住在一个砖瓦房的四合院，上边有瓦，底下有门窗，有柱子，跟洋楼不一样。你说让我住洋楼我也没意见。让我住四合院，我也没意见。或者有人偏重爱好某种建筑物，那也可以。说我穿个中式的小褂，中式的裤子，跟穿着西装也没有什么不同。看什么时候用什么服装，没有什么高低之分，没有什么雅俗之分。有人喜欢看造像石刻，看那武梁祠，那很笨、很原始的刻法。有人特别喜欢木板画，这本来无所谓。还有人喜欢戏剧人物的服装、脸谱，我觉得还是平常人的脸好看一点，化装自然可以美观一点儿，可在脸上画得花里胡哨的，画得乱七八糟的，红的绿的一道道的，包公脸上还画个太极图，画上许多图案，是什么意思呢？可有人对这特别喜欢，那我也不反对，他爱喜欢就喜欢，反正我不能画个花脸上街。今儿个开个会，我画出个逗哏的脸，《白水滩》那个花脸包公，你涂上满脸墨，那人家不准你进来了，说这人干吗呢？问题是你喜欢我不反对，你有自由，但是我没法按那个办。实用跟个人爱好，跟个人偏好，那是两回事。比如字，我们现在说写美术字。写招牌，我写美术字，那更有自由了，你爱什么写什么，但是写美术字我得先拿尺子、铅笔画出道道来，哪一笔怎样，得画出美术字体的效果。反正我给别人写个信，写个

277

便条，我不能用美术字，用美术字太费时间了。我不反对个人对艺术风格的爱好，我也不反对对于某个古代的某种不成熟的，或者在成熟过程中所经过的某种字体的偏爱，但是我们不能拿我所爱好的一种东西强加于人，说你必须这样才高级，那样就低级。

第四章 文房四宝

只要一提书法，就必定连上文房四宝。这种连法也不知是谁规定的。这四宝是什么东西呢？心通是纸、笔、墨、砚。

先说这头一个纸。练字根本不存在一定要用什么样的纸的问题。我们现在拿报纸、包装纸，或者硬纸壳都可以练字。有人还在练字也买成刀的宣纸来练，我说你好阔呀，练字还使那好讲究的宣纸，那是不是太高级了。有人说练字一定要用元书纸，这也有点教条，什么纸不能练呀！报纸已经看过了，如果没有存留的必要，那你就拿来写，一个已经过时的刊物，你拿来作练习不也一样吗？我的意思就是说，纸不一定要什么样的纸，才算是练书法的纸。

笔，说是书法一定要用毛笔。现在又提出硬笔书法。硬笔指的是什么呢？指的是钢笔、圆珠笔之类的笔。硬笔书法这是一个流派，好像是很新。其实呢，古代少数民族用的写字的工具，就是一个竹子签，竹子棍，拿刀削成一个斜坡，成为鸭嘴型，中间拿刀劈开一个缝儿，它就吸取墨，然后再用人的头发捆成那么一撮，给它剪齐了，搁在一个罐里头，把竹笔往里头那么一插，然后提出来就写，跟现在西方用的鹅翎管是一个样的办法。现在的钢笔头也是用这个办法演变过来的。这是一种。欧阳修的母亲拿一个荻子棍,在土上画字,教给欧阳修认字,那也是硬笔书法。我并不是"古已有之论",而是说我们现在有也不必大惊小怪。说你们使毛笔,我就使硬笔,那也不一定,中国地方大,民族多,用什么笔都有。钢笔、圆珠笔、铅笔都是硬笔;毛笔里头有紫毫、狼毫、羊毫,还有麻(把麻捆上)。还有一种叫做茅龙的笔,就是茅草梗子扎成的,明朝人陈白沙(献章)就是爱使这种茅龙笔。所以这笔也不一定要什么样才算书法专用笔。

墨,古代是拿制成的固体墨块搁在石头砚上研。与其现写现研,不如现在的墨汁,现在有许多墨汁,一得阁的墨汁呀,什么曹素功墨汁呀,这已很平常。把墨汁倒在砚台里,往里头加点儿水,让浓度适当,就行了。写钢笔字还有钢笔墨水,蓝黑墨水、黑墨水,等等。

砚,砚台更不用说了。当然什么石头都可以。古人讲究,是因为拿它当个玩赏的工具,一边研墨一边观赏,像一块古玉似的,摸着又很光溜,上头又刻着什么字,比如什么铭呀,是哪年买的呀,谁送的呀。砚台也有各种砚材,端石啦,歙石啦,古瓦古砖也行。容庚先生有块大砚台,他会刻印,在砚台背面刻字,他作一部书,就刻上一行字:某年月日,某部书编成了,又某年月日这部书又修改了。打开那一尺多大的大砚台,背后一行行字纵横交错。可惜当时没拓下来。那个东西很有意思,那是记功碑,曾经编过什么什么书,怎么怎么样,这等于一个很有意思的纪念品。

纸笔墨砚在今天,不是说没有用,是用处远远不俗了。比如说纸,必定得使宣纸,如果有人给我个金笺,上面压着金子,或是某种有名的花笺,我准写不好,我说你拿回去吧,还不如我这白纸,写坏了我还可以另换一张,要拿一张好纸我准写不好。他说你试试。我说试试,你的纸写坏了你负责,我负不起这个责,我不写。有人把整刀的宣纸拿来练字,我说实在是太浪费了。古人有几种办法,有把砖拿来,用湿笔蘸上香灰,或把香灰用水和好,用笔蘸上往砖上面写,等干了你看好不好,或者摞上再写,或者都写上,等于有灰的那一面,把笔蘸白水在上写,也可以练习,这是一种。还有呢,古代怀素院子里种得有芭蕉,他把芭蕉叶子拉下来,当纸在上面写字。这些足以说明什么样的纸都可以用。笔呢,也不一定是什么毫,狼毫、紫毫、羊毫都可以。当然笔呀,有点关系,笔要是写的不合手,还是不好受。苏东坡说过,好受的笔,写着让人手里拿着不觉着有笔,说明这笔很适合自己的习惯。纸也有这个问题,墨也有这个问题,墨稠了稀了,纸是生了是熟了,有的纸拿湿笔往上一搁,欻那么一洇,这样写着也会使人兴趣败坏。怎么样写适合自己的习惯,这只有个人的习惯问题,没有绝对的标准,一定得用什么样的纸,什么样的笔,什么样的墨,砚台更不用说了。所以我觉得所谓四宝,没有一个绝对的好坏标准,只要你使得习惯,写起来特别有精神的那一种,就是最好的。

第五章 入门练习

学写字有次序,怎样入门,从前有许多的说法。有些个说法,我觉得是最耽误事情的。首先说是笔得怎么拿,怎么拿就对了,怎么拿就错了;腕子和肘又怎么安放,又怎么悬起来。再说是临什么帖,学什么体,用什么纸,用什么格,等等的说法都是非常的束缚人。写字为什么?我把字写出来,我写的字我认得,给人看人家认得,让旁人看说写得好看,这不就得了吗!你还要怎么样才算合"法"呢?关于用笔的说法,我们下一章再解剖、再分析。现在我们先从入门得用什么纸说起。从前有一种粗纸,竹料多,叫元书纸，又叫金羔纸。小时候用这种纸写字非常毁笔。写了没几天，那笔就秃了、坏了。是纸上的渣子磨坏的。还有一种，是会写字的人，把字写在木板上，书店的人按照这字样子，把它刻成版，用红颜色印出来，让小孩子按着红颜色的笔道描成墨字，这样小孩子就可以容易记住这个字都是什么笔画，什么偏旁，都用几笔几画。这种东西打从宋朝就有。这些字样大都是"上大人、孔乙己、化三千……"我小时候还描过这种红模子。还有的写着"一去二三里，烟村四五家"这类的词语。都是用红颜色印在白纸上，让孩子用墨笔描。词儿是先选那些个笔画少的，再逐渐笔画加多。这除了让小孩子练习写字之外，还帮助小孩熟记这些字都共有哪些个笔画，这是一种。再大一点的小孩就用黑颜色印出来的白底墨字，把它搁在一种薄纸底下，也就是用薄纸蒙在上头，拓着写。这是比描红高一点的范本。这种办法无可非议，因为小孩不但要练习笔画，练习书写的方法，还要帮助他认识这个字，巩固对这个字的记忆。

再进一步就是给他一个字帖，把有名的人写的，或者是老师写的，或者家长写的，或者是当代某些个名人写出的字样子，也有木版刻印出来的，也有从古代的碑上拓下来的。比方说欧阳询《九成宫碑》、褚遂良《雁塔圣教序》，又比如像颜真卿《颜家庙碑》呀，《多宝塔碑》呀，柳公权《玄秘塔碑》呀等，这种字多半不能仿影，因为比较高级、珍贵，如果用纸蒙着描，容易把墨漏下去，把帖弄脏了，多半是对着帖看着它描，仿着它的字样子来写。这办法人人都用。我们现在随便来练字，也都离不开临帖。比如我们得到一本好帖，或某一个人写的我很喜欢，不妨把它摆在旁边，仿效他的笔法来写，可以提高我们的书法水平。但是这种办法有一个毛病，总不能写得太像，因为眼睛看的时候，感觉上觉得是这样！比如"天"两横，我觉得这两横的距离是多宽，头一笔短一点儿，第二笔横长一点儿，第三笔这个撇儿撇出去从哪儿到哪个地方才拐弯，这个捺的捺脚又怎么样了，摆在什么地方，这都是看起来容易，写起来难。赶到都写完了，拿起来一比，甚至于把我写的这个字与帖上那个字摆起来，对着光亮一照，那毛病就露出来了，相差太多了，几乎完全不一样了。这样就有些人越写越灰心，没有兴趣了。说我怎么写得老不像呢？它总是不能够那么逼真的。因此就有许多的说法。清朝有一个人特别主张读帖，他说"临帖不如读帖"。临帖是用眼睛看着效仿它的样子来学，读帖是拿眼睛看这个帖，理解这个帖，心里想着这个帖，然后拿笔不一定照这个帖就能够写出来。也许说这个话的人出这个招的人他能做到，但是他做到的时候是多大岁数，是他到什么程度的时候才做到这样的，这个谁也不知道。也许已经写了多少年，自己成熟了，然后就说我就是这么看一看就理解了这个字，那就是程度不同了。我们也有这个时候，比如说，我是在街上看到某一个牌匾，某个名人写的一个牌匾，看着很好看，自己心里也很想仿效他用笔的那个意味来写，可是他那个匾挂在铺子上头，我不能说给人家摘下来，那个时候照相又不那么方便，像现在拿个小照相机，老远你都可以把它照下来，那时候不容易。那么这个时候仿效，就等于读帖之后背着来临这个帖。这是不得已的事情，还要看什么程度。你想小学生你就让他去读那个帖，这话都是不实际的。说这个话的人叫梁同书，是清朝乾隆时候的人。他写的字你看不出来是有意临哪一家哪一派，他就那么写，他有一个论书的文章，有两句话，说"帖是让你看的，不是让你临的"。这句话我给他改一个字，这个帖是让"他"看的。他要看我管不了，他已经死了，他爱看不看我管不着，但是我只凭着看脑子记不住，我不拿手实践一下，没法子印证这帖是怎么回事情。

　　还有一个临碑临帖存在的问题。在从前印刷术还没有现在这么普及的时候，不管多大的名家的笔迹，都仗着把它刻在木版或石头上，然后椎拓下来，这就变成了黑底白笔画的字，这时不管刻工刻得多么逼真，一丝都不走、一丝都不损失、不差样子，但是多高明的刻工、多讲究的拓本，它也只有那个字的外部轮廓，里边墨色的浓淡，也就是用笔的轻重，墨的干湿就无法看到了。拿笔一写，拉下来之后笔就破开了。开始墨还多的时候，笔毛还拢在一起，到了笔画末端笔头就散开了，这种地方特有名称管它叫"飞白"，因为它不全是黑颜色了。干笔破锋所谓飞白的地方是最容易表现出（被学的人看出）写字的人用力的轻重、墨蘸的多少（这一笔蘸的墨写到什么地方墨就没有了、少了）。这种地方是很有关系的。你要是照相制版，看起来就明白得多了。这一笔所用的力，是哪一点最重、哪一点轻，可以看得清清楚楚，但是在刻本上，你多大本领的人，你也没法子看出这些过程来。不同的碑、帖，笔画有刻得精致，有刻得粗糙的。我们看唐朝刻的碑，就非常的仔细，后来石头磨光了、笔画磨浅了，这样的不在少数。看唐朝的碑最早的拓本，刻出不久时候的拓本那是比较精致的。魏碑，北魏的碑特别像龙门造像，那些造像记，在墙上在石洞里头刻的时候，是用力气在上锤、凿，这样就费事很大。结果刻出来的笔道，现在我们看龙门造像，每一笔都是方方整整的，两头齐，都是很方很方的，一个一个笔画都是方槽。这样写字的人就糊涂了，怎么回事呢？他不知这个下笔究竟怎么就能那么方呢？我们用的笔都是毛锥（笔有个别名叫毛锥子，像个锥形，是毛做的），用毛锥写不管怎样，总不同于用板刷。用排笔、板刷写字下笔之后就是齐的，打前到后这一横，打上到下这一竖，全是方的。但是写小

283

字，一寸大的字，他不可能用那么点儿的板刷，像画油画的那种小的油画笔来写，若都用那种笔来写，也太累得慌，太费事。所以就有人瞎猜，于是用圆锥写方笔字又有说了，说是笔必须练得非常的方。我已经见过好几个人，他们认为这些个字必须写得方了又方，像刀子刻的那么齐。我心里说，你爱那么方着写我也管不了，与我也没关系。别人每分钟可以写五个字，他是三分钟也写不了一个字，因为他每一笔都得描多少次。这种事情我觉得都是误解。碑上的字，给人几种误解，以为墨色会一个样，完全都是一般黑，没有干湿浓淡，也没有轻重，笔画从头到尾都是那么写的。还有一种就要求方，追求刀刻的痕迹。清朝有个叫包世臣的，他就创造出一种说法来，说是看古代的碑帖，你把笔画的两端（一个横画下笔的地方与收笔的地方）都摁上，就看它中间那一段，都"中画坚实"，笔画走到中间那一段，都是坚硬而实在。没有人这样用笔。凡是写字，下笔重一点，收笔重一点，中间走得总要快一点，总要轻一点，比两头要轻得多，两头比中间重一些。在这个中段你要让它又坚又实怎么办呢？就得平均用力，下笔时候是多大劲儿，压力多大，一直到末尾，特别走到中间，你一点不能够轻，一直给它拉到头，"中画坚实"这东西呀，我有时开玩笑跟人谈，我说火车的铁轨，我们的门槛，我们的板凳，我们的门框，长条木头棍子，没有一个不是中间坚实的，不坚实中间就折了。这样子要求写字，就完全跟说梦话一个样。我说这是用笔的问题，而为什么会出现这样胡造出来的一种谬论、不切实际的说法呢？都是因为看见那刀刻出来的碑帖上的字，拓的石刻上的字，由于这个缘故发生一种误解。这种误解就使学写字的人有无穷的流弊，也就是说所临的那个帖它本身就不完备，这不完备是什么呢，就是它不能告诉人们点画是怎么写成的，只给人看见刀刻出来的效果，没有笔写出来的效果，或者说笔写出来的效果被用刀刻出来的效果所掩盖。碑和帖是入门学习的必经之路，必定的范本，但是碑帖给人的误解也在这里。现在有了影印的方法就好多了。古代的碑帖是不可不参考的，但是我们要有批判的、有分析地去看这个碑帖。入门的时候不能不临碑帖，而临碑帖不至于被碑帖所误，这是很重要的。

第六章 学书"循序"说

学习书法应该有次序，由浅入深，由近及远，不管什么学问都是这样的。这个特别值得说一说。学写字应该有个循序渐进的次序。这没问题。但是什么是次序？什么是浅，到什么程度是提高、是深？说法就很不一样了。许多人看见古代的字是先有篆，到汉朝有隶，魏晋以后有楷、有草、有行，于是有两种误说：一种认为凡是古代的字的风格、形体就是高的，就是雅的。后来发展的那个字就是低的、俗的，就是近的，甚至不高的、不雅的、没价值的。有人就说学写字你必须先有根底，先学篆，篆字好看了再学隶，隶学好了再学楷。我这一辈子总共才活几十年，有人一辈子写篆也还没写好，那这个一辈子到了临死也还没有写隶书的资格，为什么？篆书还没写好。按这种胡说八道的说法那只能是说，没有文字之前是结绳记事（今天我办了个什么事就在绳子上结个扣，明儿又一个什么事再结一个扣，这是还没有文字之前的初民用的办法）那么我们请问，什么时候有的篆？比篆还早的时候是结绳记事，那你学篆还得先学结扣，结成一个疙瘩一个疙瘩的然后你才能写篆？说疙瘩都结好了才能学篆学隶。我请问他一句话：就是"好"，怎么样才算好？恐怕说这话的人也没法回答。因此篆和隶就难说有什么高低、古今、雅俗等差别了。

　　同是篆这一种字体，又有人给它定出来差别了，说你要学篆书，得先学某一个铜器。周朝的铜器，比如毛公鼎、散氏盘。其实在铜器里头，那个散氏盘的字是最不规范、最不规则的。那个毛公鼎字数最多，是周朝铜器里头很有价值的，问题是价值并不在字的样子，而在于它记录了许多古代的历史。散氏盘更是某一个部落（部族）记载它的事情的，那个字并不是周朝正规的那种字样。我小时候有一位老先生，他专写篆隶，写得好。他自己发愤宣布，说我要临一百遍毛公鼎、散氏盘。因为它是铸出来的，这样子再写二百遍它也像不了。他为什么要写一百遍毛公鼎、散氏盘呢？他认为这是基础，熟悉了毛公鼎再写其他篆书就都可以通了。这个事情，我看见同是这位老先生，让他写秦朝的秦刻石就不如他临毛公鼎的好。可见认为临某一个帖、某一个碑作基础，就可以提高到写一切碑、一切的字，这是不正确的说法。比如古代篆书的石刻石鼓文，确实是很正规，也很整齐，笔道都很匀实。但是你写石鼓文，石鼓文里的字是很有限的，石鼓文之前的字，比如《说文解字》里的九千多字，那决不是石鼓文所包括得了的。并且《说文解字》是小篆，石鼓文与《说文》中的籀书很相似，所以也不能是写了石鼓文别的就都懂得了。

　　篆书是这样，隶书呢，也这样。说你写汉碑，你必须先写《张迁碑》，《张迁碑》写好了，再写其他的碑就行了。据我知道，有人写《张迁碑》，像清朝后期的何绍基，就专临《张迁碑》。他临《张迁碑》就为凑数，他自己临过多少本《张迁碑》，我看是越到后来的，比如他记录第五十遍，那越写越不好，为什么呢？他自己也腻了，他是自己给自己交差事。我有一个老同学，跟一个老师念书，这个人他已经工作了好几年，他父亲有钱，三十多岁了回头再跟老师来学，我也跟那个老师学。他在家每天要临《张迁碑》几张字，我到他屋里去看，他写的字用绳子捆了在屋角摞起来，跟书架子一般高，两大摞，都临的是《张迁碑》，每次用纸写完之后拿绳子捆一下摞起来。我是熟人了，我把上头的拿下来看，是最近临的，我越往下翻越比上头的好，越新的越坏，因为他已经厌倦了。他自己给自己交差事：今天我可点了多少卷的书。也不用问他那个字点得对不对，我也不知道，也没法细看。他临的那个《张迁碑》呢总可以一目了然。这样写只是为给自己交差事，并不是去研究这个碑书法的高低呀，笔法呀，结体呀，与这些个毫不相干的。我看过商务印书馆印的何绍基临的十种汉碑，那真有好的，临的《史晨碑》、《礼器碑》，为什么那样便宜呢？已经没有买了，一大摞一大摞的。我还看过翁同龢临的《张迁碑》，梁启超临的《张迁碑》，就是在琉璃厂那些字画铺里看见的。都是他们自己用功的窗课，当时都很便宜。当时有一度我也想，这总算是名人用的功，为什么不买一本？后来回想我当时为什么没买，我瞧实在是一点意思也没有，所以我没买。后来追想，幸亏没买，买了也是废物，搁那白搁着。

　　现在想来，有人说你临某一个碑，把这个碑写好了，打下基础，然后再临别的碑。我想这个人临这个碑还没临好呢，他脑子里已经厌烦写字了，一点儿兴趣也没有了，你让他再写别的，他永远也写不好。比如说，何绍基后来晚年写的字，那真叫不知是什么，哆里哆嗦的全都是画圈，那个时候他已经手也胀了，肿了，也没有精力再往好里写了。所以他那些个《张迁碑》的基础究竟起了正面作用还是起了反面作用，我真是很怀疑。可见说哪一个碑、哪一个帖作基础，你这个基础会了别的都会了，这是不可能的。

　　这一章里我还有一点儿补充。就是有人对于这个字体也有说法，说是欧阳询在唐初，虞世南更早一些，颜真卿和柳公权晚一些，说你应该先学欧，再学褚，再学颜，再学柳。这个次序是他们这几人（欧阳询、褚遂良、颜真卿、柳公权）生存时间的先后，但是我们学他们，没有法子按他们生活年代、生活年龄来学。因为我们毕竟比他们差一千多年。也不可能按这个次序去学。从前还有人说，柳字出于欧，"出于"两个字实在可怕得很。说欧阳通出于欧阳询这我信，欧阳通是欧阳询的儿子，他儿子出于父亲那是真的；说颜真卿的字、柳公权的字就出于欧阳询，他出不来，他离欧阳询远得很哪！欧阳询想要生出柳公权来，他够不着，中间差着很多年，不能欧阳询先生一个欧阳通，过了多少百年又生出一个柳公权来，没有这个事情。所以凡是这种说法，谁在先，谁在后，谁出于谁，你要先学会谁然后你才能再学谁，这种理论我觉得都是胡说八道！

第七章 "用笔"说

本来笔是一种工具，就是画道的棍，你拿这个棍前头绑一撮毛，拿这蘸上墨或别的颜色往纸上画道就完了，这有什么神秘的讲法呢？后来许多的书把用笔这个事情说得非常神秘，并且说只要是你会用笔呀什么都解决了，用不着提字怎么写，什么体，全都是说你只要会用笔就行了。你甭说用笔，你给我个树枝，在地上画不也可成字吗？我写的你也认得，那么这有什么可神秘的呢？这样的议论，在许多古代讲书法的书里都可以见到。越往后这个问题讲得越神秘。你比如像我前边刚说过的包世臣，讲用笔怎么讲，康有为又怎么讲。还有奇怪的，像包世臣这类的书法理论家，他就讲王羲之为什么爱鹅。说这鹅脖子是长的，脑袋上头还有一个包儿，说王羲之手里拿着笔呀，这个食指往上拱着，食指往上拱着很像鹅的脑袋那个包儿，王羲之写字为什么爱鹅呀，就是爱鹅头上那个包。到这份上他就不是讲写字了，那就是造谣了。王羲之爱鹅就是爱那个包儿，我爱鸭子没包儿，怎么办呢？由这完全是越说越神。还有说王羲之爱鹅，他给人家写《道德经》，写完就把道士养的一群鹅用筐子拿回去了。拿回去王羲之究竟是吃了呢，还是养着下蛋呢？这历史上也没交代。可是这个东西打这儿就越说越多了。说王羲之什么都与写字有关系，我看讲这些事情的书是越看越生气，恨不得把那些书都撕了。这些说法完全是造谣生事，完全是穿凿附会。

我们就知道元朝赵孟頫写字写得真漂亮，写得真讲究，他也学王羲之，特别是学王羲之的《兰亭序》。他得到一本刻本的兰亭，后头呢，作过十三段的跋，这里头提到过一句："书法以用笔为上，而结字亦需用功"这句话。我就说，书法以用笔为上，当然你笔是要会用的，运用得好，笔毛听话，当然写出来效果是好。可是这个不是什么神秘的事。你把笔蘸上墨，在砚台上片得不出纰叉，写起来这个笔画就是圆的。这不很自然吗？他认为书法以用笔为上，而加一个转语，结字亦需用功，就把用笔放在第一位，把结字放在第二位。那么我们稍微冷静想一下就可以知道，比如说，我写一个"三"字，写一个"土"、写一个"王"、写一个"土"，这样的字笔画最简单，"三"和"王"的笔画有三横，我们普通写法至少三横让它匀，距离差不多，事实上前两横靠近一点儿，后一横稍远一点儿，这样它就好看。如果你故意把前两横拉得宽，后一横跟第二横离得窄，你这样写出来就不大好看。为什么不好看？它就是从来有这么个习惯，大家就都这么写。这个"王"字，中间这一横要短一点儿，上下两横要长一点儿，这样这个字就好看了。你假定我偏把中间这个横写长了,两边宽出了头,这个就不是"王",而是"壬"字了。"土"字和"士"字,"土"字底下这横长,"士"字底下这横短,那我故意把底下这横写长了呢,它就不是"士"而是"土"字了。诸如此类。这个结字呢我觉得关系到这个字念什么,代表什么意思。甲音字跟乙音字的差别,在这点儿上至关重要。我光把点画写得非常好,而点画的位置长短高矮全错了,那我写得再好,用笔十分的好,也不是那个字。这个道理是非常明白的。我们把王羲之的帖拿过来,拿剪刀把它铰下来,每一个笔画铰成一个纸条,我把它搁在手里,比如这个王字四笔,我把这四笔描出来,把它拿剪刀剪下来,剪成一笔一笔的单个笔画,放在手里头摇一摇让它乱了,往纸上那么一扔。你再看这个字,这笔画全是王羲之帖上的,用笔形状一点儿都没有错,都是王羲之的原样,可是我这一扔在纸上,你再看绝对不是王羲之写的"王"字了,甚至这字念什么我们也不认识了,因为已经完全变了。这个道理浅近极了。那么究竟用笔为主呢,还是结字为主呢?这是不待言的了。可是你看许多讲书法理论的书,没有不是把用笔两字说得那么神秘,那么了不起,那么难办的,甚至这人写了一辈子,你也不会用笔,如果你写的字给人家专家看,他就说,你的字写得还凑合,就是用笔不对。这样的事我碰见过很多了。我把笔给他,说你就给我写一个,用笔怎么才对呢?结果他写出来比我还不对。现在我就把这个道理在这里交代一下,想学字的朋友首先要破除迷信就是所谓用笔论。把这个用笔就的神秘得不得了,别人都不会,就是他一人会。王羲之死了,就他是唯一的会用笔的。至于结字的重要,随后我们再说。

现在专说工具——笔。我们看到出土的,古代有三类的笔,到我们现在制造的笔,已经是第四阶段了。可以说从殷商甲骨文一直到了战国时期竹木简、盟书，那时用的笔都比较简单，一撮小细毛，绑在一个小细的竹棍上，然后蘸着墨往上写很小的字。那时候大概做笔的工艺、办法还比较简单。汉朝又是一段。居延出土的文物中有一支笔，这支笔是一个竹棍的一端劈成四瓣，把一撮毛栓成一个毛锥子，然后把毛锥子嵌在四瓣的中间，拿一根细线把它捆起来。这种笔头是灵活的，很像现在可以换笔头的蘸水钢笔。这样笔尖写秃了，可以把笔毛揪下来，再换一撮毛。居延出土的这种笔，后来还有人仿做过一个模型。我们知道汉朝的隶书，它有顿、挫，所谓蚕头燕尾，开头下笔时重一些，末尾像一个燕子的尾巴，像是后来写楷书的捺脚一样。汉朝碑里、木简里头出现这种笔画的姿态，就因为它的工具有了进步。六朝到唐又是一阶段。我们现在看见唐人的笔，日本人在唐代带回国去藏在他们的正仓院有这样的笔。那个笔头呢肚子大，笔尖尖长，看起来像一个枣核那样，可是半个枣核。枣核不是两头尖？它是套在笔管里边的那头尖看不见了，就是笔管底下的这头。肚子大笔头尖，所以写出来就有六朝、唐人写字的那种风格。这种笔在日本也有仿制的模型。这种样子的笔，比汉朝人的笔又进了一步。到了宋元明以后这一段就不再费这么大事了。这时的笔多半是跟现代的一样，就是笔根里头衬上一点儿短毛，是做的时候衬在里头的，前边的毛一般是齐的。这种笔叫做"散卓笔"。心这种笔你蘸了墨水前头就拢起来了，也算有一点儿尖儿，可是笔根上很有力量。这种笔制作起来费事。现在买的笔特别好使的、带有这样讲究做法的，也就不太多了。现在都讲长锋，那是误解，从前讲笔锋长，锋呀是指笔尖儿的部分，那个地方长一点儿，为什么呢？下笔的时候好有尖度。现在把这锋呀理解为从笔毛塞在笔管里的那地方起始到笔尖这一段，都要很长很长，这越长它越没有力量。那么蘸上水呀,这个笔就像一个拖地板的墩布,一个大木头棍儿前头拴着一堆布条子,你蘸上水之后,它完全垂着来回晃,只能拖地,不能写字。现在新做的笔,往往只在笔杆上下很大工夫,或者给它画上花刻上花,笔毛就是越来越长,全都是那么一个细长条的笔毛,没有根,拿起笔来东倒西歪。这样的笔就是会写字的人恐怕也难写出好字来。从前人有这么一句俗话,善书者不择笔,就是说会写字的人拿起什么笔都能写。这话用在鼓励人,说这人本事大,那也可以。比如拿刀切菜,有人善于切菜,不讲究刀,也可以这么讲。但是你给他刀没有刃,就是一个铁片,我看他也切不出什么菜的样子来,更不用说切这个肉片了。这完全是一种鼓励的话,善书者不择笔,这是一个有目的、有策略的鼓励人的话,而事实上,你给他没毛的笔,他不也不会写字吗?看来笔这工具还是很重要的。苏东坡说过一句话,说好的笔是什么?好的笔是在你写字时,手里不觉得有笔,这种笔就是最好的,就是他选笔要合他的手,合他的习惯,合他手的力量,不管是什么毛的笔。从前有人喜欢使紫毫(兔子笔),或者是狼毫(黄鼠狼毛),或者是羊毫。其实呢,没有里头不掺麻的。有这么一句话"无麻不成笔"。笔里头总要垫上衬,衬这个笔毛,从笔头中间里头的芯一层层往外里。所里的是各种毛,里头总要衬垫一点儿麻,它就挺脱。关于笔工的做法有很多说法,我们只能够懂得一点儿大意,自己没有去实际做过笔,我在这里只是说一个大概。所以说用笔,你要看是什么样子的笔,什么材料的笔,就刚才我说的拖地板的墩布形状的笔,你给多么善于用笔的人,他也写不了字。你给他一个大墩布,说你给我写个黄庭经小楷,你要写不上来,那你就不善于用笔。你这样说:如果你写不来我就惩罚你。恐怕就是王羲之来了,他也只得认罚,没办法。这是我第七章特别要讲的道理。我特别强调这个道理，也就是想和想学书法的朋友们谈一谈，千万别被用笔万能论、用笔至上论、用笔决定论这些个说法所迷惑。若是非要这样，你干脆放弃，我不写了。要是听这样的话你永远写不成。

第八章 真书结字的黄金律

　　楷书又叫真书。结字有个规律，规律就是合乎黄金分割即黄金率，这是我偶然发现的。我曾经看唐人和北朝著名碑版上的楷书字，我拿一个画画放大用的塑胶片（这种塑胶片现在街上有卖的，是为画画放大用的，它分成两部分，一部分是比较小的方格，一部分是长方片），我用那部分比较小的方格，就把这种坐标格罩在字帖上。比如一个字，我把它每一个笔画都给延伸了，延长了。好比说左边是个三点水，江、河、湖、海之类的字，头一笔从左上往右下来点儿，我把它当做一个歪斜的道儿，第二笔又延长，第三笔从下往上去又延长，它们交叉的地方有一个交叉点。右半的字，比如"海"字每一笔都延长，又有几个交叉点，（这些个交叉点，我们在这里没法说了，只有在纸上画出来才明白，这里不妨简单地口头说一下。）我发现这些个交叉点中主要的有四个。或许有的字没有这些个笔画，并不全都占有每个交叉点，可如果占有的话，总是这四个交叉点最要紧。这四个交叉点在哪儿呢？假定是一尺三寸这么大的一个正方形，我每隔一寸就给它画一条直线，横竖都一样，就成了一百六十九个小方格。这样在中心的部分，左边的空格是五个，中间的空格是三个，右边的空格又是五个，这是横着的；上下也是，上头五个空格，中间三个空格，底下五个空格。这样那个从左往右数第五个空格的右下角，那是一个交叉点，从这再往右数第三个空格的相同犄角又是一个交叉点。从上往下也是这样。结果中间部分是九个小空格。于是上边横着数是五、三、五，竖着往下数也是五、三、五。要是左上边的交叉点我们管它叫 A 点，右上边的交叉儿我们管它叫 B 点，左下边这点儿叫 C 点，右下边这点儿叫 D 点，那么这四个交叉点就是古代字的结构所注重的地方。有的字不完全那么准确，不那么机械，但是它重要的结构以这四个点为重点，是最要紧的地方。在从前有米字格，有九宫格，还特别说写字要讲中宫，中间那一宫，那结果呢，把米字格都给画出来了，斜着对角两道线，横着竖着两道线，中心最多的交叉点把那当做中心。把这个中心当做字的重心来写，那么写完之后，每一个字的末尾准侵占到下一格的头上来，总要往下推。假定这一片纸是三行九个格，那么我写三个字，第三个字的下半拉，准到那格子底下外边来。我以前不知这是怎么回事，自从我发现了这结字的黄金律，在下笔开始写的时候，起首时注意左上角的 A 点，收尾时注意右下角的 D 点。这样就绝不会出这个格了，它准都在格子里头。写行书也是这样。你对楷书序结体的重点要是理解了，写行书也容易做到行气贯通。行书字常常有左右摇摆的情形，写出来龙飞凤舞的，为什么有行气？细看，它那个 A 点都在一行里头。这一行不管多少字，你把每个字中 A 的交叉点都给它画出来，它基本上是一条垂直线，虽然摇摆，也差不了太多。所以随一行行字叫气贯。这气在哪儿，你也摸不着，也感觉不出来，事实上就是这字的连贯性。那么我们就看出来了，这一行字，它的 A 交叉点都在一条线上。这个字不管左右摇摆到多厉害的程度，它的气还是连贯的。

关于这个问题，还有些个笔画的"副作用"的问题，就是说左紧右松，上紧下松。比如写"川"字，三笔。第一笔第二笔靠得近。

第三笔跟第二笔离开可以远一点儿。刚才说三字,第一横跟第二横挨得要紧。第二横跟第三横距离可以松一点儿,这样就好看。总之,凡是紧的密的要靠左边靠上边,可以松一点儿、可以宽一点儿的要靠在下边,靠在右边。这样子写出来就好看。

还有一种,是横笔,一定要写起来自然向右上微微地斜一点儿。最害人的一句话叫"横平竖直"。你要写字真正按这个横平竖直去写是怎么看怎么难看。我小时候写字,大人在旁边拿个棍儿,拿个笔杆瞧着,我的笔往上歪一点儿,就梆的给我手指头打一棍儿:"你横不平。"于是我就注意横平,结果怎么写怎么不好看。其实这个横所谓的"平"是有条件的。我们若是把现在的报纸拿过来,头版头条大字,我们拿起来对着灯光反过来照,它的横画还是有往右上走的一种趋势。你正面感觉不到,再仔细瞧,每个横画右边总有一个小三角。你是不是想过那个三角为什么不画在底下,为什么画在横的上边?它与毛笔写字有什么关系呢?平时我们写字,停笔的时候总要驻一下,上头就冒出一个尖来。给这个冒出的尖绝对化图案化,就是这个横上边画着的三角。这个横画,原本就微微向右往上抬一点儿,再加上一个三角,这样子,这笔画自然就形成了从左往右往上去的趋势。再说竖,现在所谓宋体字。一个竖本来就是一个竖方条,上边右上角斜着去一点儿,右下角斜着又去一点儿,上边右半缺个角,底下右半缺个角。这使人感觉这种竖呀不是直的,它是弯的,微微的有一点儿弯。两端右边去个角,就让人感觉像有一个弧度。这个弧度冲左,鼓的那部分向右。我问过人,你们制这个字模的时候为什么要这么做,他也说不上来。我觉得这正是我们要打破横平竖直这个谬论的一个证明。以上说明我们在写字时,第一,不要注意中宫,而要注意四个五比八的交叉点;第二,就是不要真正的横平竖直。凡是注意中宫这个观念和一定要横平竖直观念的,他再写一辈子也写不好。我敢下这个断语。我郑重地报告想练字的朋友,要特别注意这个问题。我这个说法曾发表在香港一个叫《书谱》的杂志上。我们学校的秦永龙同志他编的一本书,叫《楷书指要》,他这书里头有一章,就完全引录了我的这些说法。我跟他提出来,请他就把我这一段我自己的一得之见,纳入到他讲楷书的这本专著里。现在我不晓得还有哪位注意过这问题,大概还有别位的著作里头也引用过这些话。刚才我又说了这个事情,我在这里是强调它的重要性,并不是因为这是我说的它才重要,是经过实践证明它是重要的,所以"实践是检验真理的唯一标准"。我现在引用这句话,是想说明我的这些个说法,是经过实践,受过检验的。

第九章 如何选临碑帖

现在谈一谈如何选临碑帖的问题。我常常遇到人说,你给我讲讲,我学哪个碑、哪个帖好啊。这使我很为难。我说你手边有哪个,你喜欢哪个就学哪个。往大里说,好比我要找对象,我问人:你看我找胖子好,还是瘦子好?我找一个多大年纪、找哪一个省份的、找学什么的好?你想要问人家这个,就是多么有经验的人也没法子给你解决这个问题。写字也一样,你看我学什么好?我就碰见很多的人这样说:啊,你要先写篆书,篆书写好了再写隶书,隶书学好了再学楷书。我以前已经苦口婆心地说了若干回这个问题。我实在对这种说法深恶痛绝。我就问,我什么时候才算学好了篆书?我又什么时候才算写好了隶书呢?我篆书得完全写好了,老师判分及格、过关了,然后我再写隶书,谁给我判分呢?有人写了一辈子,也不算写得多么好。那这个人永远一辈子也不能学第二种碑帖,这可怎么办呢?我认为没有一定标准。那你要学写字,先学结绳技术,学结扣,扣结好了,然后再学写字。还有一种,有人拿着画版不管是到哪去写生,就比如说到公园里去画牡丹、画芍药。他问你过路的人,你看我是画牡丹好,还是画芍药好?那碰到的回答一定是你爱画什么画什么,我管得着吗?还有人到饭馆去问服务员:你说我今天吃什么?这服务员一定没法回答你。你想吃鸡、吃鱼、吃牛肉、吃猪肉、吃羊肉,你自己想再要菜,我只能告诉你我这儿有什么菜,我不能管你想吃什么,就是这个道理。诸位是不是在听了我这句话之后,你也回想一下,是不是咱们也曾拿这话问过别人,说:先生您看我临什么帖好哇?现在有一个最方便的条件。比如说我们到书店看,开架摆在上头有各种各样的碑帖,各种各样的教人入门的东西。在各种字体的各种名家的碑帖中,欧体的也有好几种,柳体的也有好几种,我们可以去翻,去选择。

　　人哪,苦于不自信,特别对于写字,我遇到些人,多半不自信。为什么不自信?就因为他觉得神秘。为什么他觉得神秘?是被某些个特别讲得神秘的人,打开始就把他唬下去了;给他一个吹得绝对神秘的印象,说这可了不得,你可不能随便写,必须问人怎么怎么样,说了许多神秘的话,使你根本就不敢下笔,也不敢自信。我说那么你自己喜欢什么呢?"依我看那个好。"我说你觉得好就是对了,为什么还要问别人呢?就如同说吃饭要菜,你觉得好吃的你就要。搞对象你觉得哪个好,觉得这人好,就可以跟他搞。那么这也是很平常的。你到这时你偏不自信,为什么?就因为许多讲书法的,特别是著名的人,特别是他讲要用什么方法来学来写,把你唬住了。实在说这些人有功劳(指导人当然算是功劳),当然他的罪过也不小。

我还碰见这样的人，比如说不管年轻的，多大岁数的，他一进门对我毕恭毕敬，恨不得给我跪下，说是你得接受我这诚恳的要求，请你指点我怎么写。怎么指点呢？这不像神仙，说有一个神仙拿手这么一指，拿手一摸他脑袋，打这儿这人就完全顿悟了，这完全行了。有人点石成金，就拿手指一指，石头就变成金块了。他就是这样想法。我只好说你太可怜了，你让这样的谬论给迷惑住了，以为写字简直是神秘得不得了。你得先把这些个全给摆脱了。你到书店去看，桌上摆的，书架上陈列的，你拿过来，你够不着，就让售货员拿过来看看。不合我的胃口的我还给人家：劳您驾，再拿一本我看看。有什么不可以呢？现在的碑帖比古代那个翻刻了多少遍的碑帖保持原样太多了，它是照相制版印的，连这黑色，干笔湿笔都看得出来，看起来和写的原迹一样，看上去心明眼亮，写起来也有趣味。过一阵子觉得不满意了，再买一本，价钱都不贵。你与其花很多钱买很多宣纸来练习，你不如拿那个钱买两本帖，在手边常常看，常常临，常常写，比看那些理论书要强得多，收到的效果快得多。我认为选择碑帖，哪个好、你最喜欢哪个就选哪个。也允许趣味变，我昨天喜欢这个、写一段时间觉得不对路，那我再换一个，有什么不可以呢。这是一种。可有的人说，你不要见异思迁，即便非常不愿意写，你也得硬着头皮往下写。如果我换一个帖，那岂不是见异思迁了吗？有人就跟我说这话，我就拍桌子：我就见异思迁又怎样呢？又有什么原则、有什么了不起呢？只不过是换一本帖，换一本书，有什么不可以换着瞧呢？这是一种，帖可以由自己来选择，可以换。

选帖来临，又有一个新的问题出现。我临了半天它怎么老不像？我回答他，你永远也像不了。我学我父亲写的字，怎么也学不了；学我哥哥弟弟写的字，也学不了；学我老师的字，我也学不了。可能有点儿像，旁人看了觉得有点儿像他老师的字，或者真有点儿像他父亲的字，可你细分析起来，它毕竟还有点儿不同，为什么？因为签字画押在法律上生效。就是张三签的字，在契约上，在公文上，在什么上签的字，这个到法律上生效。有人仿造他的签字，也会被法律专家辨认出来。你冒充别人签字绝对不行，为什么？就是因为某甲的字某乙学不像，学不了。也正因为如此，对于古代的书画，这是真迹，那是仿本，那是临摹的，还可以看出来。为什么？因为它有它的特殊规律。那我学不像，我干吗还学呢？这是又一问题。你学的是那种方法，照他那样写，我们看着就好看；违反那样的规律来写，我们看着就别扭。这是写某一名家、某一流派是这样的，换一流派呢，又有第二流派的特点。我们要明白，每个流派不同，每个古代书法家的特点不同，他们的书写方法也有他们的规律。我们学的是他们的方法，怎么样写就好看。不过是这样罢了，并不是说要一定写得完全和他们一样。

从前的人得不到好的碑帖。赵孟頫在跋兰亭序后头有两句，说："昔人得古刻数行，专心学之，便可名世。"从前人得到古的石刻，他没有影印本呀，只有摹刻下来的碑或帖，就剩下那么几行字。"专心学之"，一字一字都得细细地理解，要紧的是专心学之。"便可名世"，就可以得到社会的称赞，社会承认他好。这两句话呀，实在很重要。可见古人得到好的碑帖的困难。得到几行字，专心学习，也可以出名，我们姑且甭管，说我几儿出名也先甭管。我们现在容易买到的绝不是古刻数行，就是古人亲自写的墨迹，那个照片，那个影印本，与原样一丝不差的，我们现在就可以完全拿到手。那写得好写不好，就看我们专心不专心了。

我现在要说的选临帖，还有最后一条，有人拿来碑帖，把它搁在前边或左边，拿眼睛瞧一眼，这是"天"，拿笔就写一个"天"，又一个"人"，拿笔写一个"人"，有个"地"就写个"地"写完了一瞧，一点也不像，那么就很灰心，甚至于很恼火：我为什么写不像？我觉得你缺乏一个调查研究。你可以拿透明的纸，或者塑料薄膜（笔蘸上墨，它不粘那薄膜，稍微刷一点儿肥皂，墨在薄膜上就粘了），你把帖放在底下，拿薄膜给它描一下，这有什么好处呢？你就调查研究，看这个的"天"，两横距离是多长多宽；这一撇下去，从两横哪个位置到哪个地方往左往下，到哪个地方拐；然后这捺又到哪儿拐。这样子你就调查明白了，原来这个"天"写的时候是要这样。我们为什么必须描着它那样子呢？那我反过来问你，你为什么要临这本帖呢？你拿笔爱怎么写怎么写，那就错在你先要临帖了。你不会不临帖吗？我就永远自个儿闯，随便这么写。我的"天"这两横差一尺，左右一撇一捺差一寸，我偏这么写，你管得着吗？那你爱怎么写怎么写，咱不抬杠。你既承认要学这个碑帖，那咱就说要过临帖这头一关。你拿眼睛看了就觉得印象准对，那不一定。你拿笔在纸上写出来跟那帖不一样。我曾经说最好你把帖搁在左边。拿笔仿效它写一回，第二回拿薄膜描一回，调查研究它这几笔，究竟那一笔在什么位置？这两笔这四笔，它们是什么关系，距离多宽，拉着多长，这样实际调查。经过第二次调查，第三次再拿眼睛看一回这字再写。第一次写跟第三次写是一样的办法，中间经过一个确确实实的调查研究，经过这样一个阶段，这样子你每一个字都经过这三遍，假定限定一百字，你每一个字都这样写三回。你再写第二遍，就截然不一样了。所以我觉得你要临碑帖就要明白：第一我为什么老临不像？第二我又干吗要临它。我觉得选碑帖临碑帖可以有自己的创造性，也可以按照古代已有的方法去做，汲取其中最有效的成分，为我们所用，为我们创作做借鉴。

第十章 执笔法

刚才不是说,你不会用笔啦等,先拿"用笔"的大帽子一砍,这人就闷了。底下就全不会,我不会执笔,我不会用笔。打这就心灰意冷,那干脆就退出这学习班,退出这练习班。我们就甭写了,就放弃了,就完了。要知道执笔拿笔的办法并不难。古代人拿笔跟现代人拿笔不同在哪儿?古代,就是打五代往上,唐朝还这样子。唐以前,都是席地而坐,跟现在日本人的生活一样。席地的"席"是什么呢?为什么吃饭又叫摆席?这个席,就是地下铺的凉席的席。一大块席,几个人坐,一小块席一人坐。那么这古人写字席地而坐,笔砚也搁在席上。左手拿一纸卷,或者一竹简(汉朝人用竹简、木简),右手拿毛笔,就这么写。随写左手就往下放这个纸卷,越写越往后,所以中国的手卷是从右边往左一行行写的。这纸卷原来是卷紧的,写完头一行就松一点。一行垂下去就再写第二行,再写第三行,再写第四行。这样子写,拿笔就像现在拿铅笔、钢笔一样,用三个手指就这么拿这个笔。这三个手指只能这样拿,笔是斜着的,左手拿着纸卷或是木头片,也是斜着的,笔对着纸卷是垂直的。就这么写下来,很灵活,要练熟了,笔画灵活而不呆板。这是没有高桌子以前,拿笔写字的情况。

到宋初以后有了高桌子、高椅子,人就坐在高椅子上趴在桌上来写字。这样就不可能也用不着左手拿纸卷了,这纸铺在桌儿上。这笔也不能用三个手指斜着拿了,那不行了,这笔得立起来,才能跟纸垂直,怎么办呢?就得变为前四个指头拿笔,食指中指在管外头,无名指贴在管里头,拇指在管里头,这样就拿住这个笔了。笔与纸面(桌面)垂直,这么写。这样高桌把腕子托起来了,腕子在桌面上，纸也是平放着。这样就出现一个问题，看古代人写的字为什么笔画那么灵，那么活动，而现在我们平铺在桌上写，这笔画爬在纸上很呆板，于是有人就想到像古代人那样把手腕子、胳膊都悬空起来。可他这是有意的悬，胳膊也不自然，不能像真正的席地而坐的那么灵活地写。这时，就有人拿根绳子拴在房梁上，把右胳膊吊起来。把胳膊吊起来，这腕子、胳膊悬倒是悬起来了，可古代人悬呢可以上下左右四面动，他这个悬呢是平面的，他要有上下活动，就跟绳套脱离了。虽然这个"悬"字用对了，可是提按却没有了，因为他已经不是那么灵活的用法了。所谓的悬腕是宋朝人才给它想出来的说法，而古代没有悬不悬的说法。他们无所谓悬，他就是全空着。腕没处搁，肘也没处搁。他不想悬，手也得在半空中，在半空中操作。比如说，我们现在切菜，我们熬汤，拿一个勺子在锅里和弄，这个腕，你说这还用悬吗？大师傅早已练会了。这胳膊没处搁；腕肘没处搁，悬是很自然的。切菜，右手攥着刀把切，这肘也没处搁，这腕子也没有东西托起来，那只有悬腕悬肘切。这时我要片这菜是横着走，切这菜是竖着走，我再想给它挖一个窟窿，还转着走，这刀的走向是随便的，那还要说得拿个绳子把肘和腕子悬起来吗？自从有了高桌，才有了悬腕的说法。有了悬腕的说法，这个右臂完全僵涩，并没有真正发挥臂力自然地行使的力量。自从有悬腕说，这字就没有了自然的艺术效果。这是我的感觉。又比如说回腕，回腕就是这腕子来回转，熬汤熬粥，拿勺子在锅里和弄，人人都会回腕。清朝有个何绍基，他的书前头还刻着一个图，这手拿起笔来呀，腕子回过来往怀里这么勾着，像个猪蹄。三个指尖捏笔管。拇指与食指中间形成一个圆洞，这叫龙睛法，像龙眼睛。若是捏扁了一点，中间并不是一个圆洞，这样又叫凤眼法。看何绍基那个图，拿起笔来向

302

怀里拳起来、转这么一个圈,然后对着胸口。这样一看就是猪蹄。在广东,猪的前蹄叫猪手,猪的后蹄叫猪脚。这完全是猪手法。这些都是由于不明白大众生活方式、用笔方法、书写工具等的变化,而产生的误解,跟着误解又造出许多不切实际的说法。这样只能使人越发迷惑,并不能指导人真正地去探讨这门艺术是怎么形成的,所以我觉得这些说法都是故神其说,故作惊人之笔,故作惊人之说。

第十一章　求人指教

《论语》有句话,"就有道而正焉",找到一个有道之士,这个人对事情的研究有修养。找这些个人给指正,这本来是一个很好的办法,也是求学人应该办的事情。可是学写字呀,我可是碰了许多的钉子。我也想求,人家因为岁数比我大,名气也很大,我总是毕恭毕敬地请人指教,请教人家我想入门应该学什么帖,怎么学等问题,向人说明我的希望,而得到的结果是各种样子都有。有人他爱写篆书,他就说,你要学写字,你必须好好地先学篆书。他说了一套,什么什么碑,什么什么帖,应该怎么学。又碰上一个人,他是学隶书的,他告诉你隶书应该怎么怎么写。还有人专讲究执笔的,说你的手长得都不合适,这手必须怎么怎么拿这个笔。还有说你这腕子悬不起来。怎么办呢,拿手摸摸我的腕子,究竟离开桌子没有,悬的多高了,诸如此类,真是什么样情况都有,我听起来就很难一一照办了。比如我请教过五个人,这五个人我拼凑起来,他们结论并不一样,有的说你应该先往东,再往西,有人说你先往北,后往南,各种各样的说法。我写得了字请人看,又一个样了,说你这一笔呀应该粗一点,那一笔应该细一点儿,那一笔应该长一点,那一笔应该短一点儿。那我赶紧就记呀,用脑子记。当时他也没拿笔给我画在纸上。我听了之后,回家再写的时候,有时,我也忘了哪点儿粗,哪点儿细。还有呢,说了许多虚无缥缈的话!比如说你的字呀得其形,没得其神。哎呀,怎么才得神呢?我真是没法子知道这神怎么就得。我觉得形还好办,它写得肥一点儿!写得瘦一点儿,形还有办法,神呢,没有形,光有神。这样说得我就十分的渺茫了,一点办法没有了。后来我就因为得到的指教全不一样,我也没办法了。我听多了有一个好处,我发现多少名家,他们都没有共同的一个标准,是都要怎么样。我觉得每个人有每个人的爱好,每个人有每个人的习惯。他都是以他的习惯来指导我,并且说得非常玄妙。那我便迷糊了。

后来,我得到一个办法,我把我写的字贴在墙上。当时贴的时候,我总找,今天写十张字,里头有一两张自己得意的自己满意的把它贴在墙上。过了几天再瞧,哎呀,就很惭愧了,我这笔写得非常难瞧、难看、不得劲。我假定这笔往下或者抬一点,粗一点或者细一点,我就觉得满意了。我就拿笔在墙上把这字纠正了,描粗了或改细了,这样子自己就明白了。后来,我就一篇一篇地看,这一篇假定有十个字,我觉得不好,这里头可取的只有一两个字,我就把这一篇上我认为满意的那一两个字剪下来贴墙上。看了看,过了几天,就偷偷地把这两字撤下来了。过些天,又有满意的又贴上。再过些天又偷偷地撤下来。这个办法比问谁都强。假定王羲之复活了,颜真卿也没死,我比问他们还强呢。那怎么讲呢?他们按照他们的标准要求我,不如我按照我的眼光来看,我满意或者我不满意。从前有这么两句话:"文章千古事,得失寸心知。"做文章是千古的事情。有得有失,别人不知道,我自己心里明白。那我套用这两句话,写字也是千古事,好坏自家知。这个东西呀，你问人家是没有用的，不如自己，求人不如求己。临帖也是一样，我临完这个帖，我写得这个字是临帖出来的，我就把我这临的这本帖，跟墙上我写的那个字对着看，可以看出来许许多多的毛病。那么，我再按照在墙上改正字的毛病的经验，哪儿好哪儿坏，重新写一遍。这个时候，我所收获，那比多少老师对面指导，所得到益处多得多。这个事情是我自己得到的一个经验，我也很有把握，经过实践是有益处的、有效果的。

想学习书法，想练习书法，不管你是多大年纪都可以。有的人说你没有幼功，这个写字呀不是耍杂技，不是练习科班，练武戏，踢腿弯腰，不是这个东西。要练武功，那你非得从小时练不可，写字没有那一套。因为什么？小时有小时的好处，他脑子记忆强，说一遍记一遍，写了之后进步快。但是老年学写字，他又有比小孩高明的地方。为什么？他理解力强，他虽然没有临过帖，但是他写了一辈子字呀。他年老了，虽然没用过写毛笔字的功，但他写过，"人"字是一撇一捺，"王"字是三横一竖，他总写过。那么这样，老年人学写字有老年人的长处。他认字多，写字多，小孩写字有记忆力强的长处，但是究竟小孩写字算总数，他没有岁数大的、年长年老的每天写的那么多。比如这人是写文章的人，这人是坐办公室的人，是给人做秘书起草文稿的人，甚至于是大夫整天要给人开药方的人，全一样。他写的字总数比小孩要多。他手拿笔写这个字在纸上怎么处理，让它好看，这个经验比小孩多。所以我觉得，第一：不要自卑，说我没有幼功。你要踢腿弯腰，那非幼功不可，你老年人勉强弯腰，弯完之后进医院了。为什么呢，腰椎错位了。练字这个事情呢跟那个不一样，跟练武功不一样。我们现在说的是实际的，有实际用处的，也方便的这个事情。这是我的不算经验有得之谈，但至少是我经过（不是经验，而是经过），用过这番功夫，也吃过这番苦头,上过这些个当,然后现在得出这结论。第二,不要乱问人。你问多了反倒迷糊了。我不是说,名家或者高明的教师他所说的经验一点没有可取,我刚才说的不是这个意思。可取,但是我们应该怎样理解他的可取。你要是盲目、教条地照抄,不但没有好处,而且会有毛病。向人请教,求人指导,这东西不是不应该,而是很应该,但是应该有所选择,十个人说的话,我们不能每个人的都听,听了之后你就没法办了。

第十二章 参考书

关于参考书,有人问我说:我学写字,看什么参考书好?求学看参考书,这是天经地义的,毫无问题。但是学书法,看参考书,从我的经验来说,多半文不对题。我们看参考书,他告诉你拿笔该怎样,甚至给你画出图来。我的手跟他画的图不一回事。按他画的图那样拿笔能拿住了,但是我动弹不了,我在纸上写,手就不听话了。还有许多书,他都是文章写得很高明,写的文言的,辞藻很漂亮,这是古代的书。瞧了半天,姑且不管懂不懂这个古代汉语确切的讲法,就算是我懂,他的比拟也非常玄妙。再看现代的,讲书法美学的,这我也看过些。有许多新的理论、新的见解。可是实际拿来、在我们写字的时候,我看的那些个理论一句也用不上。我是个笨人。有人说:你没看懂那些个高妙的哲学理论,我就能看懂。那你就请他表演,看他怎么写。反正要让我把书法美学的理论,一样一样落实在我的手写在纸上的字上,我是很困难的。我不晓得诸位朋友是不是也曾做过这种试验。看古书,讲书法理论,古代的像六朝、隋唐的关于书法理论的文章,我看他们都是很好的文学作品,更直接说是美文的作品,写得漂亮,文采非常丰富。怎样就能够实用到我手上，在纸上发挥直接的作用，我现在还没发现，没写出来。就比如说"折钗股"、"屋漏痕"，这里说法多得很。"折钗股"是把这个钗（银钗、金钗）给掰折了，它那个劈茬的地方很硬，很脆。可是这句话呢，有的本子有的书上变成"古钗脚"，就跟"折钗股"不是一个概念。"古钗脚"就是磨秃的金簪银簪子，它磨得那个尖都不尖了，这个跟那个折了的劈茬儿的概念不一样。那么究竟应该是"古钗脚"对呀，还是"折钗股"对呀？字还不一样，写出来，一是折了的"折钗股"，一是磨秃了的"古钗脚"，我到底应该写成什么样呢？我反问他，恐怕他也没法回答。"屋漏痕"，我们前边已说过一些个。房顶上漏了雨，墙上留下漏雨的痕迹。是说写字看不见起笔驻笔的痕迹，就是很圆的这么一个道，这个意思我们可以理解。可有人说"屋漏痕"就是写字这笔画呀，就是没头没尾这么一个圆棍。若这样子，我可以把墨滴在纸上，把纸提起来往下一斜，这墨点上的墨它就流下来了。这不就是"屋漏痕"吗？但是我拿笔去写这"屋漏痕"，我写不出来。

六朝、隋唐的论文都是比较典雅的美文。唐朝孙过庭的《书谱》讲得比较接近实际，说"带燥方润，将浓遂枯"，这话很辩证，很有用。有意要全都是浓墨、都是汪着水写，这样写出来是死的。但是笔醮饱了，注意笔画全是匀的，有水分，没有任何一个字平均的都有那么多水，那么饱满，"带燥方润"也有轻有重，先有浓墨，再有淡墨，甚至笔的末尾还带着枯笔、干笔。这样它很自然。出于自然，它就比较润泽。这个话，拿我们理解的来解释并不难懂。可是他又说"古不乖时，今不同弊"，这就难了，写古代字、学古代字体的风格，又不乖于现实时代，我写出来又是当今的时代，这就让我为难了。我们今天已经不用篆书了，我写篆书，写完了，就像今天人的篆书。这我先要问问孙过庭"不乖时"的古字什么样呢？"今不同弊"，现在要写现在风格的字，跟同时的人不同一个弊病。我现在要是写的字不好，我写的跟同班同学写的你看都差不多，我要写歪了，那些同班的同学写得也不正。那么还要"不同弊"，我写的又合乎现在，可又跟现代的不同一个弊病。这话只有孙过庭说得出来。你让孙过庭给我们表演一个，怎么就"古不乖时"，怎么就"今不同弊"，恐怕他也没办法。诸如此类。"观夫悬针垂露之异，奔雷坠石之奇，鸿飞兽骇之姿，鸾舞蛇惊之态，绝岸颓峰之势，临危据槁之形。"这些话比拟得都很有意思。但是，写字奔雷坠石，我写字在纸上，人听像轰隆轰隆打雷一样，又像一块石头掉下来。我真要拽一块石头在纸上，纸都破了，怎么还能有字？所以像这种事情都是比喻。你善于理解，你可以理解他所要说的是比喻什么，不然的话，他说得天花乱坠，等于废纸一篇。我们要是用六朝骈体文做一篇《飞机赋》，然后我把这《飞机赋》拿来给学开飞机的人。"夫飞机者"如何如何，让他背得烂熟，然后说你拿着我这篇《飞机赋》去开飞机去吧，那是要连他一块坠机身亡的。这东西没用呀，它不解决问题。我们说的是一个开飞机的教科书，使用一个机器的说明书，不要用六朝骈体的赋的形式，更不要用像长篇翻译的文章。翻译美学的文章（我不是说他内容不对），要是翻译得不好，我还是看不懂。现在有许多翻译的文章是懂外文的人看着很理解，要是不懂外文的人，就跟看用中国的笔画写的外文差不多。宋朝以来，论书的文章有比较接近现时的实用的片语只词。不过总不免与深入浅出的指导作用有一定距离。

苏东坡有篇文章说到王献之小时几岁，他在那儿写字，他父亲从背后抽他的笔，没抽掉。这个事情苏东坡就解释说，没抽掉不过是说这个小孩警惕性高，专心致志，他忽然抬头看，你为什

308

么揪我的笔呀？并不是说拿笔捏得很紧，让人抽不掉。苏东坡用这段话来解释，我觉得他不愧为一个文豪，是一个通达事理的人。这个话到现在还仍然有人迷信，说要写字先学执笔，先学执笔看你拿得怎么样。你拿得好了，老师从后边一个个去抽，没揪出去的你算及格，揪出去的就算不及格。包世臣是清朝中期的人，他就说我们拿这个笔呀，要有意地想"握碎此管"，使劲捏碎笔杆。这笔杆跟他有什么仇哇，他非把笔杆捏碎了，捏碎了还写什么字呀！想必包世臣小时一定想逃学，老师让写字，他上来一捏，"我要握碎此管"！他把笔管捏碎了，老师说你捏碎了，就甭写了。除了这，还有一个故事，说小孩拿一本蒙书《三字经》上学来了，瞧着旁边一个驴，驴叫张着嘴，他把他这本《三字经》塞在驴嘴里了，到时候老师说："你的书呢？"他说："让驴给嚼了。"驴嚼《三字经》，这是小时候听的故事，感到非常有趣。老师怎么说呢？"你那本让驴嚼了，我这里还有一本，你再去念去。"听到这儿非常扫兴。好容易让驴把《三字经》嚼了，今儿个可以不念了，老师又拿出一本来，你还得给我念。包世臣捏碎笔管，老师可以说，你那管捏碎了，我这儿还有一管呢，你再捏。诸如此类，连包世臣都有这样的荒谬的言论，那么你说他那《艺舟双楫》的书还值得参考吗？还有参考价值没有？我觉得苏东坡说这个话是很有道理的。而现在这句话的流毒，还仍然流传于教书法的老师的头脑里，他还要小孩捏住了笔管不要被人拔了去。总而言之，古代讲书法的文章，不是没有有用的议论，但是你看越写得华丽的文章，越写得多的成篇大套的，你越要留神。他是为了表示我的文章好，不是为了让你怎么写。

我们写字是一种用手操作的技术。理论是口头或纸上说的道理。多么高明的辞赋也不能指导开飞机。我现在说的这句话，就算我强词夺理，恐怕也不会被人随便就给我驳倒。清代有几本论书法的书，清朝前期，在康熙年间，有一个冯班，一家人做了一本书，叫《书法正传》，这本书也较为踏实一点，但终究是写出来的文章，跟实际来操作毕竟隔着一层。到了中期，流行一时的是《艺舟双楫》。《艺舟双楫》本来是分成两部分，一部分讲做文章，一部分讲的是写字，所以叫双楫，两个划船的桨。后来到了光绪年间，康有为写了一部书叫《广艺舟双楫》。《艺舟双楫》说双楫是两个拨船的工具，"双"是指一个文一个字。《广艺舟双楫》光广大了书法部分，他没论到文章，这样子呢，应叫《艺舟单橹》，这个橹就是船尾巴上摇的橹，就是一个。所以有人说，《广艺舟双楫》就该改成《艺舟单橹》。后来康有为知道书的题目有语病，就改为《书镜》，书法的一面镜子。他的文辞流畅得很，离实用却远得很。他随便指，一看这个碑写的字有点像那个，他就说这个出于那个，太可笑了。比如说，他说赵孟𫖯是学《景教碑》。《景教碑》在唐朝刻得之后，也不知怎么，大概是宗教教旅不同，就给埋在地下了，根本没有人会，到了明朝中期才出土。出土时一个字不坏，这说明是刚刻得就埋起来了。赵孟𫖯是元朝人，这碑是唐朝刻完就埋起来，到明朝才出土。说赵孟𫖯学它。赵孟𫖯什么时候学它？是赵孟𫖯活到明朝中期，《景教碑》出土以后才学写字的话，那赵孟𫖯得活三百多岁。如果说，赵孟𫖯学那个碑，唐朝刻得了就学，那唐朝刻得了就埋起来了，怎知道赵孟𫖯学过呢？他就是这样，随便看哪个像哪个，就瞎给它搭配。清朝有个阮元也有这毛病，他有个"南北书派论"，也是随便说这是学那个，那个是那一派。我有一段文章，我就写这阮元的"南北书派论"，好像一个人坐在路边上，看见过往的人：一个胖子，说这人姓赵，那个瘦子就姓钱，一个高个的就姓孙，一个矮个的就姓李。他也不管人家真姓这个不姓这个，他就随便一指，你看那胖子就姓赵，赵钱孙李，周吴郑王往下排，人在路上走，他都能叫上姓什么来。这不是很可笑吗？实际这个毛病见于南朝的钟嵘《诗品》。《诗品》也是张三出于从前哪一家，李四出于哪一家，他怎么知道，也毫无理由，毫无证据。整个钟嵘的《诗品》里全是这一套。第一抄《诗品》办法的是阮元，第二抄阮元办法的是康有为。这样我就劝诸位，你要是想学写字，就是少看这些书，看这些书，就是越看越迷糊。那么有人说我应该看什么参考书呢？我曾经说，你有钱可以买帖。现在的书多啦，到书店，琉璃厂好几家书店他摆出摊开了，在桌上、柜上，许许多多的成本成本的帖。你拿过来翻，我喜欢哪个（我前边已经说过了），我喜欢这一家笔法，喜欢那一家流派的，我就买来瞧。有钱就买帖，有兴趣就临帖，再有富余时间就看帖，那么再看看人家介绍这个帖的特点，也可以从旁得一点启发。可是成本大套的，特别是古代书法理论的书，现在我不知道哪个好，我看得很少。古代书法理论的书，头一个，他的文辞美妙，但是翻成口语，很难找出恰当的词句来表达。

那么我什么时候看那参考书呢？当你要写书的时候，你再看参考书。那不就晚了吗？我说不晚。为什么？你写参考书，你不能凭空就这么写呀，总得抄点呀，你好拿古书东摘一句，西抄两句。现在很多的书，你给他找一找，都有来源。从前说"无一字无来历"，这是讲韩文杜诗无一字无来历。现在有许多讲书法的书，我细看，这句话怎么很眼熟呀，大概总是古代某些名家的议论，就更不用说抄现代人的了。这样子，你如果要是写文章、写书，你不妨借鉴旁人作的书，丰富自己的著作。我这不是奚落，不是挖苦，不是告诉人你要抄袭，更不是这样子。你总要有的可说，有的可比较，有一点趣味，有点儿引经据典（有点根据）吧。这个时候你再看古代的书,也增加自己对他句子的理解,也可以丰富自己的著作。

你要拿笔写字时,你的脑子千万别想那个"握碎此管",或者说回腕法。要是那样子,瞧何绍基书前头那个插图,我管他叫猪蹄法,我觉得那自己也太欺骗自己了,自己拿古人的东西欺骗自己了。昨天有一个人来问我,说这个书上教人写字,画许多箭头,这一笔画画许多箭头,打后边绕到前边绕一个圆球,再往后写,你说是不是应该这样?我就拿过古代墨迹的照片给他看,我说你看他揉的球在哪儿呢?"没有揉的球,那为什么画出那样揉球的形状呢?我说:"谁让你相信揉球的办法呢?"这样子,就可见真正的拿笔写出来的圆的墨迹,不是后人给你画出那许多箭头,绕了八个弯,再拉出去那种所谓的藏锋。藏锋者是那个锋不能露出很尖很尖的东西,有很长一个虚尖,那个不行。但是不是让你把笔的尖都揉在笔块里头,要那样写这人也累坏了。所以我觉得参考书值得看,是要看在什么时候看,怎么去看。要是自己拿出笔来在纸上写字时,脑子里有参考书上画的箭头,照它去写,我保证你这个字一定写不好。

第十三章　如何才能写好字

有人说:你说了半天应该怎么写字,破除那些个迷信的说法,不切实际的说法,那么你说怎么才算写好了呢?我认为这个"好"的标准又有又没有。有人看,说那个笔画是方的,刀斩斧齐的那就是好;有人说,揉了多少球然后描出来的圆疙瘩这就是好。那都是误解,是碑帖上刻出来的效果,误解为那些个现象。怎么叫好,你写的这篇字挂在墙上,你自己先看得过去,不至于自己先看着不敢给人家看，人家拿眼睛看，我自己捂着眼睛躲在一边，这个就行了。尤其是要人家认得，我也认得，这样子就是好。

宋朝有个人叫张商英。他做到丞相的官（这官很大了），他起草写了文稿，让家里的子、侄去抄或者让秘书帮他抄写誊清。谁知抄写的人第二天拿来问他，说这个字念什么？他瞧了半天，一拍桌子："早不来问，你要早来问我，我还没忘，我写完了，交给你们抄去了，我也忘了是什么字了。早来问我，我还没忘。"这样的情况现在也不是没有。有一位老前辈，我也不提是谁了，写出字来就是不大好认。他的稿子有人就怕认。他写一条幅给人，我们看了不认得是什么，据说有时候他也不大认得。这样的事情也有。总而言之，我们写出字来，第一先要自己能认识；让抄写的人过一天再来问你也不算太晚，自己也还认得，别人也还认得，这是最好的、最起码的条件。第二如果再加上有特殊的美感，使人看起来，说怎么那么好看呀，这个就是好。

这好比我们看见一个人，不管是男的是女的，是老的是少的，老年人也有很美的，比如说，胡子头发都白了，挺长的白胡子，可很精神。那你会说这老头儿很漂亮。说一个妇女年轻的时候怎么怎么样，就是老太太了她精神十足，不管是多大岁数，你看这老太太慈眉善目的，也让人尊敬，让人觉得可亲近。你要问，说这个人美观，他美观在哪点上，恐怕不大好说。

我们看梅兰芳演红，演旦角，大家都说他演得好。你说他这人长相好不好看？你说他眼睛好，我就专门画他这两只眼睛，与他的鼻子嘴全不配合，你说这眼睛好不好看？那也不好看。说这个鼻子好，就单画他的鼻子，说这鼻子怎么好法，我得照这样找别人的鼻子去。要是这样，不就成了笑谈吗？那么好在哪，某一个人的美观、好看，不管这人是雄传的好看，还是柔媚的好看，他总

313

有他相配合的整体,有一个好看的整体。绝不能挖出个局部来,说这眼睛好,这鼻子好,那嘴好看。说梅兰芳好看,据说,他两个耳朵比较冲前(我见过梅兰芳,可我没注意)。耳朵比较往前扇,俗称扇风耳,我也没注意。那么梅兰芳什么都好,就是耳朵不太好,往前扇着,这可怎么看?先看鼻子眼睛,注意到耳朵的还是很少。所以我觉得美不美、好不好,是在整体。我把每一个帖上的字,一笔一笔地挖下来。这是一个"天",我从王羲之那儿拉下一横,从颜真卿那儿拉下第二横,从褚遂良那儿挖下一撇,然后从柳公权那儿挖下一个捺。这四笔我都给它贴在一起,组合个天字,你看这个字还像个什么样?好看不好看就不言而喻了。你要是明白这个道理,就可以理解我所认为写字的好,它是整体的,尤其是要让人认识的。不管写草书、写行书,草书有草书的法度、规则。有个《草字汇》,还有编草书的许多书;你看合乎那个大家公认的标准的写法,那就是大家公认的好的。如果偏写那随便造出来的字,也不管《草字汇》还是《草出辨体》,是怎么讲草书的书,说我跟他们完全不一样,那你也甭想让人认得。

还有一个问题,是没有百分之百的好作品。王羲之写的字,我们要给他对比起来看,也有这个帖上这字,比那个帖上那字(同是那个字)写得好看。那么可见甲帖王羲之写的这一个字就不如他乙帖上写的那个同一个字好。所以名家、书圣,他也有写糟了的时候。米元章写过一个帖,他在夹缝里,自己批上"三四次写,间有一两字好,信书亦一难事"。这是米元章亲自写的一个帖。这个帖呢,写了三四次,是一首七言绝句,四七二十八个字。就算他写四次,二十八个字乘以四,一百一十二个字,米元章总算是高手,你写一百一十二个字之后自己看起来,间或有一两字好,可信写字也是一件难事。那么你就知道,我们不是说自卑,不

314

如米元章，但是我也不相信自己准比米元章写得好。你也写三四次，看你有没有惭愧的心哪。所以说，自己写的字好不好，还是用这个办法，你把它贴在墙上对比一下，就可以看出来了。

曹丕说过："虽在父兄，不能以移子弟。"可见在魏（汉朝末年），曹操的儿子，他都说过，有许多事，写文章父兄写得好儿子不一定能够都跟父兄写得一样的好。我们也不能太着急，说我儿儿就超过我的父亲，超过我的哥哥，超过我的老师。志愿不可没有哇，可我今天拿起笔来一写就可以比老师比父兄写得都好吗？恐怕没有功夫不行。从前说铁杵磨成针，功到自然成。你功夫不到，如何就想一写就好？我听过一个青年说，说起来谁谁谁写得好，那算什么！我写三天就比他好。那好，这话我觉得他有志愿。这个志愿是好，只这个性子太急了。他三天，咱们一块写完三天，我看你好在哪儿，你写得之后怎么样子就高于那一个人。这是说急性子，想我一句话就超过某个高明的人。这是不容易的。

有这么一个故事，说这鸟呀，在乌鸦喜鹊的窝里头都有一根草。它有这根草，别人就看不见它窝里有鸟没有鸟了。说在树上人看不见，也掏不着它。这都是哄小孩的。因为小孩他想爬到树上够那鸟，到窝里掏那鸟。大人告诉说不成，你看不见鸟，鸟都有一根隐身的草，所以你爬上去看不见窝里有鸟没鸟。有这么一个傻子，他就拆了许多鸟窝，拿着一根根草挨个让家里人看，说你看得见我看不见我？人人都说看得见。这个人呢，挺有耐心换着个试。有一天这个人问他的妻子，你看见我没有？他的妻子真腻烦了，就说看不见了。这人以为真看不见了，就拿着这根草，以为街上人也看不见他，走到街上铺子里、摊子上抢东西，拿东西，结果就让人给捉住了，送到衙门里去治罪了。他说你们都看不见我。看不见你怎么逮着你呢？这种东西，要是自己骗自己，说我写

315

的这个一学就像,那你就等于是拿着那个隐身草。想学谁的字,其实谁也写不像,张三写不了李四的字。

在旧社会,不会写字的人他怎么办呢?他画个十字。你瞧那些个旧的契约,多少人作保,每个人都画个十字。这是一般农民、市民不认字,就画个十字。这画个十字也有区别。说我跟人定个契约,请你担保,人人都得画上。在公堂上办案,办完找来证人签字。那不容他一人画,每个人都得画。所以我们一看就知道不是一个人画的十字。仔细看,用笔的轻重长短,这一竖搭在横上是偏左,是偏右,这竖是上头长,还是底下长,不一样;有的下笔轻,驻笔重,有的下笔驻笔都轻;有的斜度不一样;细看总是不一样。所以我就说不要自欺。自己说大志可以,大志不能没有,可也别自己真信:说我三天就出精品,比那人好多了。那就跟拿一根隐身草到街上去拿东西一个样,自己骗自己。

还有一种,写得老不像怎么办。不一定要像,要学的是他的方法。他的办法,我们吸取了没有,借鉴了没有?我们要借鉴要按他的办法,就省事;我们不按他的办法,就费事。就是这么点东西。写出来不就是自己看着比较满意,然后再请别人来看,自己把好的贴在墙上,然后有客人来了,请你看我这怎么样。从前我有一个同学,他自己爱画画。画得之后给人看:"你看总有一点进步吧?"我告诉他:"你没有一点进步。"他说:"为什么?"我说:"你自己觉得进步了,这个想法就是退步。"

有一回我住医院,有一个年轻人到医院看望我,他拿一张字让我看,问写得好不好。我说"不好"。为什么我要这样说,你要告诉他好了,他就特别骄傲,所以我就给他泼冷水。这是成全他,我说不好,你还得努力。他挺不服气地说:"某某老先生说自愧不如。"我说:"我看这位老先生是恭维你呢,还是说反话呢?什么叫反话，你明白不？他都不如你写的好，这不是挖苦你吗？你连人家说反话都听不出来，你还问什么叫好坏呢。"这个人走了，同病房的人说："哪有你这样说话的？"我说："我们教书的人哪，职业病，对学生就得负责。你恭维他，对他没好处。"所以我现在郑重其事地奉告诸位，要学就有四个字："破除迷信"。别把那些个玄妙的、神奇的、造谣的、胡说八道的、捏造的、故神其说的话拿来当做教条、当做圣人的指导，否则那就真的上当了。

　　我这次所谈的这些题目还没有想得很好。我的意思，是想敬告想学书法的朋友不要听那些故神其说的话，我是和想学书法的朋友谈谈心，谈我个人的看法、个人的理解，也可以说个人的经验吧。我已经被那些故神其说的话迷惑了多半辈子。我今年已经八十四周岁了，就算再活也是一与九之比了，所以让那些个迷惑的神奇说法蒙了大半辈子，今天我说些良心话。现在说完了，就是这一共十三章。现在的时间是一九九六年七月一日中午十二点。这些话，将来有机会还要把它变成文字。

《书法丛刊》"秦汉简帛晋唐文书专辑"引言

　　汉字形体，当然最初仅只是生活中使用的符号，用它的人又不断地在使用中把它美化。为了使用的方便，于是它又不断地被简化。奇妙的是，在简化过程中，即伴随着美化加工，并不是管美化的不管简化，管简化的不管美化。这恐怕是古代写字人之所以被称为书法艺术家的重要缘故之一吧！

近代在资产阶级革命以后,有些"言必称希腊"的人,大概因为希腊没有汉字书法艺术,便不承认中国书法有艺术性质;而拥护书法艺术的人,又常抬出"书画同源"这块牌子作"护法"。借着"画"这位"书"的伯祖或叔祖的名义,使它沾一点艺术的边,结果并没有说服"假希腊人"这当然是已往的事了。

解放后,古代许多艺术品种的创作奇迹,陆续重被发现;古代书法艺术的奇迹,也不例外的一再震惊人们耳目。汉字的历史长河,从远而近,几乎可以贯串不断。龙山文化中,一些器物上的标志符号,应是现在可以见到的汉字胚胎;到了甲骨上的刻字,已不稀奇。我们已一再看到殷商的手写字迹。铜器上铸字之外,见到战国简册,秦狱吏写法律条文所用的隶书墨迹等。

《集王羲之书圣教序》宋拓整幅的发现,兼谈此碑的一些问题

唐代僧人怀仁集王羲之字刻成的《圣教序》碑是近两千年来书法史、美术史、手工艺史上的一件著名杰作。原石保存在西安碑林。但经过历代捶拓,已经屡有损伤了。一九七二年,在碑林石碑的石块缝中发现南宋时代的整幅拓本,且无论这在《圣教序》的留传拓本中是迄今所见的孤本,即在一般的汉唐碑版中,像这样的宋拓整幅也是极为罕见的。

在影印技术还未发明的时候,精美的书法,想要制成复本,只有两途:一是用油纸、腊纸在原件上把它描下来。这叫向拓(后世多误作"响拓");一是把写在石上的字刊刻拓墨,或把写在它

处的字勾描在石上，刊刻拓墨。这样的墨拓本，刻拓精美的，观者看去，宛然是笔写的一般。关于这种手工艺，在古代有不少著名的工匠和杰出的作品。

　　唐代玄奘法师从印度取来许多佛教经典，译成之后，唐太宗李世民给它作了一篇"序"；他的儿子李治，即唐高宗，当时还是太子，给它作了一篇"记"，其实也是一篇序文。还有玄奘向他望以称鄂尔泰，曰鄂西林，此偶然一例而已。近世人于夫人名字曰顾太清，或曰太清春，皆非其实。称西林春，亦似是而非。然夫人自署本名，迄未一见。

　　纪鹏宗叔曾以夫人听雪图小像摄影见赐，夫人头绾真发两把头髻，衣上罩以长背心，俱道咸便装旧式，惜其图后题跋无存。今经浩劫，并前图亦无从再觅矣。

　　又曾见恽南田画花卉册，逐页画上有太素与夫人题句。太素用浓墨，夫人用淡墨。谛观之，淡墨亦太素所书，特略变笔势，运以淡墨以示别。知夫人于八法似未谙熟，或以直书南田画上，未免跼蹐耳。李易安记归来堂中读书观画，独未及笔砚之事。如此变体代书之佳话，亦足补前贤故实之所未备。又赵明诚以自作杂易安词中，而不能掩"人比黄花瘦"句，为古今之所艳传。今读太素之《南谷樵唱》，视夫人之《东海渔歌》，亦有若德父之于易安者。南谷为太素先茔所在之地，东海或以借指渤海，唯辞取偶俪，义抑其次。而唱随之乐，角胜之情，使小子于百年而下，尚油然起景慕之心者，岂偶然哉！

　　有清亲王、郡王之配称福晋，贝勒以下之配称夫人。福晋本汉语夫人译音之微讹，特以志等威之差，其后五等俱称福晋者，谀也。今记旧事，于有关诸辞，具存史实，读者鉴焉。一九八，功谨记。

真宋本《淳化阁帖》的价值

古代影印技术还未发明时，对前代传下来的法书、名画，想要留一个副本，最早只有用透明的腊纸罩在原件上，映着窗户外的阳光，仔细勾摹。这种办法，叫做"向拓"。向，指映着阳光，拓，指照样描摹。"向"曾被人误写为响；搨，后来通用"拓"，又因碑帖多是刻在石头上的字，对碑帖的捶拓本多用"拓"，蜡纸勾摹的向拓本，则多用"拓"。这是后世的习惯用法，容易混淆，先作一些说明。

今天可见的唐代向的法书，首先应推《万岁通天帖》（王羲之一家的名人字迹），是武则天时精密的摹拓本。笔有枯干破锋处，原件纸边有破损处，都一一用极细的笔道画出，足见摹拓人的忠实存真。其次是《快雪时晴帖》等。日本所传《丧乱帖》、《孔侍中帖》等也属唐代向拓本的精品。

向拓虽然精美，但费力太大，出品不可能多。人们看到碑刻拓本，也很能表现书法的原型，刻法精致的碑，也有足和向拓媲美的。如今日所见敦煌发现的唐太宗《温泉铭》，有些字，几乎像用白粉在黑纸上写的字。古代人大概由这些刻拓手法受到启发，即用枣木板片做底版，把勾摹的古代法书贴在板上，加以摹刻，刻成之后，用薄纸捶拓。这样一次便可以拓出若干张纸。后来因枣木易裂，改用石板为底版。据宋代官书《宋会要》记载，北宋人曾收到南唐刻的一段帖石，但今天这段石上的字，已无所流传了。

今日所见把古代自魏晋至隋唐的"法书"摹刻成一整套的

"法帖"（性质类似近代编印的《书道全集》之类），始于宋太宗淳化年间所刻的十卷《秘阁法帖》，因为刻于淳化年间，所以普通称它为《淳化阁帖》（或简称《阁帖》）。北宋时《阁帖》中的古代名家字迹，社会上已经不易见到，所以《阁帖》最初拓本一出来，便有许多地方加以翻刻。山西绛州翻刻本号称《绛帖》，福建泉州翻刻本号称《泉帖》等，无论各翻刻本或精或粗，总都不是最原始的拓本。原本《阁帖》在元代已不易见到全套。书法大家赵孟頫记载他所得到的《阁帖》十本，已是几次拼凑而成的。到了明代，行草书非常流行，《阁帖》中绝大部分是古代名家的书札，行草字体为主要内容，所以习行草的书家没有不临习《阁帖》的。明中叶翻刻《阁帖》的，有最著名的四家，是袁褧、潘允亮、顾从义和甘肃藩王府（俗称肃府）的翻刻本，其中以肃府本摹刻得最得宋拓本的原貌，但其中第九卷已经是用《泉帖》补配的（册尾缺三行可证）。可见以明代藩王所藏，据说是明初分封时皇帝所赐，尚且不能没有补配，这时宋代原刻原拓本的稀有已可知了。

　　传到今天，可信为宋代内府原刻原拓的《阁帖》，只有三册留存于世，这三册是第六、七、八卷，都是王羲之书。明末清初藏于孙承泽家，每卷前有王铎题签。并没提到共存几本，即使是十本，其余那七卷是同样原刻原拓，或是其它刻本补配，都已无从考查。但这三册中即有北宋佚名人跋一页和南宋宰相王淮跋一页，都说明它是北宋原刻原拓。即从以上几项条件来看。它的历史文物价值，已足充分说明了。

　　这三卷在民国初年，曾归李瑞清（清道人）藏，有他的跋尾。上海有正书局曾影印行世，后来就流出国外，毫无踪迹。此外现在还流传着藏在博物馆中或私人手里的，从一些字迹精彩程度和特有的痕迹如银锭纹、转折笔、断裂缝等考证，够得上宋刻宋拓的也还有二三本，但流传有绪，题跋证据确凿的，终归要推这三册占在最先的地位。以上所举的其他宋拓二三本中，虽不如心唱二本中即具有两个宋人题跋，但在其余的证据条件，一一充足的，要推第四卷一本。这本现在也藏于安思远先生处，这次一同展出，真使我们不能不深深佩服安先生鉴赏古拓石墨可贵的眼力！

其他各时各地的翻刻本，原来并没有伪装原本的意图，由于鉴赏者的盲目夸耀，或牟利者的有心作伪，都会造成以后来翻刻本冒充宋本。这也并不影响真本的价值，伪本愈多，愈显出真宋本的可贵。

以摹刻的技术论，任何宋拓《阁帖》，都比不过真本《大观帖》，但人类学家发现一部分原始人的头骨，那么珍视，并不在后世某些名人的画像之下，因为稀有甚至更加贵重。正如我们看到虽今天科学技术长足进展，瓷器以及其它更高级的日用器皿那样发达，而对上古的彩陶不但不加鄙弃，相反更加重视，岂非同样道理！敬请我们的文物鉴定家、爱好者、研究专家，对这三本彩陶般的魏晋至唐法书的原始留影回到祖国展览而庆幸吧！

蓝玉崧书法艺术的解剖

蓝玉崧同志不但是一位老革命者，也是一位艺术上的多面手。他在中央音乐学院执教，是著名的二胡演奏家和音乐理论家。

他还擅长书法和篆刻，听说也擅长绘画。我从小就爱好书画，虽然自己写、画都不成熟，但看到古今作品，还能分得出个高下。苏东坡的诗句说："我虽不善书，晓书莫如我。苟能通其意，常谓不学可。"诚然，写字的人能通古代名家创作时的"意"，便可得其貌，以至得其神；欣赏书法的人也要能通写者的"意"，才能看出他的作品中得失甘苦的紧要关键处。

　　我最先看到玉崧同志用小真书写的几页花笺纸，那时还不认识他，只觉得他是用笔自然地写出来的，而不是什么"万毫齐力"地用傻劲，觉得纸上的字是活的，不是以翻版石刻为标准，追求那种半吞半吐的迟钝笔画。

　　后来陆续见到他的一些草书作品，回旋飞舞，而又有节有奏。他的书作，催促我不能不深入打听这位写者是个什么人，对他的人，所知逐渐增多，对他的字的理解也就日益加深了。

　　音乐与书法的道理当然不应两样。我姑以音乐外行来妄论二者的关系：大约草书如演奏"快板"，无论快到什么程度，其中每一个音符并不因快而漏掉。所以"急管繁弦"和"雍容雅奏"实质上是没有差别的。人在短距离中听到丰富的音节，譬如前人论画所谓"咫尺有千里之势"的，必然是一件佳作。那么蓝玉崧同志的草书，所以引人入胜的，恐怕即在这里吧！

　　最近见到玉崧同志的新作品，又发现了新情况，他已在原有基础上提高了一步。他从前写的，还不免有古人帖上已成的艺术效果，或者说是古人已有的局面。这次看到的，则是另一种现象，仔细推敲起来，处处细节，包括字中的节奏，都是用古人已有的办法写出来的。另从全局来看，则是古人帖上所不曾见过的效果。这种又是又不是，又像又不像的效果，究竟是怎么出来的呢？当然并不足怪，凡曾用功临帖，揣摩古人的笔法、结构，都能得到百分之多少的像；但像中的不像，不像中的像，则是全靠消化，全靠见识。我也曾遇到不少人，用功不算不勤，临写不算不像，清代翁方纲即属这种典型；可是又有谁见到翁方纲消化了古人的碑帖？不难理解，必须要有见识，这见识即是主要的催化剂。有了见识，才能知道向何处消化，怎么消化，要化成什么样子。

更使我钦佩的，是玉崧同志也是一位印人。无疑，那些刀锋、剥痕，金石家认为"古朴"的效果，必然深深地渗入印人的脑中。试看许多篆刻家中年以前的字，也都是笔画清朗的，到了后来，为了追求金石趣味，故意专用逆笔，似乎是在向观者说："宁可你看着不舒服，我也不能省力气。"当然我绝不是否定那些篆刻家的创作精神和艺术效果，而是姑且借这个比喻来说明用笔的顺逆问题。坦率地说，我不会用逆笔，所以也就喜爱顺笔，因此更喜爱玉崧同志的用笔。尤其佩服他，用了若干年的刀，写起字来，还能刀是刀，笔是笔，如果没有真见识，大本领，又谁能做得到呢？

总之，玉崧同志的书法，是从用功来的，但又能不受成法束缚。以天真的兴会冲破旧有框框，而又并不"荒腔走板"。当然，玉崧同志的书法，还在发展，还蕴着无限的潜力，这是我们这一班和他往还的朋友共同的感觉。

《启功丛稿》初版前言

功幼而失学，曾读书背书，虽不解其义，而获记其句读。曾学书学画，以至卖所书所画，遂渐能识古今书画之真伪。又曾学诗学文,进而教诗教文,久而诗略悟其律,文略悟其法。究之,庞杂寡要,无家可成焉。

今谬承中华书局辑印拙作零篇,为此小集,其曾单行成册者,如《古代字体论稿》、《诗文声律论稿》,不复阑入。笔濡颡泚,书此前言,忸怩之情,读者不难烛照。

此册所存,或以曾贡严师,蒙掀髯而颔首者;或以曾呈益友,见抚掌而破颜者。非敢炫其芜篇,庶以铭斯高谊。

昔郑板桥自叙其《诗钞》有言:"死后如有托名翻板,将平日无聊应酬之作,改窜阑入,吾必为厉鬼,以击其脑。"夫有鬼无鬼,为变为厉,俱非吾之所知;唯欲藉此申明,凡拙作零篇,昔已刊而今不取者,皆属无聊之作耳。

旧作《沁园春》一首题稿册之前者,附录于此,以当自赞。其词曰:

检点平生,往日全非,百事无聊。计幼时孤露。中年坎坷,如今渐老,幻想俱抛。半世生涯,教书卖画,不过闲吹乞食箫。谁似我,真有名无实,饭桶脓包。偶然弄些蹊跷,像博学多闻见解超。笑左翻右找,东拼西凑,烦烦琐琐,絮絮叨叨。这样文章,人人会作,惭愧篇篇稿费高。收拾起,一孤堆拉杂,敬待摧烧。

一九八一年夏历新春,启功自识,时我生已入第七十年矣。

325

《论书绝句一百首》引言

　　此论书绝句一百首,前二十首为二十余岁时作;后八十首为五十岁后陆续所作。初有简注,仅代标题。诗皆信手所拈,几同儿戏。朋友传抄,以为谈助,徒增愧作耳。

　　数年前,香港《大公报》"艺林"副刊分期登载,注欲加详,乃为各注数百字。刊载既竣,复蒙商务印书馆香港分馆合印成册,是可感也。

　　其中所论,有重复,有矛盾,亦有忍俊不禁而杂以嘲嬉者。或以此病相告,乃自解嘲曰:重复者,为表叮咛,所以显其重要性也;矛盾者,以示周全,所以避免片面性也;嘲嬉者,为破岑寂,所以增其趣味性也。强词夺理,其为有痂嗜之读者所见谅乎?

　　今逢再版,因略加修订,附此小言。平生师友暨敬爱之读者,幸垂明教!

　　一九八五年岁暮,启功自识于北京师范大学宿舍之浮光掠影楼,时年周七十有三。

书法常识序言

　　我从幼小识字时，即由我的祖父自己写出字样，教我学写。先用一张纸写上几个字，教我另用一张较薄的纸蒙在上边，按着笔画去写。稍后，便用间隔的办法去写，这个方法是一行四个字，第一、第三处由我祖父写出，第二、第四处空着。我用薄纸摹写时，一三字是照着描，二四字是仿着写。从此逐步加繁，临帖、摹帖、背临、仿写……直到二十多岁，仍然不能自己写出一个略可看得过的样子。

　　在十八九岁时，羡慕画法，也希望将来做个"画家"。拜师学画，描个框子，还可算得一张图画。但往上一写款字就糟了，带累得那勉强叫做画的部分也都破坏了。于是发愤练字，这个练字的过程，可比用钻钻木头，螺旋式地往里钻，木质紧，钻得钢刃钝，有时想往里钻，结果还在原处盘旋。这种酸甜苦辣，可说一言难尽。请教别人，常是各说一套，无所适从。遇到热心的前辈，把某一种帖、某一方法，当做金科玉律，瞪着眼睛教我写，这种盛意，既可感，又可怕。

　　及至瞎摸着学，临这一家，仿那一体，略微可以题在画上对付得过去一些了，也不过是自己杜撰的一些应付之法，画上的东西向左歪些，题字就向右斜些。如此之类，写了些时，但离开画面，就不能独立。

　　又遇到"体"的问题，什么"颜体是根本"、"赵体最俗气"之类的说法；"古"的问题，什么"篆隶是来源"、"北碑胜唐碑"之类的说法；"方圆"笔法的问题，什么"方笔雅"、"圆笔俗"之类的说法，等等。及至我去如此实践，有的并不是那么一回事，甚至所说与客观事理完全相反。

举一极简单的例，如用圆椎形的毛笔，不许重描，来写出《龙门造像题记》那样方笔，又要笔笔中锋。试问即使提出这个说法的本人，恐怕也没有解决的办法吧！我在误信种种"高论"之后，从实践中证明它们全属"谬论"，至少是说者对那些现象的误解。此后，我的思想才从"迷魂阵"中解放出来。

再后，陆续看到历代的墨迹，再和刻本相比较，才理解古代人写的墨迹是什么情况，用刀刻出后的效果又是什么情形。好比台下的某位戏剧演员是什么面貌，化了妆后在台上又是什么面貌。他在台上身材高是因靴底厚，肩膀宽是"垫肩"高，原来台上的黑脸包公即是台下的演员某人，从此"豁然心胸"，我写我自己的字了。中间又几次看到出土的和日本保存的古笔实物，更得知有的点画是工具决定的，没有那样制法的工具，即属同是不加刀刻的墨迹，也写不出用那样工具所写出的点画。于是注意笔画之间的关系，注意全字的结构，注意字与字之间的关系，注意行与行之间的关系。临帖时，经过四层试验，一是对着帖仿那个字；二是用透明纸蒙着那个字，在笔画中间画出一个细线，这个字完全成了一个骨骼；三是在这骨骼上用笔按粗细肥瘦加肉去写；四是再按第一法去写。经过这样一段工夫，才明白自己一眼初看的感觉和经过仔细调查研究后的实际有多么大的距离，因而又证明了结构比用笔更为重要。当然没有用笔，或说笔没落纸时，又怎有结构呢？但笔向何处落，又是先得有轨道位置。所以，用笔与结构是辩证的关系。赵孟頫说："书法以用笔为上，而结字亦须用功。"我曾对他这"为上"和"亦须"四字大有意见，以为宜以结构为先，至今还没发现这个见解的错误，但向人说起来时，总有争议，后来了然，"结字为先"，是对初学的人为宜，老师教小孩拿铅笔在练习本上抄课文，只是要他记住字的笔画，并无"用笔"可言，已会写字，有了基础，所缺乏的是点画风神，这时便宜考究用笔。赵孟𫠊说这话时，是中年时期，是题《兰亭帖》后，这时他注意的全在用笔。譬如中国餐的习惯是吃饭之后，喝一碗汤；外国餐的习惯是先喝汤，后吃主食。但谁也知道，只喝汤是不会饱的。于是我对先喝后喝的问题，也就不再和人争辩了。

至于实践，从题画上的字稍能"了事"之后，如写什么条幅、对联等，又无不出丑。解放后有了新兴的练字机会，抄大字报，抄大字标语。这时的要求，并不在什么笔法、字体，而是一要清楚二要快，有时纸已贴上，补着往上去抄。大约前后三十年，把手腕、胆子都练出一些了，才使我懂得，不管学什么，都要有一种动力，无论这动力从哪方来，从下往上冒、从上往下压、从四面往中间冲，都有助于熟练提高。大字报现在已有明文废止，也不能为练字而人人去写大字报，这里所说，只是我的一段经过，并且说明放胆动笔的好作用罢了。

练书法要不要临帖，如果要，为什么？这是常听到的问题。我个人认为，弹钢琴要练名家的谱，谁也知道，不是为将来演出时，只弹这个谱子，而是为了练习基本功，从前人的创作中吸取经验，自己少走些弯路。又有人提出说为什么临帖总不能像，我的回答是永远也不能像，谁也不能绝对像谁，如果一临就像，还都一丝不差，那么签字就不会在法律上生效了。推而至于参考前人的论说，即使是自己认为可取的论点，最好也通过实践试验，不宜盲从傻信。

我个人在练字过程中,也曾向书本请教,什么《书法正传》,什么《艺舟双楫》、《广艺舟双楫》等,愈看愈不懂,所得的了解,是明白了从前听到别人给我讲写字方法的那些论点,原来大都是从这类书里来的。不过有些更加玄虚,有些引申创造罢了。于是我便常向朋友劝告:要学书法,有钱多买字帖,少买论书法的书;有时间多看帖、临帖,少看论书法的书。要加声明:这里所说"论书法的书",当然是指古代的,因为它绝大多数玄虚难懂。如果扩大一些范围,凡是玄虚难懂的都可以暂时节省些眼力!

近十年来,书法又被提倡,更加为广大群众所喜闻乐见了。于是作为常识读物的参考书和提供借鉴欣赏的碑帖,也纷纷出版,爱好书法的同志找我们来讨论门径、切磋技法的也日见其多。因此浙江古籍出版社要求我们编写一本小册子来补这个空白(当然在这本小册子编写、出版以前已经有了好几本这类著作,已是珠玉在前了。我们这本不过是拾遗补缺,只算补珠玉之间的小空隙罢了)。

秦永龙同志是我们同校、同系、宿舍毗邻、日常相见的同好、同志,他是教古代汉语、古代文字的,他对书法的研究,一方由于爱好,一方无疑的是从研究文字变迁而来。他平时治学不苟,写起字来也笔笔认真,一字一行以至一幅,也都各具匠心,绝不随便。起草这本稿子,也是极费推敲,多次修改的。他还非常谦虚,因为稿中所写的有些问题,是我们平常议论过的,所以一定把我的名字列在前边。这篇序言,也有借纸答复读者的意图,因为许多同好,常问我学书法的"经验","经验"哪里敢说,只说"经过",也是"甘苦"而已。因此我也顺便想起,如果当代的各位老前辈、大书家,肯于各自谈些"甘苦",哪怕是小故事、碎评论,集在一起,也是我们后学借鉴的财富。抛砖引玉,借地呼吁,我想一定会有人起而做搜集编排工作的。

本稿所用插图和图版,一部分借自朋友所存,另外大部分是贾鸿年同志所拍摄,谨在这里一并致谢!

书法丛论前言

我上过小学,小学有一门书法课,我写的成绩虽不算最糟,也不够中上等。同学中写得好的有几位,他们有临华世奎的颜体字的,有学魏碑体的,有一位叫白志铭的师兄,他在家中受到一定的文化教育,写的字很有成熟的风貌。听几位优秀师兄们谈起他们自己的心得,什么方笔啦,圆笔啦,愈听愈糊涂,感谢白师兄说了些执笔不要死,手腕不要有意悬空,临帖不要死描点画等,我才算初步开了窍。后来离开学校,从戴绥之先生学经史词章,写字也不那么专心了。

在公元三十年代受教于陈援庵先生门下,初到初中教书,批改学生作文,又有字迹的像样的要求了,这时影印碑帖已较风行,看到赵孟𫖯的胆巴碑和唐人写经的秀美一路,才懂得"笔法"不是什么特别神秘的方法,而是按照每笔的点画在结字中的次序先后,长短、肥瘦、左右、圆转,顺序摆好,那么笔法、结字,都会好看了。此后才明白"方笔"是刻字工人在字迹上直接按每一笔画四周用刀直刻的刀痕,"圆笔"是刻字工人注意字迹点画的每笔迹缘,宛转用刀锋去刻出的。

后来到了辅仁大学教书,陈校长非常重视学生的文笔,尤其重视学生作文卷上的批字，常说如果学生卷上的字比教师批的字好，教师应该如何惭愧！一次命我作一场关于书法的演讲，用幻灯放映许多碑帖的样本，命我按照碑帖的字迹作文评论。陈老师拿着一个长木板条(预备教师在黑板上画直线用的)在地上拍打，指挥应该换一个碑帖样片了。看到、讲到好的字样，观者大都赞叹，看到龙门造像中那些难看的字，都有表示难看的笑声。这次小讲演之后，大家练写字的风气为之一振。我怎么知道？因为常有师、生拿写的字给我看，我才得知是那次讲演的效果。

　　以上是我从幼年学写字的初步经历。现在北京师范大学秦永龙教授请李同志(洪智)把我以前关于书法的讲演、笔记、题跋全都抄出来，请文物出版社印为一册，使我既感激，又惭愧！我这垂暮之年，耳目俱衰，视听之力锐减，书写更不成字。方家垂教，感戴之余，徒增歉愧矣！

书法作品选自序

　　启功生于一九一二年，幼而失学，提不到有什么专长。从做童蒙师到在大学教书，已经过了五十年，中间做些"副业"，只是写写画画而已。

　　近年谬蒙许多朋友的抬爱和鼓励，得以厕名于"书法家"之林，实在非常惭愧。现在北京师范大学出版社的朋友把我近些年写的一些作品，搜集成册，将予出版，叫我自己写几句前言。我想这一堆"雪泥鸿爪"在拿出手来之前，至少应该把我学习书法的一点甘苦和编排上的一些经过,略加交代。

幼年看到先祖的书案旁边挂着一大幅墨笔山水,是我一位已故的叔祖所画,山川稠密,笔画精细,我的印象,觉得这画是非常雄伟的。先祖又时常拿过我手中的小扇子,在上面随便画些花卉竹石,信笔而成,使我感到非常神妙。从这时起,我常想,一个人能做一个画家,应该多么高尚啊。后来虽然得到些学画的机会,但是"画家"终没做成。

至于写字,当然自幼也不例外地描红模、写仿影,以至临什么欧、颜字帖,不过是随时应付功课,并没有学画的那样"志愿"。在十七八岁时,一位长亲命我给他画一幅画,说要裱成挂起,这对我当然是非常光荣的,但是他又说:"你画完不要落款,请你的老师代你写款。"这对我可说是一次"沉重的打击",使我感到"奇耻大辱"。从此才暗下次心,发愤练字。从这事证明,愤悱实是用功的起点。

现在回顾练习写字的过程中,颇有些曲折。记出几条来,既以向前辈方家请求印可,也以奉告不行下问有同好的朋友们,或可省走一些弯路。

一、曾向书家求教,问从执笔到选帖的各种问题,得到的答案,却互相不同,使我茫然无所适从。

二、所学只是在石头上用刀刻出的字迹,根本找不出下笔、收笔的具体情况。

三、后来得见些影印的唐宋以来墨迹,才算初步见到古代书家笔在纸上书写的真相。好比见着某人的相片,而不仅是见到他的黑纸剪影了。

四、学习古代书家的墨迹稍微觉得有些入门时,又听到不少好心的朋友规劝我说:"你的字缺少金石气。"可惜那时我已六十多岁了，"时过而后学，则勤苦而难成"。再者，所谓"金石气"，实际就是刀刻的那些现象和趣味。虽然"恒言不称老"，但六十多岁，至少从脑到手，也僵化了许多，即使想再拿毛锥来追利刃，也已力不从心了。

五、练写字总是在冷一阵热一阵中过日子，怎么讲呢？临帖有些相似了，另写文辞或帖上没有的字，就非常难看。慢慢地能自寻办法写出一张另外的文辞，章法也算过得去了，但只能看整片，禁不起挑出任何一个字来看。

六、某段时间写了些张字，觉得熟练些、美观些了，过时再看，便发现"丑态百出"。于是加紧纠正、克服已发现的缺点。这样又出现两种情况：一是写得更坏了，真使我"欲焚笔砚"；一是觉得比前可算有些长进了；但旁人看时，又常有人说还是最前那段写得较好。

七、有一次临了两本帖，一是《集王圣教序》，一是智永《千文》墨迹本。有一位青年朋友向我要，我送给他时说："这只是纪念品，你要临学，我另送给你这两种原帖。"没想到他却说："这比原帖好。"我只认为他是专为夸奖我的字，谁知他却郑重地指给我说，哪些字，"帖上的不如你写的"。我这才明白："下里巴人"为什么"和者"那么多。谁都明白，这是误会。但误会何在？有人说，"你翻成白话的古文，比原作易懂"，这非常恰当。在此，我的感想，还有一端，即是"夸奖"这一关，也是极严的考验！应正确对待，谨慎而过。离奇的夸奖，还容易清醒，只怕略近情理而又偏高的夸奖，是最难冷静的！

这本"泥爪"册子竟然要出版了，我的心情正如俗语所说："小孩听讲鬼故事，又想听，又怕听。"只有诚恳地请尊敬的读者给予剀切的批评！

关于材料方面是这样处理的：大致按尺度、形式、行数、字数以类相从。有旧作一本画册，是在六十年代初期画的。当时每页都有对题。浩劫中，先妻章君宝琛把题字撕下烧了，画片用纸包起。一九七五年她逝世后，我才发现这包画片，重新装裱题诗。这时浩劫还没有完，画得本来幼稚，重题也很局促，过而存之，以作悲哀和愤怒的纪念！

最后要郑重声明感谢的是：赵朴初先生在百忙中为书写签题；我校侯刚君、胡云复君为此册的搜集、编排，以至设计版面，都付出了极大的辛劳；贾鸿年君为作品摄影，随有随摄，加紧洗印；都是我所衷心铭感不能忘的！

书画留影册自序

启功自幼喜好绘画，曾经希望长大了做个画家。十五岁后从师学画，终因画艺不击成熟，无法借以谋生，便做了童蒙师。陆续走上在中学、在大学教语文的道路，画艺虽未完全抛掉，但进益不多。四十年前教育工作又要求"专业思想"，当然兼顾既不可能，同时也不许可了。

这时以后，写字虽然不能拿出手去，但自己在家费纸乱涂，也还受卖纸的人欢迎。历次满墙贴大字报的时候，我更是"大显身手"的一名"抄写匠"，或者竟成为"抄写将"，总之，毛笔字总算没有间断地写。至今虽不旧成熟，总还误笔不多。至于册中那几幅画，更是临时为装点展览会场略增热闹的。抛荒了四十多年，临阵磨枪的产物，焉能登大雅之堂！

　　我虽然写了许多年的字，但手下并没留下什么成品。现在印在这里的一些件，都是已经赠出去了的。其中大部分是前年冬天为募集"励耘奖学助学基金"时，奉送给慨捐重资的仗义朋友作为纪念物的一部分。为什么不说是售出的展览品？首先，因为我的习作字画，根本值不了那些钱。物轻谊重，不说是良朋义举的纪念品，可又能算什么呢？其次，是一次小展览中的四十件非卖品中的一部分，那些作品于会后一半赠送给展出的团体，留作他们随时展览之用，一半赠给师范大学留作馈赠用的礼品。再次是一些平时临碑帖的小幅，已被亲友分存，这次是借回拍照的。由此原因，所以题目选用"诏影"二字，大约可算比较恰当而且符合实际的。

　　人生"老"与"懒"常常密切联系着。今年夏天过后，我即有八十足岁了，即使自奋秉烛之勤，又能再写多少呢？何况体力日见其衰，手眼日见其退，所以赶快印出这点点旧作来，为的是早些求得高明指教，以便趁此余光，努力争取鞭策。万一得到纠正的机会而再有寸进，都是尊敬的读者所赐，诚望批评，不胜企盼之至！

三帖集前言

　　"碑"、"帖"这两个"词"，是书法范围中常见的两项内容：碑是刊刻名山、庙宇沿革以及名贤、显宦的事迹；帖是一些著名文人、书家给朋友的书札甚至便条,后人为了欣赏他们的笔迹,把它刻在石上以广留传。所以碑的名称是指石材,帖的名称是指纸张。由于后人为了保存,常常把碑、帖的拓本裱成卷、册,以便于展观和临习,又统称之为"帖",这是碑、帖的原名之外的第三种名称了。

我从幼年习字,先摹先祖写的字样,后来上小学,习字课上也临习过唐碑,但拓本中看不出行笔的轻重、用墨的干湿,有人把魏代造像记那种刀斩斧齐的笔画认为是方笔,写字时描头画角地描出方条的笔道。后来见到古代墨迹的影印本,才得知那些方条的笔画是由于刻字的工匠按笔画四周刻成,并非写者用笔如此。后来做了些论书绝句,有一道说:

少谈汉魏怕徒劳,简牍摩笨未几遭。
岂独甘卑爱唐末,半生师笔不师刀。

近年刊刻"碑林"的风气颇盛,原因有许多方面,其中一项因素是刊刻的方法有了进步。古代刻字,一种是写者把字直接写在石面上,刻工即在写的字迹上用刀刊刻,宋元以来书家把碑文写在纸上,刻者用薄纸从正面按笔画周围钩出,再用白粉钩那薄纸的背面,再把白粉笔画轧在石面上加以刊刻。这类刻法都容易走却墨迹的原形。现在刻工用电力通到刻刀上,不用铁锤锤那刀柄,省力与准确两全其美,但笔画中的干湿浓淡仍不能传出。但书法与绘画究竟不同,为了临习,浓淡有所不足,也不致妨害笔画结构的主要作用。

这册"三帖"前两种是大块石碑上所刻的,后一种是从一个卷轴写本上影印出来的。成为黑地白字,碑文也剪装成册,所以就从俗称为三帖。刻成的、写成的虽有不同，但它们的效果，如不仔细观察，也几乎看不出区别，足见今日刻法的进步。

北京师范大学出版社辑印拙书三种成册，又嘱我写此前言，即在这里敬求读者予以严格的指教！

题陈奇峰篆刻集

中国的艺术、种类很多，屈指计算，十个手指绝不敷用。一般说来，很容易脱口而出的，是书画篆刻。这三项本身固然各有千秋，都能独立自成体系，而三者之间，又互相依存。合之则三美，离之则三不足。其理由不待多说，只要看看三项合成的作品，再看看只有一两项的作品，哪个更美观就不言而喻了。

许多书家、画家、篆刻家，未必每人同时具备这三项艺能，但我们常见某一类风格的书画家自用印章，都与他们的笔墨风格相谐调。印章虽然非尽自刻，却足见他们选择的篆刻艺术标准。

近代同时兼长这三项艺术且负大名的，首推二人：一是住在上海的吴昌硕先生，一是住在北京的齐白石先生。齐先生寿更高，创作的时间也更长，他的书画篆刻给后学开了许多广阔而方便的门路，受到多少人的崇拜和追随。人所共见，亦步亦趋者多，自立成功者少。原因是消化了师法才能自立，深入师法而能消化又谈何容易！这正足以说明做祖师的伟大处，和学人真正了解祖师的难处了。